STRUCTURAL COLOR AND
STRUCTURAL COLORATION ON TEXTILES

结构色与
纺织品结构生色

黄美林　高伟洪　主　编
巫莹柱　夏继平　副主编

化学工业出版社
·北京·

内容简介

结构色有别于色素色，是一种可见光和与其光波波长量级相当的微纳米尺寸的结构相互作用而产生的物理色。纺织品结构生色可以在一定程度上减少对水资源及染料、助剂等化学品的需求，减少污染物的排放，有利于纺织印染企业转型升级和提高产品附加值，拓展纺织品特别是功能纺织品在服装、包装与装饰、可穿戴设备、军事等方面的应用。本书共分六章，详细介绍了光子晶体、磁控溅射薄膜以及压印光刻技术使纺织品结构生色，并对相关产品表征以及应用做了简要介绍。

本书适宜纺织品相关领域的科研工作者使用，亦可供有兴趣的读者阅读。

图书在版编目（CIP）数据

结构色与纺织品结构生色/黄美林，高伟洪主编；巫莹柱，夏继平副主编. —北京：化学工业出版社，2024.6

ISBN 978-7-122-45320-4

Ⅰ.①结…　Ⅱ.①黄…②高…③巫…④夏…　Ⅲ.①纳米材料-研究　Ⅳ.①TB383

中国国家版本馆CIP数据核字（2024）第065055号

责任编辑：邢　涛　　　文字编辑：丁海蓉
责任校对：边　涛　　　装帧设计：韩　飞

出版发行：化学工业出版社
（北京市东城区青年湖南街13号　邮政编码100011）
印　　装：中煤（北京）印务有限公司
710mm×1000mm　1/16　印张13¾　字数260千字
2024年6月北京第1版第1次印刷

购书咨询：010-64518888　　售后服务：010-64518899
网　　址：http://www.cip.com.cn
凡购买本书，如有缺损质量问题，本社销售中心负责调换。

定　　价：158.00元　

前言

传统的纺织印染通过以水为媒介将染料、颜料或涂料等化学色素材料附着在纤维上获得各种颜色。这种传统的染色、生色、着色方法存在对水和染料、助剂等化学品的大量需求以及生产导致的环境污染等问题。近年来，为绕开或减少传统印染生色方法的不良影响，纺织品仿生结构色作为一种创新的生色方法，已成为纺织、印染、服装相关行业关注和研究的热点之一，受到学术界和工业界相关技术研究人员的广泛关注。结构色纺织品的研究符合《纺织行业“十四五”科技发展指导意见》提到的《纺织行业“十四五”发展纲要》和《科技、时尚、绿色发展指导意见》的要求，是纺织行业“十四五”科技发展需要重点突破的关键共性技术中的绿色制造技术，具有重要意义。

实现纺织品结构色有许多方法，如利用薄膜干涉实现单层薄膜或多层薄膜结构的干涉结构色；利用人工胶粒进行自组装形成人工光子晶体附着在纺织品表面实现光子晶体衍射结构色；利用微纳米加工方法自上而下地在纺织品表面形成微纳米结构实现光栅或衍射结构色，等等。纺织品结构色的制备需要在柔性粗糙的纺织物基底上实现从纳米特征、微观结构到宏观大面积等的跨尺度制造，其关键在于有机材料、金属材料、无机非金属材料以及纳米材料等力学性能、光学性能迥异的功能材料间界面的精确控制，涉及纺织纤维高分子、材料、物理、化学等多学科的交叉，亟待进一步的研究和探索。

本书从光波与颜色的关系出发，介绍了光与颜色、色素色与结构色的生色机理、颜色的测量与表征方法，讲述了纳米结构色的起源及定义；结合纳米技术、超构表面技术介绍了结构色纺织品的生色机理。系统阐述了包括人工光子晶体、物理磁控溅射镀膜、微纳压印光刻等应用于制备结构色纺织品的相关研究；分析总结了目前结构色材料及结构色纺织品在各行业中的应用，并对未来的发展情况进行了展望。编者将学术与科普相结合，在概括大量中外相关文献、结合国际上最前沿的研究进展和动态的同时，也介绍了编者团队近年来在纺织品结构生色领域的相关研究经验与取得的成果。编写本书的目的是及时总结结构色纺织品制备技术相关的最新研究工作，反映国内外学术界尤其是我国从事相关纺织品结构生色研究的科技工作者近年来的最新研究进展，展示和传播重要研究成果，促进学术交流，推动基础研究和应用基础研究，为纺织传统染色方法提供新策略，也为结构色纺织品的研发提供科学的理论借鉴和参考。本书为相关科研、教学领域的专业技术人员、研究人员、教师、相关院校学生和研究生等提高对纺织品结构生色的注意与兴趣、了解创新研究成果、拓宽研发思路提供参考，并传授一些科普知识和基本的专业知识。

本书共六章，第 1 章、第 3 章和第 6 章由五邑大学的黄美林编写；第 2 章由上海工程技术大学的高伟洪和五邑大学的巫莹柱编写；第 4 章由五邑大学的巫莹柱和易宁波共同编写；第 5 章由黄美林、高伟洪和石狮市瑞鹰纺织科技有限公司的夏继平共同编写。全书由黄美林统稿，广东工业大学的鲁圣国教授审稿。本书编者都是从事金属 / 陶瓷 / 高分子材料、结构色纺织品、功能纺织品相关工作的研究人员，均具有丰富的材料及纺织方面的教学与科研经验。本书编写过程中，得到了许多老师和学生的大力帮助与支持，特别是硕士研究生彭美婷、本科生罗宝珊等做了大量的图片编辑、文献查找和文字校对等工作，在此一并表示由衷的感谢。

限于编者学识水平与经验，书中难免有不足之处，恳请读者批评指正。

编　者

2023 年 10 月

目录

第 1 章

概述

1.1　颜色与结构色

1.1.1　光波与颜色

光具有波粒二象性，本质是电磁波。不同波长的光的能量不同，波长越小，能量越大。波长在 380 ～ 780nm 范围的光为可见光。自然界各种动植物、矿物等的颜色丰富多彩、色彩斑斓，这些颜色（或称色彩）是太阳辐射中的可见光照射到物体表面，经物理、化学或两者综合作用后反射进入人眼的视觉（视锥和视杆）细胞经视觉神经产生色觉的一种反映。人类视锥细胞中的视蛋白对应感知可见光的不同波长，进一步分为长波敏感视蛋白、中波敏感视蛋白和短波敏感视蛋白，通过综合这三类视蛋白接收的信号和比例以及视杆细胞感知的光线明暗，最后对复杂光谱不同波长的可见光产生不同的颜色感知（图 1-1 [1]）。

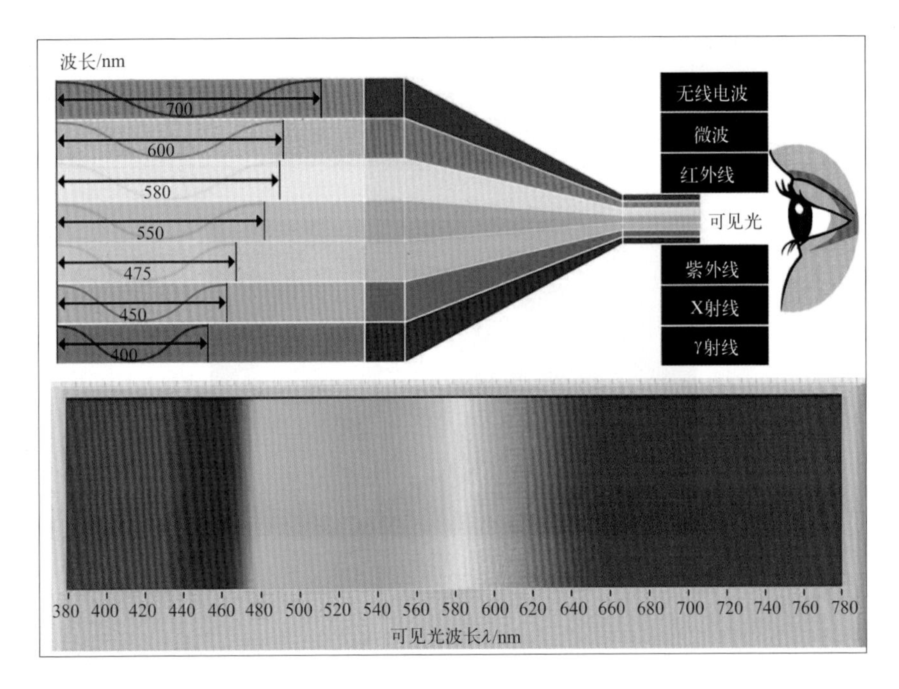

图 1-1　可见光波长范围与颜色

1.1.2 色素色与结构色

由 Nassau 理论[2]可知，对于非光源性物体，物体中含有的有机分子或离子等色素分子，如植物体内的花青素、类胡萝卜素、叶绿素和动物体内的黑色素等化学元素，或者人工合成的颜料、涂料和染料等化学物质，被可见光照射时，通过选择性吸收部分区域或某波段的光而让其余波段的光透射，再反射产生的颜色称为色素色，也称化学色或吸收色。研究表明，色素色是某吸收波段可见光的互补色光的颜色（表 1-1），如图 1-2 所示花朵在可见光照射下吸收了可见光中的蓝色光，然后反射出蓝色光的互补色光（黄色光），从而显示为黄色。

表 1-1　物体显现的颜色（互补色）与被吸收光的关系

序号	物体显现的颜色（互补色）	被吸收光的颜色	被吸收光的波长 /nm
1	绿	红	630 ～ 760
2	蓝	橙	600 ～ 630
3	紫红	黄	570 ～ 600
4	红	绿	500 ～ 570
5	橙	蓝	450 ～ 500
6	黄	靛	430 ～ 450
7	黄绿	紫	400 ～ 430

图 1-2　花朵表现出来的色素色

除以上由色素吸收可见光而产生的色素色外，自然界中还有一部分颜色为结构色。结构色也称为物理色，是可见光线入射到物体表面的尺寸与光线波长相当的特殊微观结构（如昆虫体壁上极薄的蜡层、刻点、沟缝或鳞片等细微结构），经折射、透射、散射、反射、衍射或干涉等综合作用后产生的视觉效果。图 1-3[3] 所示为色素色与结构色的基本生色原理示意图。

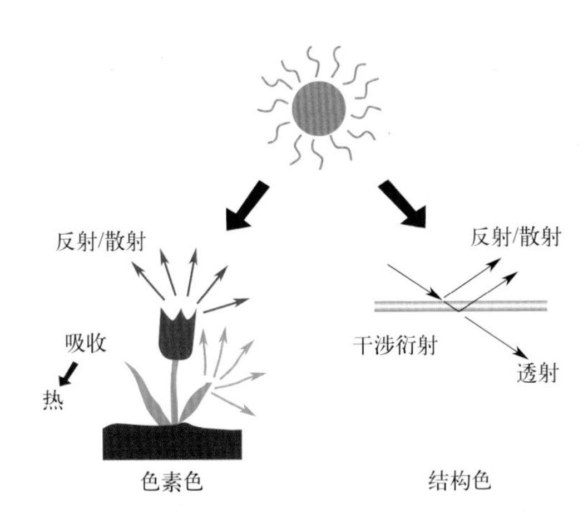

图 1-3　色素色与结构色基本生色原理[3]

大自然中有很多结构色的例子，特别是某些生物体表呈现的鲜艳的、纯粹的颜色就是结构色。甲壳虫呈现的金属光泽、蝴蝶及飞蛾的鳞片发出闪闪发光的颜色，都是典型的结构色。如南美洲和中美洲的蓝闪蝶，在阳光照射下能呈现出十分绚丽的蓝色金属光泽（图 1-4[4]）。研究人员研究发现蓝闪蝶翅膀上覆盖的鳞片的微观结构十分精妙，由多层立体光栅构成，当光线照射到这些结构上时，可见光产生折射、反射、衍射和散射等多重作用，最终呈现出鲜艳的、纯粹的蓝色或偏紫色。

甲虫外壳表层具有金属质感和光泽的颜色、变色龙的可变颜色、雄孔雀臀部的羽毛颜色，以及某些鸟类羽毛的颜色也是典型的结构色（图 1-5）。这些生物体具有的产生鲜艳、亮丽的颜色的结构，被认为是生物进化的结果。这些生物结构色的结构以及生色机理对人工制备结构色材料具有非常重要的借鉴意义，结构色纺织品也可以认为是仿生结构色的结果。

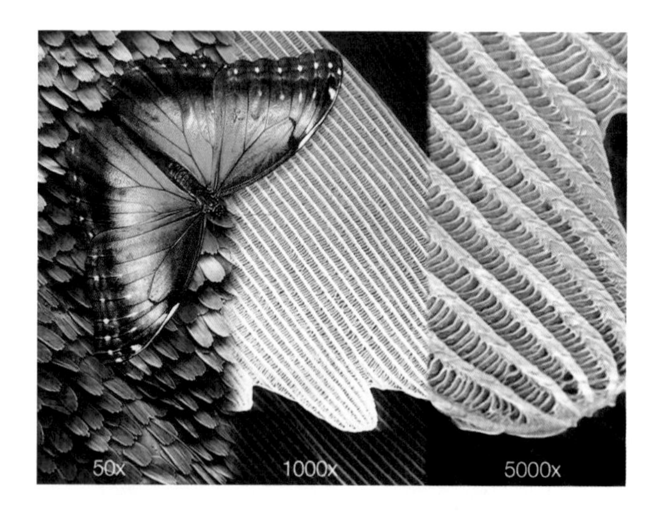

图 1-4 蓝闪蝶的翅膀微结构[4]

图 1-5 变色龙和甲虫等体表的结构色

需要注意的是，许多生物体的结构很复杂，其体表结构色有可能是一种或几种机理同时作用的结果。并且，物体的颜色可以是色素色或结构色，也可能是两者综合作用呈现的效果[5]。比如，生物体的颜色可能是由层状结构、粒子 / 原纤维 / 片层、三维光子晶体或表面微纳米结构引起的结构色，也可能是生物体体内的色素元素引起的色素色，也可以是结构色与色素色综合作用后的外观效果。比较而言，结构色与色素色存在以下主要区别[6-8]。

① 结构色一般通过可见光的反射后呈现出来，在阳光下颜色更鲜艳亮丽。结构色的产生不吸收可见光，光的强度不降低，反而因为干涉、衍射等作用局部光强得到提高，从而使结构色特别明亮，而且发生干涉和衍射光的波长范围较窄，使得结构色色调特别纯粹，因而结构色表现出色彩绚丽、饱和度高、有金属光泽的特点。基于结构色具有很强的波长选择性特点，人工制备结构色时，可通过控制材料表面微纳结构对可见光的影响，实现对特定色彩的显示。因此，人工结构色的颜色可控、可调。色素色由特定的化学成分完成对色光的吸收，故颜色不可控。

② 结构色中的干涉结构色和衍射结构色一般具有颜色随观察角度（或入射角度）明显变化的虹彩效应，或称变幻色彩、幻彩色、虹色效应、彩虹色、渐变色（图 1-6[6]）。而色素色因色素分子对光的吸收和反射没有方向与角度的选择性（即各向同性），没有虹彩效应，因而从各个方向观察到的颜色都一样。

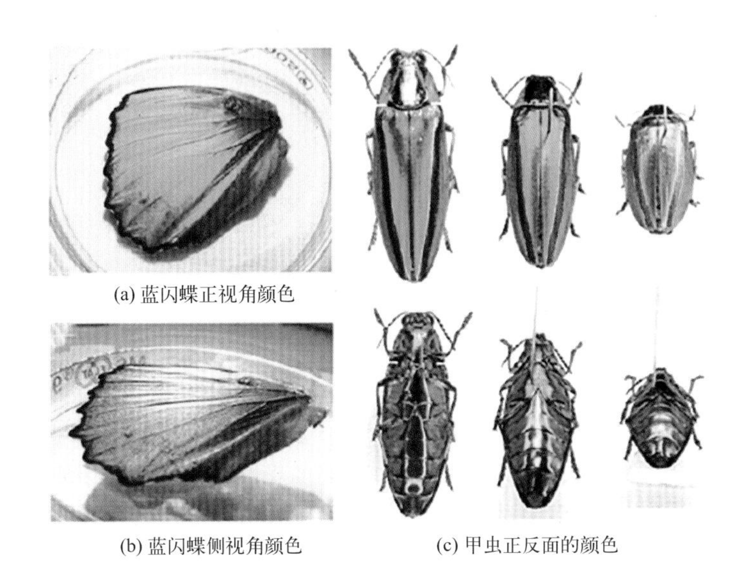

(a) 蓝闪蝶正视角颜色

(b) 蓝闪蝶侧视角颜色

(c) 甲虫正反面的颜色

图 1-6　蓝闪蝶和某种甲虫的虹彩效应[6]

③ 只要材料的折射率、微结构及尺寸不变，结构色就不会消失。而色素分子受环境中温、湿度的影响，会逐渐产生褪色现象。因此，收缩、溶胀等形变对结构色影响大，对色素色影响较小，而结构色在高温和高强度照明下具有更好的耐久性。

1.2 颜色的测量与表征

1.2.1 目视法、灯箱对色与数码照片

传统的、简单的、直接的颜色测量（比对）方法是目视法（或目视光度测定法），在一定条件下直接将测试样品与标准样张进行人为比对，以两者颜色的差异来标定样品的颜色。这是一种完全主观的评价方法，无法定量描述物体的颜色。

国际照明委员会（CIE）制定了几种标准的照明体和相应的光源，可以在标准光源下标定物体的颜色。如纺织工业中应用标准对色灯箱在标准光源下比对测试样品与标准样张的色差。先在自然日光下观察，再在对色灯箱中以 CIE 标准光源 D65 进行观察与对色，使照射光以 0° 角入射，人眼以 45° 角观察。另外，可通过在自然光或标准光源下拍摄数码照片来简单记录或表征物品的视觉颜色。

1.2.2 光谱图

基于颜色是光波的一种表现，光波是电磁波的一种，具有波粒二象性，可以采用光谱仪将包含多种波长的复合光分解为单色光，并以光谱图的形成记录下来。此时，用以波长为 X 轴、反射率为 Y 轴的光谱反射率曲线来表征颜色，利用曲线上峰位（波长）、峰强和峰的半高宽来描述一个峰（如果是单色光的话）并分别对应色彩的三个属性，即色相、明度和饱和度。最强峰位对应可见光谱中的波长值即为颜色的色相（或称色调），基于不同波长的

单色光具有不同的波长，因而不同颜色对应不同的特征光谱，是彩色相互之间区分的特性。峰强表示颜色的明度（或称亮度），反映人眼对物体的明暗感觉。发光物体的明度越高，亮度越大；非发光物体对可见光的反射率越大，明度越高。峰的半高宽表示颜色饱和度（或称彩度、纯度），代表颜色的纯洁性，半高宽越窄则颜色饱和度越高，单色光是最纯的光，饱和度最高。

科学出版社出版的《色度学》[9] 提到颜色可分为彩色和非彩色。对于彩色，反映在反射率曲线上的某个或某些光波长范围内出现强度极大值的波峰，此波峰对应特定的颜色（色相），即不同颜色对应不同的特征光谱。而非彩色（也叫中性色、灰度色）是色相和饱和度均为 0 时的颜色，亮度最小时为黑色，亮度最大时为白色，两者过渡为灰色。包括白色、黑色以及由白色和黑色混合而成的深浅程度不同的灰色，只有明度的差异，表现为在光谱曲线上对可见光的各个波长没有明显的选择性吸收峰。一般而言，当可见光在物体表面的反射率大于 80% 时，观察到的颜色为白色；当反射率小于 4% 时，表现为黑色；反射率介于两者之间则是明度不同的灰色。

1.2.3 纺织品颜色深浅与 *K*/*S* 值

从吸收色的角度考虑，物体颜色深度的变化受物体表面的光学结构以及含有色素物质等的影响。应用于纺织品，着色（或染色）深度是纺织业对染色性能评价的重要指标之一，颜色的深浅可以根据库贝尔卡 - 蒙克（Kubelka-Munk）染色深度方程[10, 11] 用 K/S 值来表示，简化后如式（1-1）表示。

$$\frac{K}{S}=\frac{(1-\rho_{\infty})^2}{2\rho_{\infty}}=\frac{A^2}{2(1-A)}=\frac{(1-R)^2}{2R}=kC \tag{1-1}$$

式中，K 为被测物体对着色剂（染料）的吸收系数；S 为散射系数；ρ_{∞} 为被测物体无限厚（表示零透射率）时的反射率（函数）；A 为固体试样的吸收率，%，R 为固体试样的反射率，%；k 为比例常数［其值等于单位浓度的有色物质的 K/S 值，纺织品的 k 一般为 1%（owf，染料与织物的重量比）或 1g/L］；C 为有色物质的浓度。

一般情况下，不单独计算 K 值和 S 值，而是直接计算 K 和 S 的比值，故

称之为 K/S 值。K/S 值越大，表示试样表面颜色越深，即有色物质浓度越高；K/S 值越小，表示有色物质的浓度越低，颜色越浅。故 K/S 值与光泽有线性关系，根据式（1-1）可得出 K/S 与吸收率 A 和反射率 R 之间的关系曲线（此时，$A+R=1$），如图 1-7 所示。织物外观膜层颜色深浅可以由 K/S 值的大小来反映，因而用 K/S 值表示织物表面的色泽深度。式（1-1）也表明，较大 ρ_∞ 意味着较小的 K/S 值；较小 ρ_∞ 导致较大 K/S 值。

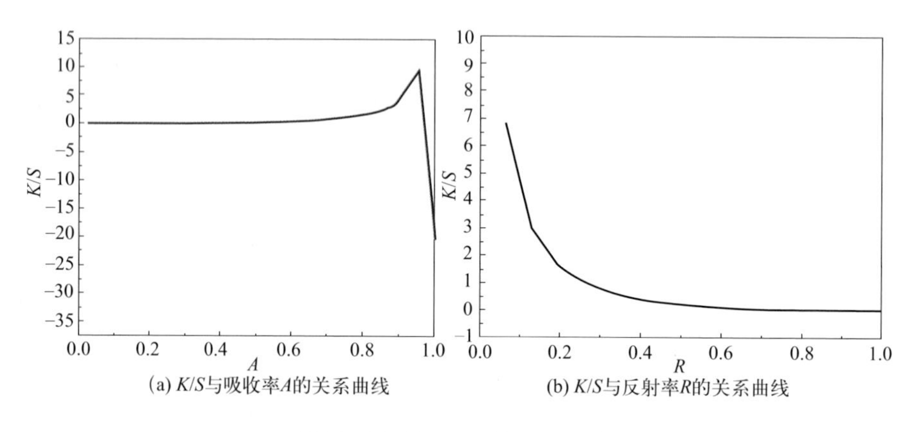

(a) K/S与吸收率A的关系曲线　(b) K/S与反射率R的关系曲线

图 1-7　K/S 与吸收率 A 和反射率 R 之间的关系曲线

1.2.4　色度、色域、色彩空间与色彩模型

物体颜色的定量表示是一个涉及人的视觉生理和心理、照明条件、周边环境等多方面因素的复杂问题。一个具体的颜色有色度（或称色品）、色域、色彩空间与色彩模型等表征方法。这几种表征方法在概念上有共同之处，色彩空间（color space）概念上包涵色度（chromaticity）和色域（color gamut），色彩空间有时又称为色彩模型（或模式）（color model）。

国际照明委员会创立的 CIE 标准色度图［图 1-8（a）[12]］中，X 轴和 Y 轴为色坐标轴，色坐标对应具体颜色；马蹄形曲线是光谱轨迹，代表 380 ～ 780nm 的单色光。图中心的点 C 是白色，是 CIE 标准光源［D65 白点，图 1-8（b）[13]］。假设有一颜色点 S，由 C 通过 S 画一直线相交于光谱轨迹 O 点，S 的主波长为 O 点对应的波长，即 S 的色调等同 O 点色调；S 的饱和度

用 S 离开 C 而接近 O 的程度来表明，越靠近 O 越纯。从光谱轨迹的任一点通过 C 画一直线抵达对侧光谱轨迹的一点，线段两端点颜色互为对方的互补色。

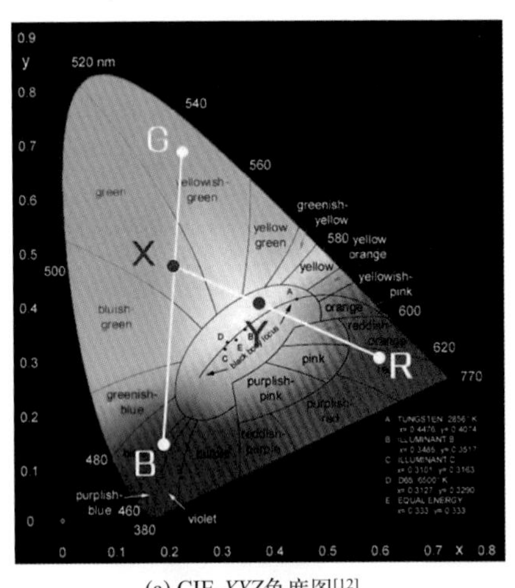

(a) CIE-XYZ色度图[12]

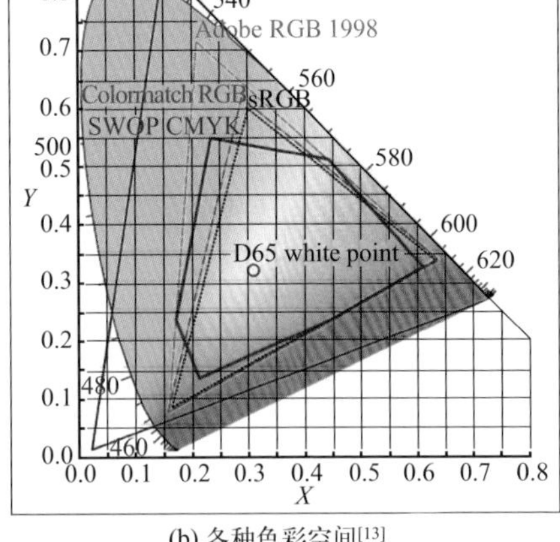

(b) 各种色彩空间[13]

图 1-8　CIE 1931 色度图与色彩空间

所有颜色组成的集合叫作色彩空间，比如 sRGB、Adobe RGB、Display P3、CMYK、HSL、HSV 等。不同的色彩空间只是定义或描述颜色的标准不同，导致色域不同。不同行业、不同应用对象对显示、成像、印刷等获得的色彩有不同的要求，从整个可见色彩范围里选一块作为色域（或称为色域标准）。理论上讲，这些色域均是 CIE-XYZ 色度（色彩）空间的子集。不同的色域大小不同，比如 Pro Photo RGB ＞ Adobe RGB 1998 ＞ Color match RGB ＞ sRGB ＞ SWOP CMYK［图 1-8（b）］。一种具体的显示技术并不能展示所有的可视色彩，不同的显示设备都只能展示可视色彩中的某一部分。不同的显示设备可能适用于不同的色域标准。并且，同一色值在不同的显示设备上可能显示出不同的颜色。简言之，色域是显示设备所能显示的色彩范围在某个色彩空间中的颜色所占的比例。

2019 年，Yang Bo 提到当时所知纳米结构产生的最大色彩空间可占到 CIE 1931 色度图中 sRGB 色域的 171% 和 Adobe RGB 色域的 127%[14]。2020

年，杨文宏等[15]利用硅（Si）材料使超构表面结构色的色域增加到 sRGB 的 181.8%、Adobe RGB 的 135.6% 和 Rec.2020 的 97.2% 左右，实现了颜色纯度高、亮度大、空间分辨率大且色域比较广的结构色。

色度图是一个二维图，色度坐标只规定了颜色的色调和饱和度，而未规定颜色的亮度。色度图的坐标标注的是 RGB 三原色之间的比例［图 1-8（a）］，是相对大小，体现不了亮度信息，还必须考虑亮度因数 Y 的大小。因此，常用三维色彩体系来描述或定义颜色，形成三维色彩空间，或叫色彩模型。在科学发展过程中，出现了各种定义颜色的三维色彩空间，如 RGB、HSV、HLS、LAB、YUV 等（图 1-9）。这些色彩空间对色彩有不同的定义，各有优缺点。

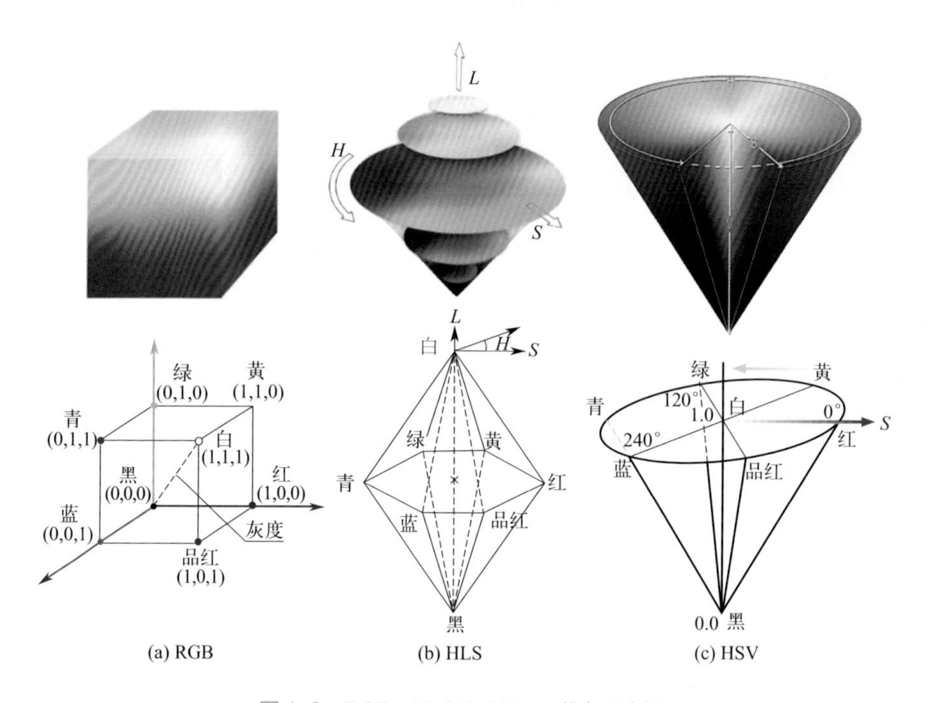

图 1-9　RGB、HLS 和 HSV 三维色彩空间

通常用一组 3 ～ 4 个数字来描述或定量、定位一种颜色。如 CIE 1931 XYZ 用 X、Y、Z 三个色品坐标来定义颜色，这个定义颜色的三个坐标数字称为色彩的三刺激值（图 1-10）[16]。因此，色彩空间实际就是某一种将每个颜色关联到三刺激值的方法。

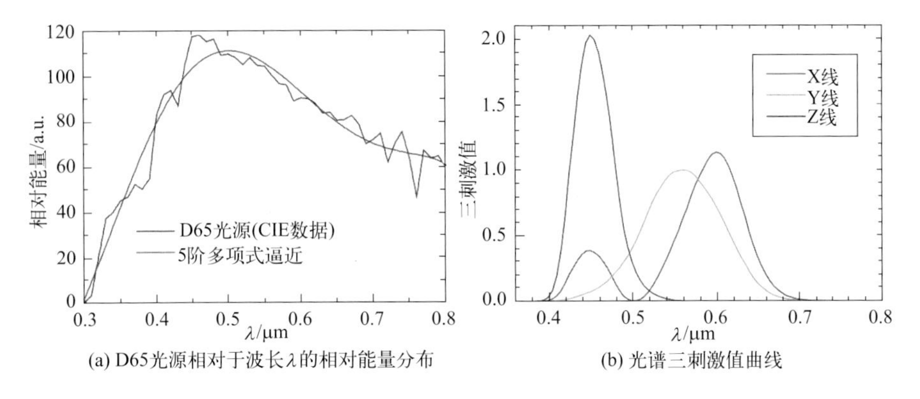

图 1-10 标准化光源 D65 及光谱三色刺激值[16]

在色度图中，当两种颜色的 X、Y、Z 值相同时，两者的视觉效果相同。如 RGB 颜色体系可用关系式表示为：

$$\text{颜色}=X(\mathrm{R})+Y(\mathrm{G})+Z(\mathrm{B}) \tag{1-2}$$

三刺激值有以下关系：

$$\left.\begin{aligned} X(\mathrm{R})&=\frac{X}{X+Y+Z} \\ Y(\mathrm{G})&=\frac{Y}{X+Y+Z} \\ Z(\mathrm{B})&=\frac{Z}{X+Y+Z}=1-x(\mathrm{R})-y(\mathrm{G}) \end{aligned}\right\} \tag{1-3}$$

CIE 1931 在 2° 观察视场范围内，三刺激值 X_2、Y_2、Z_2 表示为：

$$\left.\begin{aligned} X_2&=K_2\int_{380}^{780}S(\lambda)\bar{X}_2(\lambda)\rho(\lambda)\mathrm{d}\lambda \\ Y_2&=K_2\int_{380}^{780}S(\lambda)\bar{Y}_2(\lambda)\rho(\lambda)\mathrm{d}\lambda \\ Z_2&=K_2\int_{380}^{780}S(\lambda)\bar{Z}_2(\lambda)\rho(\lambda)\mathrm{d}\lambda \end{aligned}\right\} \tag{1-4}$$

CIE 1964 补充了 10° 视场标准色度，三刺激值 X_{10}、Y_{10}、Z_{10} 表示为：

$$\left.\begin{aligned} X_{10}&=K_{10}\int_{380}^{780}S(\lambda)\bar{X}_{10}(\lambda)\rho(\lambda)\mathrm{d}\lambda \\ Y_{10}&=K_{10}\int_{380}^{780}S(\lambda)\bar{Y}_{10}(\lambda)\rho(\lambda)\mathrm{d}\lambda \\ Z_{10}&=K_{10}\int_{380}^{780}S(\lambda)\bar{Z}_{10}(\lambda)\rho(\lambda)\mathrm{d}\lambda \end{aligned}\right\} \tag{1-5}$$

式中，$S(\lambda)$ 为光源对应的相对光谱功率分布函数；$\rho(\lambda)$ 为物体的光谱反射比；K 为规划系数（常数）；$\bar{X}(\lambda)$、$\bar{Y}(\lambda)$、$\bar{Z}(\lambda)$ 分别为标准色度观察者的光谱三刺激值。

结合式（1-3）和式（1-5），由下式计算得到物体的色品坐标。

$$\begin{cases} X_{10} = \dfrac{X_{10}}{X_{10}+Y_{10}+Z_{10}} \\ Y_{10} = \dfrac{Y_{10}}{X_{10}+Y_{10}+Z_{10}} \\ Z_{10} = \dfrac{Z_{10}}{X_{10}+Y_{10}+Z_{10}} \end{cases} \tag{1-6}$$

CIE 1931（X，Y）色度空间存在诸如色差容限不均匀等问题，经过调整出现 CIE 1976（u，v）色度空间（图 1-11），后者更接近人眼睛视觉感受的结果。而 CIE $L^*a^*b^*$ 1976 均匀色空间三维直角坐标系统［图 1-12（a）[17-19]］用 L^*、a^*、b^* 三个色坐标来定义和表征颜色在三维空间中的位置。L^* 表示明度（或亮度），a^*、b^* 为对色坐标值（或叫色度坐标）。L^*、a^*、b^* 可由三刺激值 X、Y、Z 换算而来。L^* 明度值为 0 ～ 100，代表从黑到白的比例系数；a^* 和 b^* 均取值 +127 ～ −128，a^* 表示从红色到绿色的范围，b^* 表示从黄色到蓝色的范围。当 $a^*=b^*=0$ 时，表示无色。L^*、a^*、b^* 含义归纳如表 1-2 所示。

表 1-2　CIE $L^*a^*b^*$ 色度系统三坐标值的含义

坐标值	简称	含义	大小关系
L^*	明暗度	对应颜色的黑、白分量	$L^*>0$ 为白色，$L^*<0$ 为黑色
a^*	红绿值	对应颜色的红、绿分量	$a^*>0$ 为红色，$a^*<0$ 为绿色
b^*	黄蓝值	对应颜色的黄、蓝分量	$b^*>0$ 为黄色，$b^*<0$ 为蓝色

$L^*a^*b^*$ 有时也被表达为 L^*C^*h（a^*，b^*），此时 L^* 还是表示亮度（lightness），C^* 表示彩度或饱和度（saturation），h（a^*，b^*）表示色调（hue）［图 1-12（b）[20]］。L^*C^*h（a^*，b^*）空间中心附近的颜色暗淡和接近灰色，而远离中心向外周围的数字越大，颜色越纯净、生动和饱和。$L^*a^*b^*$ 色度空间描述了正常视力的人能够看到的所有颜色，L^*、a^* 和 b^* 数值的均匀改变对应于感知颜色的均匀改变。在这个三维体系里，L^*、a^* 和 b^* 三者组合出的值是绝对值，表示空间中一个精确的颜色点。

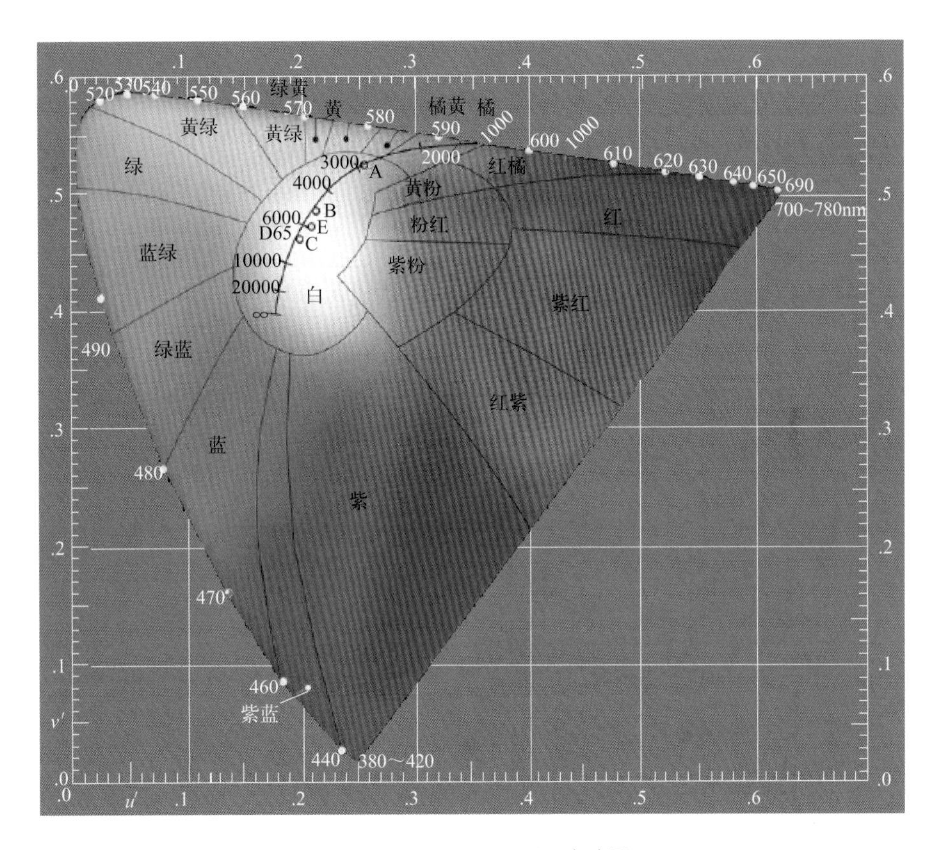

图 1-11 CIE 1976 UCS 色度图

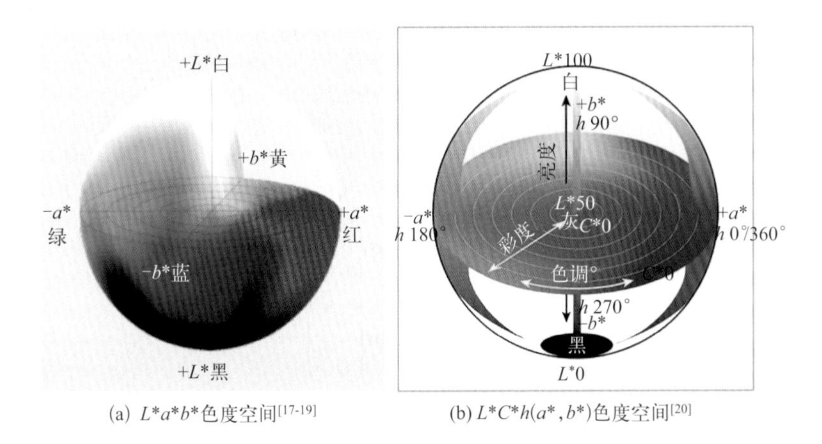

(a) $L^*a^*b^*$色度空间[17-19]　　(b) $L^*C^*h(a^*, b^*)$色度空间[20]

图 1-12 色彩三维立体空间图

因此，描绘两个颜色之间的色差时，用颜色点一（L_1*，a_1*，b_1*）和颜色点二（L_2*，a_2*，b_2*）之间的色差 dE（或 ΔE）来表示总色差。dE 由两个颜色在 CIE L^*a^*b 色彩空间之间的欧几里得（Euclid）距离可得，表达式为[21]：

$$\begin{aligned} dE &= \sqrt{(dL^*)^2+(da^*)^2+(db^*)^2} \\ &= \sqrt{(L_2^*-L_1^*)^2+(a_2^*-a_1^*)^2+(b_2^*-b_1^*)^2} \end{aligned} \quad (1\text{-}7)$$

式中，dL*、da*、db* 分别表示两个颜色的明度差和色品坐标差。在纺织印染、涂料、塑料等染、颜料的应用场合，推荐使用在 CIE 1976 $L^*a^*b^*$ 色差公式的基础上进行修正后的 CMC（l∶c）色差公式[22]：

$$\Delta E^*_{\mathrm{CMC}(l:c)} = \sqrt{\left(\frac{\Delta L^*_{ab}}{lS_L}\right)^2+\left(\frac{\Delta C^*_{ab}}{cS_C}\right)^2+\left(\frac{\Delta H^*_{ab}}{S_H}\right)^2} \quad (1\text{-}8)$$

式（1-8）中引入明度权重因子 l 和彩度权重因子 c。另外还有：

$$S_L = \begin{cases} \dfrac{0.040975L^*_{\mathrm{std}}}{1+0.01765L^*_{\mathrm{std}}} & (L^*_{\mathrm{std}} \geqslant 16) \\ 0.511 & (L^*_{\mathrm{std}} < 16) \end{cases} \quad (1\text{-}9)$$

$$S_C = \frac{0.0638C^*_{ab,\mathrm{std}}}{1+0.0131C^*_{ab,\mathrm{std}}}+0.638 \quad (1\text{-}10)$$

$$S_H = S_C(Tf+1-f) \quad (1\text{-}11)$$

$$f = \sqrt{\frac{{C^*_{ab,\mathrm{std}}}^4}{{C^*_{ab,\mathrm{std}}}^4+1900}} \quad (1\text{-}12)$$

$$T = \begin{cases} 0.36+\left|0.4\cos(h^*_{ab,\mathrm{std}}+35)\right| & (h^*_{ab,\mathrm{std}}<164^\circ \text{或} h^*_{ab,\mathrm{std}}>345^\circ) \\ 0.56+\left|0.2\cos(h^*_{ab,\mathrm{std}}+168)\right| & (164^\circ \leqslant h^*_{ab,\mathrm{std}} \leqslant 345^\circ) \end{cases} \quad (1\text{-}13)$$

$$h^*_{ab} = \arctan\left(\frac{b^*}{a^*}\right) \quad (1\text{-}14)$$

上述各式中，L^*_{std}、$C^*_{ab,\mathrm{std}}$、$h^*_{ab,\mathrm{std}}$ 均为标准色的色度参数，这些值以及上面的 ΔL^*_{ab}、ΔC^*_{ab}、ΔH^*_{ab} 都是在 CIE $L^*a^*b^*$［或 L^*C^*h（a^*，b^*）］空间计算得到的。

CMC 定义了标准颜色周围的椭圆球体（图 1-13[23]），其中半轴对应于色相 H（hue）、彩度 C（chroma）和明度 L（lightness）。椭圆球体表示可接受颜色的体积，椭圆球体的大小和形状随着彩度和 / 或亮度的大小变化而变化。式（1-8）中，S_L、S_C 和 S_H 是椭圆的半轴，通过改变因素 l 和 c 可以改变相对半轴的长度大小，进而改变 ΔL^*_{ab}、ΔC^*_{ab}、ΔH^*_{ab} 的相对容忍度，以更好地匹配视觉上可接受的大小。由于眼睛通常会接受比彩度（c）更大的亮度（l）差异，因此 l∶c 的默认比率为 2∶1，即亮度的差异是彩度的两倍。CMC 公式允许调整该比率，以与视觉评估更好地达成一致。所以，CMC 色差公式［式（1-8）］比 CIE $L^*a^*b^*$ 公式［式（1-7）］具有更好的视觉一致性。印染行业有色纺织品的产品质量控制中色差界限值 $\Delta E^*_{\mathrm{CMC}（2:1）}$ 通常为 0.5 ～ 1.0［表示可接受（合格）的范围］。表 1-3 表示色差与人眼感知评价的关系。

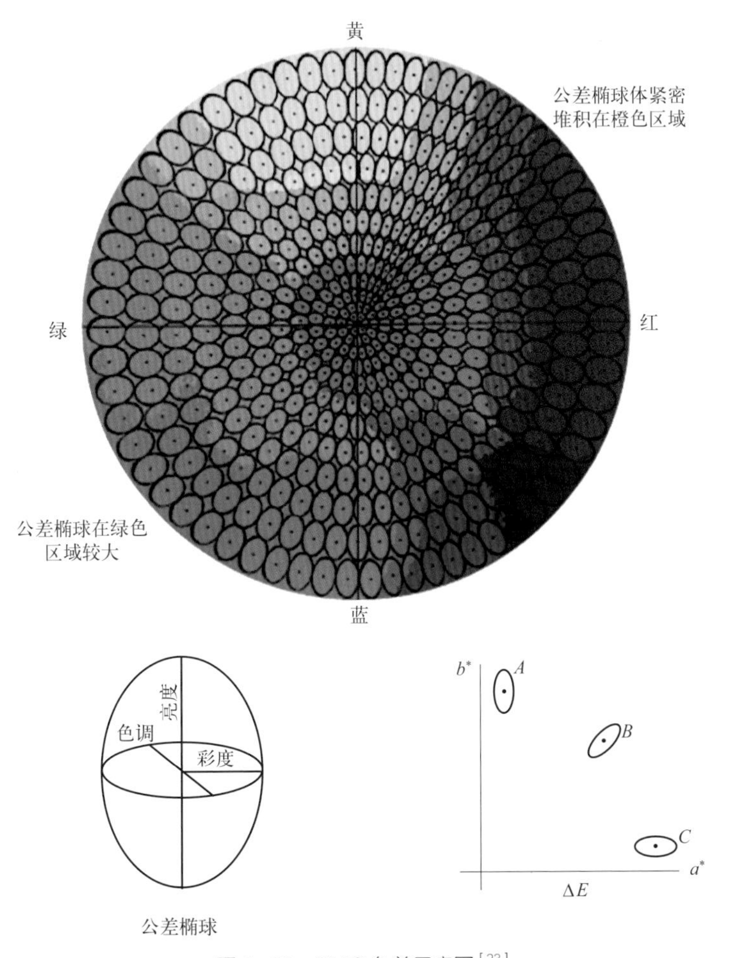

图 1-13 CMC 色差示意图[23]

表 1-3　色差与人眼感知评价的关系

色差（ΔE）	0 ～ 0.5	0.5 ～ 1.5	1.5 ～ 3.0	3.0 ～ 6.0	6.0 ～ 12.0
评价	几乎没感觉	稍微有感觉（小色差）	明显感觉（较小色差）	显著感觉（较大色差）	非常显著感觉（大色差）

1.2.5　色素色与结构色的测量和表征

可以使用色度计或分光光度计测量或表征颜色（色素色）。色度计对被测物体表面直接测量，获得与颜色三刺激值 X、Y、Z 成比例的视觉响应值，然后经过换算得出 $L^*a^*b^*$ 色度参数或其他色度空间值。分光光度计可以给出 X、Y、Z 的绝对值、色差值 ΔE、可见光各波长的反射率及其曲线。

由于结构色具有特殊的虹彩现象，可以利用多角度分光光度计在标准光源下记录结构色的多角度反射光谱。多角度分光光度计可以提供样品在不同观察方向下的图像、$L^*a^*b^*$ 值和反射光谱。如图 1-14 所示为多角度分光光度计以两个照明角度进行八个观察角度的光学测试[24]。

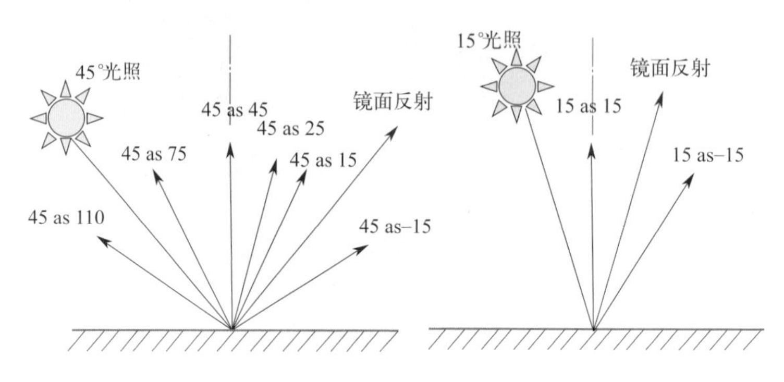

图 1-14　多角度分光光度计以两个入射角（左为 45°、右为 15°）进行八个观察角的光学测试[24]

as 表示参照入射光或反射光的角度

1.3　颜色的起因及常见材料的颜色

颜色可分为光源色和物体色两大类。光源色是由发光物体光源引起的颜色；而物体色是指非发光物体的颜色，与照射光有关，通常是指物体在白昼光照射下所呈现的颜色。颜色包括色素色和结构色。颜色的本质是物质中的电子对外来可见光光子能量的一种响应，是电磁辐射或其他形式的能量与物质作用的结果。

概括而言，大致有以下五种颜色的起因，详细如表1-4[25]所示。

① 电子振动或激发导致的能级跃迁产生的颜色，如火焰、闪电、极光以及碘等的颜色效应。

② 电子配位场效应的跃迁产生的颜色，如红宝石、绿松石以及各种金属络合物染料（或颜料、涂料）中的金属络合物的颜色。

③ 电子在分子轨道间的跃迁产生的颜色，如绝大多数有机染料（或颜料、涂料）和一些无机物（如蓝宝石）的颜色。

表1-4 颜色的起因、分类、实例及相关理论[25]

起因	分类	实例	相关理论
原子、分子间的电子跃迁	电子激发	焰色反应、气体放电、某些激光、火焰	原子结构理论；电子跃迁
	过渡金属化合物	颜料、过渡金属水溶液、某些激光、荧光、磷光	晶体场或配位场理论；晶体场或配位场中d-d电子或自由电子的跃迁
	过渡金属杂质	红宝石、红砂石、某些激光、某些荧光	
	色心	紫晶、烟晶、沙漠紫晶玻璃	
	晶体场中自由电子	蓝色碱金属液氨溶液、橙黄色碱金属液氨固体	
	电荷迁移	混合价态化合物、普鲁士蓝、铁红、高锰酸钾、蓝宝石	分子轨道理论；分子轨道间电子跃迁
	共轭键	大多数有机染料、植物的颜色、某些荧光、染料激光	
	金属导体	金、银、铜、铁、黄铜	能带理论；有能带材料中的电子跃迁
	纯半导体	金刚石、朱砂、硅、方铅矿	
	掺杂纯半导体	蓝钴石、黄钴石、发光二极管、半导体激光、磷光体	
振动	分子振动	纯水和冰的颜色	分子振动和散射振动理论
	散射振动	月长石、天空的蓝色、日落时的红色	
几何和物理光学	折射	分光镜、色差、彩虹	几何和物理光学理论
	干涉	金属氧化物膜的颜色、水面油膜颜色、某些昆虫的颜色	
	衍射光栅	液晶、蛋白石、某些昆虫的颜色	

④ 电子在能带中的跃迁产生的颜色，如有些金属（金、银、铜、铁等）、半导体以及色心（紫晶、烟水晶）的颜色。

⑤ 可见光通过物理结构引起的光学效应如色散、干涉和衍射等综合显现的颜色，如彩虹、蝴蝶翅膀的颜色。

其中，①、④和⑤是物理机理作用，③是化学机理作用，②是物理机理和化学机理共同作用[2, 6, 26, 27]。①～④这四种机理都可归为色素色范畴，而⑤为结构色。下面结合可能应用于结构色纺织品制备的常见的固体材料进行介绍。

1.3.1 导体金属材料的颜色

金属材料大多有特定的颜色，如金（Au）呈金黄色、铜（Cu）呈紫红色、铋（Bi）呈淡红色，其他金属呈银白色或灰白色等。金属是由金属键结合成的金属晶体，内部的自由电子的共振频率恰好对应于可见光中的某频率波段，因此容易吸收特定频率波段的可见光的能量从而产生跃迁，当跃迁到较高能级后处于不稳定状态，随即又自发跃迁返回到原能级，并以光的形式重新对外辐射，因此显示为特定的颜色。如铜的电子很容易吸收绿色部分的可见光，而反射红色光和蓝色光，两者结合组成了紫红色，因此铜呈现紫红色。除金、铜、铋外，其他大多数金属的自由电子能够吸收所有波长（频率）的可见光，吸收后又几乎全部反射出来，因此绝大多数金属呈银白色或灰白色。而对于常见粉末状态的金属，金属晶面非常杂乱且晶格排列不规则，吸收的可见光辐射不出去，表现为黑色。

1.3.2 矿物的颜色

自然界中，矿物含有各种色素元素，如 Ti、Cr、Mn、Fe、Co、Ni、W、Cu 等金属元素或稀土元素。因为一种矿物可能含有多种元素，其化学成分、结构、电荷迁移以及其他物理效应均对其颜色产生影响，因而矿物的颜色可能是金属离子能带间的电子跃迁、分子轨道离子间的电子电荷转移、晶格缺陷导致的色心致色和物理光学致色等一种或几种因素综合后导致的综合效果。其中，大多数矿物禁带宽度较窄，即带隙能（E_g）比较小，可见光中的某波段色光可以使电子跃迁，表现为吸收色（表 1-5）。另外，还有一部分是物理结构效应引起的结构色，如图 1-15[28] 所示。这些矿物的吸收色和结构色对纺织品结构生色具有借鉴意义。

表 1-5 金属元素的颜色及其矿石代表物

序号	元素	颜色	代表物
1	钛（Ti）	蓝	锐钛矿、蓝宝石
2	钒（V）	绿、红	钒铅矿
3	铬（Cr）	红、绿	红宝石、祖母绿
4	锰（Mn）	粉红	菱锰矿
5	铁（Fe）	绿、蓝、黄	橄榄石、铁铝榴石
6	钴（Co）	蓝、红	钴石
7	镍（Ni）	绿、银白	镍矿
8	铜（Cu）	绿、蓝	孔雀石、蓝铜矿

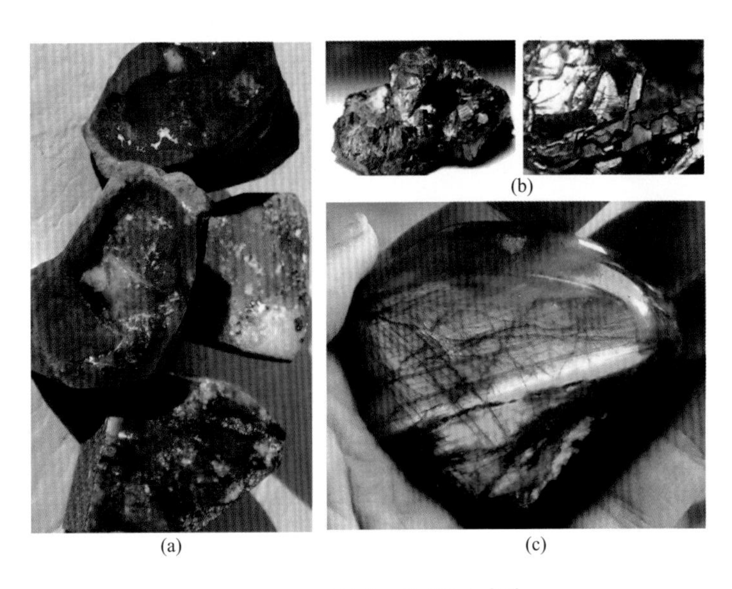

图 1-15 矿物表面的结构色[28]

（a）拉长石内部存在的很多细微叶片状或者层状、粒状结构引起光的衍射和干涉综合作用形成的幻彩结构色；（b）斑铜矿上表面氧化物薄膜引起的干涉结构色；（c）欧泊上的幻彩结构色

1.3.3 半导体及绝缘体的颜色

导体、半导体及绝缘体之间的区别主要在于有没有禁带。导体的价带与导带重叠，没有禁带，电子很容易运动，所以电阻率很低，表现为良好导电性。半导体和绝缘体的价带与导带之间存在一个禁带，绝缘体的禁带比半导体的宽很多，禁带宽度越大表现为材料的导电性越差，即绝缘性越好。在半导体中，价带电子吸收足够的能量后，能容易地激发到导带上形成导电性（图 1-16[29]）。

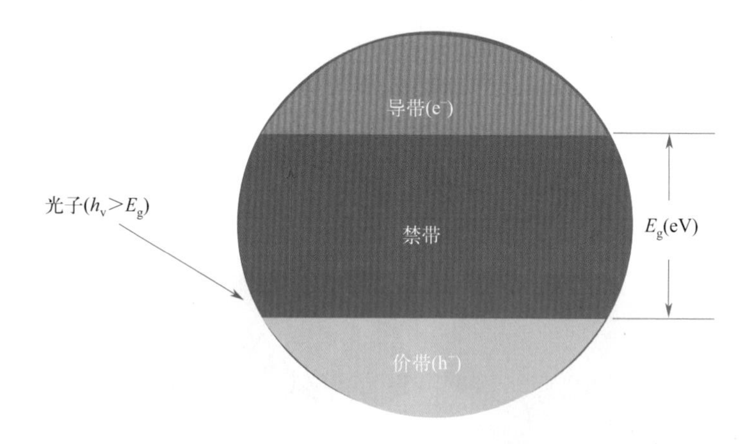

图 1-16 半导体的带隙与带隙能[29]

半导体材料如陶瓷和绝缘体材料如（高分子材料），它们的能带拥有带隙（图 1-17[30]）。可见光波长在 380 ～ 760nm，能量最大的紫色光的光子能量约为 3.2eV。当绝缘体的带隙超过 3.2eV 时，绝缘体将不吸收任何可见光，可见光可以完全透射。这时，绝缘体材料的颜色主要受其微结构的影响。例如，单晶的氧化铝是透明的；多晶的氧化铝，由于不同晶粒的折射率不同，入射光在晶体内部传播过程中不断散射，材料的透明度下降；多晶或者多孔的氧化铝，由于入射光的散射更为严重，因此完全不透明，材料呈白色。白色并不意味着光线不能透过，只是光线被不断地散射。

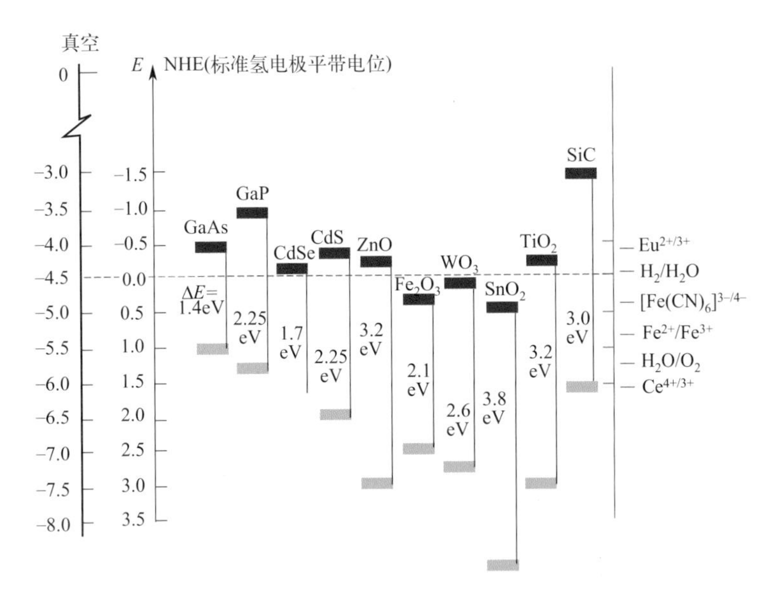

图 1-17 部分常用半导体的能隙[30]

1.3.4 固体状态的离子化合物的颜色

固体状态的离子化合物如许多碱［NaOH、KOH、Ba（OH）$_2$ 等］和盐（NaCl、$CaCl_2$、KNO_3、$CuSO_4$ 等）一般是无色或白色固体，因为它们只能吸收频率较高的紫外线光区的光，而不吸收可见光区的光。当化合物的金属阳离子与阴离子之间相互发生极化作用后，电子云发生一定程度的重叠并表现出一定的共价性，当化合物的共价性达到一定程度时，它吸收一部分有色光，使化合物呈现一定的颜色。随着化合物共价性的增强，吸收可见光的范围增大，化合物的颜色逐渐变深。其共价性取决于金属阳离子与阴离子的极化力及变形性。离子的极化力及变形性大，则化合物共价性强，化合物颜色深。

一般来说，未成对的电子相对于成对电子更容易吸收能量发生跃迁，大多数有色物质都含有未成对电子，如 Fe^{3+}、Cu^{2+} 等过渡金属离子具有丰富的颜色，因为它们正好同时符合两个条件：含有未成对的电子；d 电子轨道能级分裂后的轨道间能量差正好落在可见光能量范围之内。

1.3.5 薄膜的颜色

无论是导体、半导体还是绝缘体，块体物质呈现颜色的本质在于物质对可见光波段的选择性吸收，均归属于色素色（或称吸收色）。而薄膜形状的材料的外观颜色，可能包含了吸收色和结构色，其呈色机理主要取决于折射率（n）和消光系数（k）这两大光学常数，但薄膜的结构、颗粒结晶程度与晶粒尺寸、表面形貌与粗糙度等都对其最终颜色产生影响。

各种纯金属、合金、半导体陶瓷、高分子材料等均可以通过一定的制备方法制成薄膜状材料，广泛应用于不同领域。对于薄膜形状的材料，通常认为膜厚在 10μm 及以上是厚膜（thick film），10μm 以下为薄膜（thin film）。厚膜可以不需要基体而形成独立膜状块体材料，而薄膜一般只能依附在基体上。

许多自下而上所谓增材的加工方法制备的薄膜，在初始沉积阶段（即从岛状到膜状过渡时间内），薄膜厚度较小时都是透明的。当薄膜沉积达到一定的厚度时，n 基本不变。这时，薄膜材质的 k 值越大，则薄膜对光的吸收越大，在薄膜的第二界面反射回来的光能量越少，两界面形成的干涉现象越不明显，薄膜呈现出来的是材料本征吸收的颜色，即固有的吸收色。如果 k 值小，对可见光的吸收小，在薄膜的第二界面反射回来的光能量较大，两界面形成的干涉现象就比较明显，薄膜呈现出两束或多束反射光形成的干涉结构色。

具体来说，在满足 380 ～ 760nm 波长内的第一周期相干条件时，透明材质的薄膜呈现的颜色为反射、透射和吸收共同作用的结果，而不透明基材的薄膜呈现的颜色为反射和吸收共同作用的结果。随着沉积薄膜厚度的增加，在薄膜两个界面所反射回来的相干波会产生干涉现象，而膜层厚度最先达到 1/4 波长的光波是蓝光，意味着蓝光最先被透过或者被吸收而消失，剩下的只有绿光和红光，因此，在 0 到最初 20nm 厚度内的薄膜颜色为浅黄色到黄色，后续随着厚度的增加，薄膜会呈现出黄、蓝、紫红等干涉色。当薄膜厚度（或者光学厚度）进入第二周期时，连带自身的沉积厚度不均等原因，薄膜呈现出七彩色，当 k 值为零或者 k 值很小时，本征吸收很弱；当 k 值达到一定数值时，本征吸收增强，干涉现象变弱，薄膜表现出和体吸收一样的特征，这就是薄膜呈现颜色的机理。

因此，在很大程度上须考虑薄膜自身和基体材料对光的吸收，以确定呈现的颜色是干涉结构色还是薄膜与基材结合的固有吸收色。总的来说，薄膜形状的材料的颜色是结构色与色素色综合的结果。

1.4 结构色主要生色机理

可见光作用于物体上可能经历了入射、折射、吸收、透射、反射、散射、衍射、干涉、偏振等行为，这些行为也是常见的光学现象。而结构色就是可见光通过物体上一定的微纳结构产生以上一种或几种光学行为综合作用后产生的结果。了解这些光学行为有助于了解结构色形成机理，并通过对这些行为进行调整以实现结构色的调控。结构色根据生色机理可以归纳为以下三大类[6]，部分例子如图 1-18[31] 所示。

图 1-18 自然界结构色的例子[31]

（a）肥皂泡单层薄膜干涉结构色；（b）蝴蝶多层薄膜干涉结构色；（c）蛋白石光子晶体衍射结构色；（d）光盘光栅衍射结构色；（e）蓝色天空散射结构色

① 光干涉产生的结构色，包括单层薄膜干涉或多层薄膜（或结构）干涉结构色，如苍蝇、蜻蜓、蝴蝶和甲虫等生物的透明翅膀，阳光下的肥皂泡，水面上的油渍等的颜色属于单层或多层薄膜干涉结构色。干涉结构色因产生干涉的可见光的波长在一个比较窄的范围内（表现为反射光谱的半高宽小），故而色彩绚丽，而且随方向适度变化（虹彩）。

② 光衍射产生的结构色，包括光栅衍射和光子晶体产生的结构色，如某些甲壳类动物毛发、孔雀羽毛、鸟类羽毛、蛇表皮、唱片、蛋白石等的颜色。衍射结构色仅在直射光中可看到，同样因为光的波长范围较窄，其色彩艳丽，而且随观察角度的变化而强烈变化（虹彩）。干涉结构色与衍射结构色比较相似，均具有明亮、纯粹、金属光泽和透明等特点。

③ 光的散射或色散产生的结构色，如天空和海洋的蓝色源自瑞利散射。其特点是色彩没有干涉色或衍射色艳丽，没有虹彩效应。

因此，结构色又可以根据有无虹彩效应分为虹彩结构色和非虹彩结构色。虹彩结构色通常是由有序散射体阵列的光线反射或散射产生的[32]，而许多鸟类羽毛的非虹彩色是由髓角蛋白中的准有序空泡阵列产生的[33]。蓝闪蝶（Morpho Butterfly）的整体颜色为辉煌而不依赖角度的虹彩色，是干涉、衍射、散射和色素诱导吸收综合作用的结果[34]。研究这些生物光子纳米结构的混色机制可能为基于仿生技术制造结构色材料、结构色纺织品和结构色相关光学器件提供了方便的、可行的方法[6]。

1.4.1 光干涉产生结构色

生活中常见的干涉结构色例子是油膜在水面的颜色，以及蜻蜓或昆虫翅膀的颜色（图 1-19[35]）。入射光在薄膜表面发生多次反射与折射，相同波长的两束或多束反射光产生干涉形成干涉结构色。不同颜色（波长）的光在不同入射角度、不同的薄膜厚度发生干涉，形成了丰富的、变幻的、绚丽的色彩（虹彩效应）。

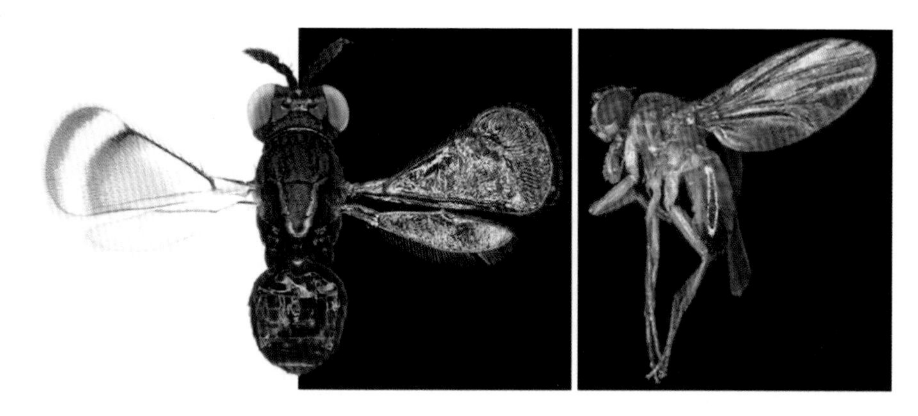

图 1-19　小型膜翅目和双翅目昆虫透明翅膀的结构色[35]

根据产生干涉结构色的薄膜层数的不同，可以将薄膜干涉划分为单层膜干涉和多层膜干涉两类干涉。如图 1-20（a）所示，当可见光（波长 λ）从折射率 n_1 的介质（如果是空气，则 n_1=1）以入射角 θ_1 入射到折射率 n_2 的单层薄膜上时，入射光在薄膜上下表面反射并在上表面产生干涉。此处，薄膜物理厚度为 d，折射角为 θ_2，n_s 为基底折射率，综合考虑半波损失并结合杨氏双缝干涉，两束反射光的光程差（OPD）为：

$$\text{OPD}=2n_2d\cos\theta_2+\frac{1}{2}\lambda \tag{1-15}$$

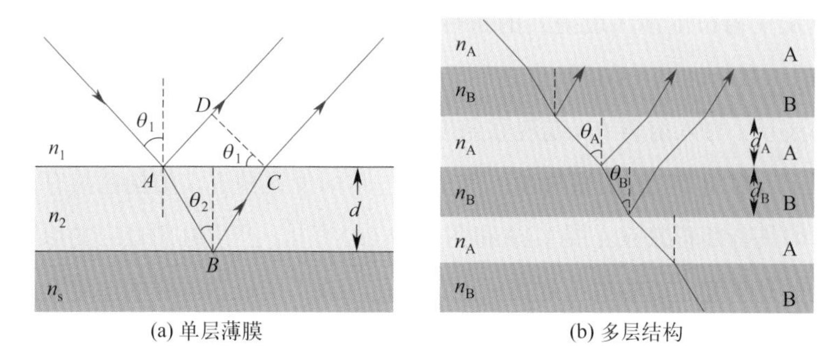

图 1-20　薄膜干涉示意图[6, 36]

根据杨氏双缝干涉原理，当 $n_s < n_1 < n_2$（类似于肥皂泡薄膜）时，发生相长干涉（最亮）需满足式（1-16）所示条件，而发生相消干涉（最暗）需满足式（1-17）所示条件[6, 36]。

$$2n_2d\cos\theta_2=\left(m-\frac{1}{2}\right)\lambda=\frac{2m-1}{2}\lambda \tag{1-16}$$

$$2n_2d\cos\theta_2=m\lambda \tag{1-17}$$

上述关系式中，n_2d 为膜层的光学厚度；θ_2 为折射角；m 为非零整数（m=1，2，3…）；λ 为光在真空中的波长（此处为空气，与真空中波长一样）。

相长干涉与相消干涉示意图见图 1-21。

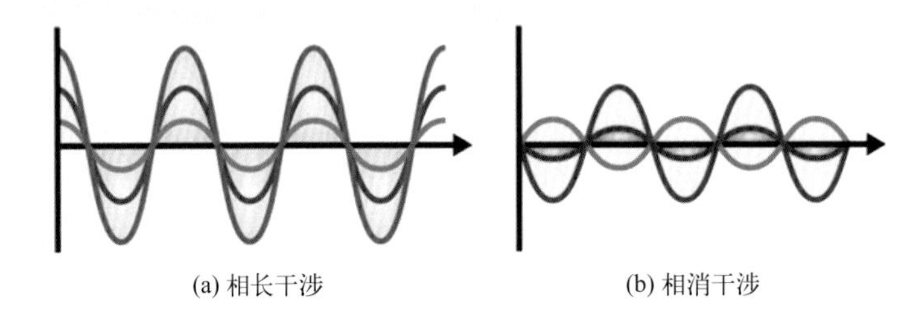

(a) 相长干涉　　(b) 相消干涉

图 1-21　相长干涉与相消干涉示意图

式（1-16）可写成：

$$n_2d\cos\theta_2=\frac{2m-1}{4}\lambda \tag{1-18}$$

从式（1-18）可看出，当入射角很小（例如垂直入射，即 $\cos\theta_2$=1）时，单层薄膜发生相长干涉（最亮）的条件是膜层的光学厚度（n_2d）等于 1/4 波长（λ/4）的奇数倍。式（1-18）也表明，当材料的折射率和薄膜厚度一定时，反射光的波长 λ 与入射角 θ（或观察角度）相关，因此入射光与反射光的相长干涉依赖于入射角 θ（或观察角度）的变化，从而使这种干涉结构色具有角度依赖性，即具有虹彩效应［图 1-19 和图 1-22（a）[37]］。产生虹彩效应的原因，可能是入射光角度（或观察者观察角度）变化，或不同位置薄膜的厚度变化（或者光学厚度变化，两束反射光的光程差就变化），从而引起结构色变化。

根据虹彩效应，可得出以下结论。

（1）薄膜厚度变化，同一入射光因光程差变化使干涉光波长产生变化，因而颜色变化，表现为不同的颜色。图 1-22（a）中，对于同波长的光，从横向看呈现膜厚变化引起的颜色变化。

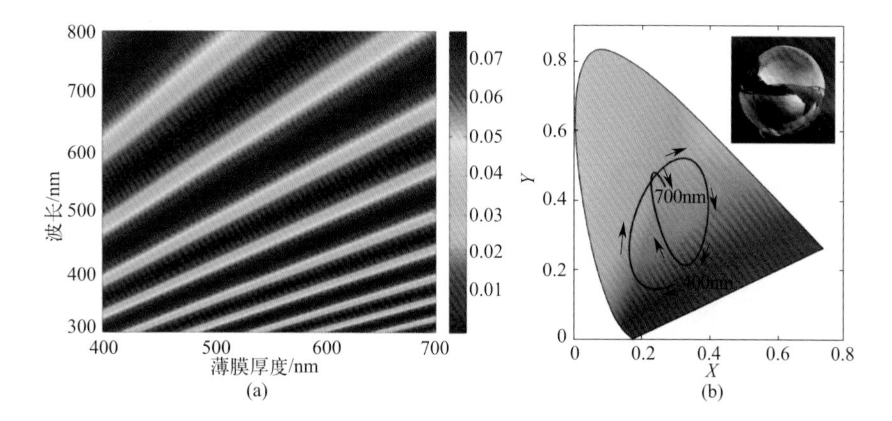

图 1-22 单层薄膜干涉结构色与薄膜厚度的关系[37]

(a）类似于肥皂膜的单层薄膜（薄膜折射率为 1.33）在膜厚 400 ～ 700nm 时对应的干涉图（最右的彩色刻度轴表示反射强度）；（b）对应于（a）图建模的 CIE 色度图（箭头表示结构颜色随膜厚从 400nm 增加到 700nm 的变化）

（2）从式（1-16）可看到，入射角 θ（或观察角度）增大，波长 λ 变小，则结构色的颜色从红色向波长更短的黄色、绿色、紫色方向变化，即颜色蓝移；反之，颜色红移。图 1-22（a）也说明，从纵向上看，同一厚度处，随着入射光波长增加，结构色红移。

（3）光程差与薄膜材料的折射率、物理厚度密切相关，满足相长干涉条件即呈现某种颜色。

层状结构（或多层薄膜）也可使光发生干涉或衍射产生结构色。物体中的层状结构形成的平行界面使可见光产生多次折射与反射，同频率（波长）的光波产生多光束（反射光）干涉叠加，形成干涉结构色。如图 1-23[38, 39]所示，鞘翅目吉丁虫体表的多层结构形成干涉结构色。多层膜结构基本有三种形式[6, 8]：一是不同种规则多层膜的组合；二是每层厚度规则变化的多层膜；三是在一个平均厚度附近随机变化。图 1-20（b）为由两种折射率不同的材料（A 和 B）交替层叠组成的层状结构，折射率分别为 n_A 和 n_B，物理厚度分别为 d_A 和 d_B，当 $n_B > n_A > 1$，满足式（1-19）时发生相长干涉（最亮）；而当 $n_A > n_B > 1$，满足式（1-20）时发生相长干涉（最亮）[6]。

$$2(n_A d_A \cos\theta_A + n_B d_B \cos\theta_B) = m\lambda \quad (1\text{-}19)$$

$$2\left(n_A d_A \cos\theta_A + n_B d_B \cos\theta_B\right) = \left(m - \frac{1}{2}\right)\lambda \tag{1-20}$$

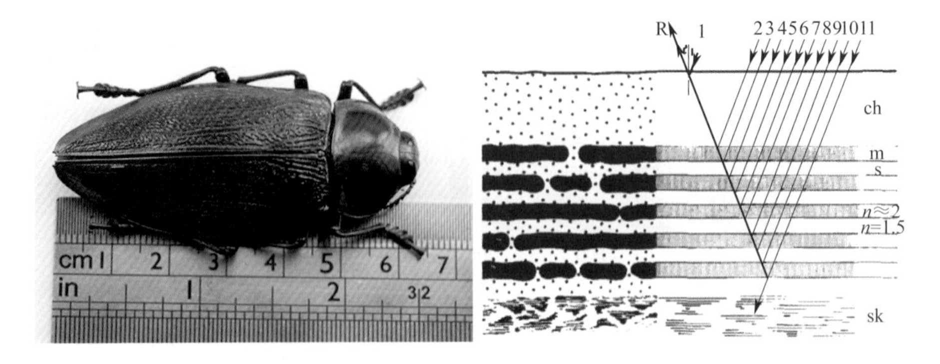

图 1-23　吉丁虫体表的多层结构及结构色[38, 39]

1～11 为入射光线；R 为复合反射（忽略折射）；ch 为几丁质层；m 为黑色素层；s 为黑色素平面之间的几丁质层；sk 为硬化层；n 为折射率

因此，对于减反射膜（$n_1 < n_2 < n_s$），当薄膜的光学厚度（nd 或 $n_A d_A + n_B d_B$）等于波长一半（$\lambda/2$）的整数倍时，就会出现相长干涉（最亮）结构色；而对于增反射膜（$n_2 > n_s$），当膜的光学厚度等于四分之一波长（$\lambda/4$）的奇数倍时，出现相长干涉（最亮）结构色。通常，膜厚度需要在一定范围内（不能过大），以获得明亮的干涉结构色（表 1-6）。

表 1-6　薄膜光学厚度与干涉色明暗的关系

nd 或 $n_A d_A + n_B d_B$	$\frac{1}{4}\lambda$	$\frac{1}{2}\lambda$	$\frac{3}{4}\lambda$	λ	$\frac{5}{4}\lambda$	$\frac{3}{2}\lambda$	$\frac{7}{4}\lambda$	2λ
减反射膜（$n_1 < n_2 < n_s$）	暗	明	暗	明	暗	明	暗	明
增反射膜（$n_2 > n_s$）	明	暗	明	暗	明	暗	明	暗

层状结构薄膜中，总体反射率取决于薄膜材料折射率（n_A 和 n_B）和薄膜厚度（d_A 和 d_B），以及双层膜层叠（重复）次数 k（k=1，2，3……），符合以下关系式[40]：

$$R = \left[\frac{n_1 - n_s\left(\frac{n_B}{n_A}\right)^{2k}}{n_1 + n_s\left(\frac{n_B}{n_A}\right)^{2k}}\right]^2 \tag{1-21}$$

因此，多层结构的反射率与A/B结构的双层膜层叠次数k有关，层叠的周期数越大，反射效果越明显［图1-24（b）］。当k=8时，膜层共27层（2k+1），最大反射率接近100%（此处，λ_0=460nm，n_A=2.3，n_B=1.38，n_s=1.52）[41]。当k=0时即对应最简单的单层膜结构［图1-24（a）］，反射率由式（1-22）表示，可以看出，单层薄膜的反射率与光学厚度和薄膜折射率有关（此处n_1=1.0，n_s=1.5）[41]。

$$R=\left(\frac{n_1-n_sn_2}{n_1+n_sn_2}\right)^2 \tag{1-22}$$

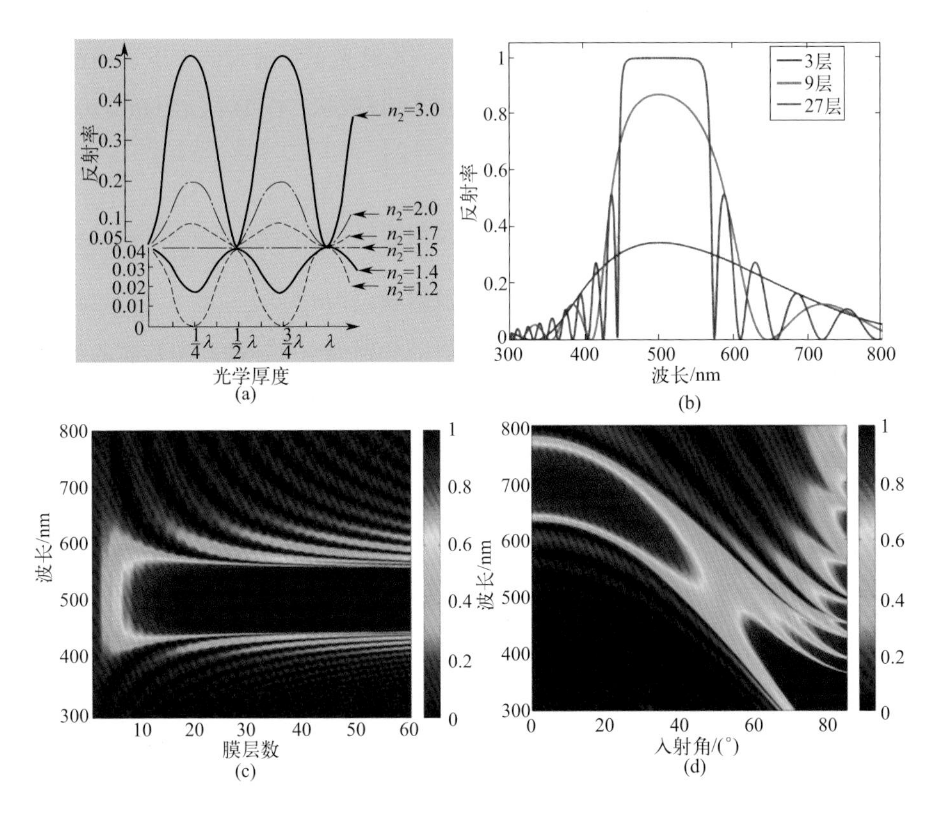

图1-24 薄膜结构与反射率（反射强度）

（a）单层膜反射率与光学厚度和折射率的关系[41]；（b）多层结构薄膜的层数与反射率的关系（理想薄膜层数分别为3层、9层和27层）[37]；（c）入射光反射率随多层薄膜层数增加的变化规律（右边彩色比例轴表示反射强度）（λ=500nm，n_A= 1.40，n_B=1.00）[37]；（d）多层膜反射率与入射角的关系（表明700nm左右的光在小入射角和300nm左右的光在大入射角时具有较大反射率）[37]

同理，在折射率为 n_s 的基底上镀制光学厚度为（$k/4$）λ（k=1，3，5…）、折射率为 n_2（$n_2 > n_s$）的膜层，总体反射率增大，并随 n_2 的增大而增大［图1-24（a）］。或者说，对于同一折射率的基底，增加薄膜的折射率（n_2-n_s 的值越大），反射率 R 也增大。但单层增反射膜的最大反射率难以超过 50%。简言之，多层薄膜干涉光强与薄膜各层的光学厚度和折射率有关。增加层的厚度和材料的折射率（或选用折射率更大的材料），可以使产生干涉的可见光波长变大，即颜色红移。同时，增大高低折射率膜层的折射率比值（n_B/n_A），可以提高反射率。以上规律可以应用于干涉结构色的调制和结构设计。

另外，减反射膜或增反射膜（涉及半波损失问题）两种不同的薄膜结构对干涉的影响稍有不同。如图 1-25 所示，入射光 1 在薄膜的上下表面的反射光分别为 2 和 3，两者的光程差 ΔL［或 OPD 表示，OPD=（$AB+BC$）$-AD$，兼顾半波损失］用公式表示为[42]：

$$\begin{cases} \Delta L = 2d\sqrt{n_2^2 + n_1^2\sin^2\theta_1} & （减反射膜，1=n_1 < n_2 < n_s） \quad (1\text{-}23) \\ \Delta L = 2d\sqrt{n_2^2 + n_1^2\sin^2\theta_1} + \dfrac{\lambda}{2} & （增反射膜，1=n_1 < n_s < n_2） \quad (1\text{-}24) \end{cases}$$

其中，d 为薄膜的物理厚度；n_1、n_2、n_s 分别为空气、薄膜和基底的折射率；θ_1、θ_2 分别为可见光的入射角和折射角；M_1 和 M_2 为薄膜的上下表面。

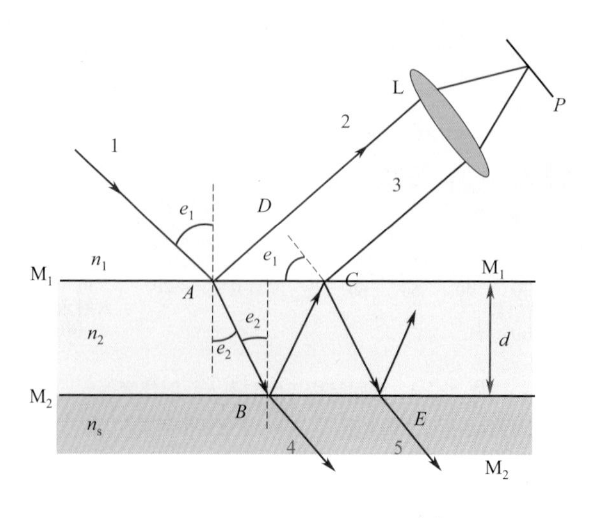

图 1-25 薄膜光干涉示意图[6]

对于减反射膜和增反射膜，这两种薄膜的干涉条件不同。结合前面提到的式（1-16）和式（1-17），对于单层薄膜，设最大反射波长为 λ，则垂直入射（$\sin\theta_1=0$）时，产生光学相长干涉（最亮）的条件可写成：

$$\begin{cases} \Delta L = 2n_2 d = m\lambda & \text{（减反射膜，}1=n_1 < n_2 < n_s\text{，}m=1\text{，}2\cdots\text{）} \quad (1\text{-}25) \\ \Delta L = 2n_2 d + \dfrac{\lambda}{2} = m\lambda & \text{（增反射膜，}1=n_1 < n_s < n_2\text{，}m=1\text{，}2\cdots\text{）} \quad (1\text{-}26) \end{cases}$$

与减反射（增透）膜相反，增反射膜（$n_2 > n_s$）可以增加光学表面的反射率，其折射率高于基体材料的折射率。只要 $n_2 > n_s$，无论 $n_2 d$ 为何值，镀膜后的反射率比未镀膜的提高或不变。单层薄膜干涉光强要达到比较高的反射率比较困难，需通过多层结构以加强增反效果，最终多层薄膜比单层薄膜干涉产生的色彩光更强。对于多层薄膜，结合式（1-19）和式（1-20），垂直入射（$\sin\theta_1=0$）时，产生光学相长干涉（最亮）的条件则为：

$$\begin{cases} \Delta L = 2(n_A d_A + n_B d_B) = m\lambda & \text{（减反射膜，}n_A < n_B < n_s\text{，}m=1\text{，}2\cdots\text{）} \quad (1\text{-}27) \\ \Delta L = 2(n_A d_A + n_B d_B) + \dfrac{\lambda}{2} = m\lambda & \text{（增反射膜，}n_s < n_B < n_A\text{，}m=1\text{，}2\cdots\text{）} \quad (1\text{-}28) \end{cases}$$

根据光干涉原理的四分之一波长法则，式（1-27）表示，对于减反射膜（$n_A < n_B < n_s$），当薄膜的光学厚度（$n_A d_A + n_B d_B$）等于波长一半（$\lambda/2$）的整数倍时，就会出现相长干涉（最亮）结构色；式（1-28）则表示，对于增反射膜（$n_s < n_B < n_A$），当薄膜的光学厚度（$n_A d_A + n_B d_B$）等于四分之一波长（$\lambda/4$）的奇数倍时，出现相长干涉（最亮）结构色。

图 1-26 中的多层薄膜结构是 Air（空气）/（$L_A H_B$）^{k}/Substrate（基底）（$n_A < n_B < n_s$）的结构，这是典型的减反射多层薄膜的结构［L_A 为低折射率膜层，折射率为 n_A；H_B 为高折射率膜层，折射率为 n_B；k 为双层膜层叠（重复）次数（k=1，2，3…）］。对于增反射多层膜，因半波损失问题，要增加一个膜层，通常采用 Air/（$H_A L_B$）^{k}/H_A/Substrate（$n_s < n_B < n_A$）的结构，而且（$H_A L_B$）^{k}/H_A 总膜层数为 1、3、5、7、9、11、13 等奇数（$2k-1$，k=1，2…）。当 $n_A d_A = n_B d_B = \lambda/4$ 时，反射率会达到最大值，干涉相长出现亮色。反射光的反射率越高，人眼感知的颜色效果就越强。因此，使用薄膜干涉法进行结构生

色，必须设计薄膜的多层结构及每一层膜的厚度和折射率。

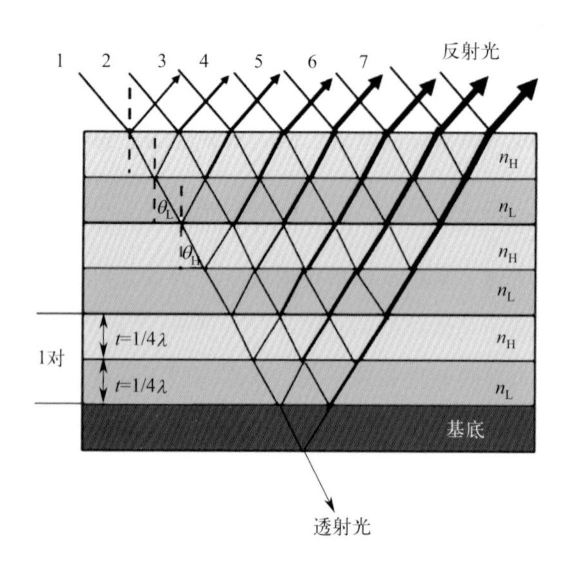

图 1-26 Air/(L_AH_B)^k/Substrate 结构多层薄膜干涉示意图[24]

对于减反射薄膜，其最大干涉反射光强（反射率）可以根据式（1-21）进行计算。而对于增反射多层薄膜结构［Air/（H_AL_B）^{k}/H_A/Substrate，n_s < n_B < n_A，k=1，2，3…］，其最大反射光强（反射率）为[43]：

$$R=\left[\frac{n_1-\left(\frac{n_A}{n_B}\right)^{2k}\times\frac{n_A^2}{n_s}}{n_1+\left(\frac{n_A}{n_B}\right)^{2k}\times\frac{n_A^2}{n_s}}\right]^2 \tag{1-29}$$

尹中文等[43]举例说明，如镀制上述结构的多层增反射薄膜，高折射率薄膜为硫化锌（ZnS，n_A=2.40），低折射率薄膜为氟化镁（MgF_2，n_B=1.38），基底为玻璃（SiO_2，n_s=1.50），当镀制 3 层的增反射膜（2k+1）时，计算出 R=70%；当镀制 9 层增反射膜（4k+1）时，计算出 R=98.7%；而当膜层数增加到 13 层（6k+1）时，反射率 R 高达 99.8%。同样印证了图 1-24（b）的情况。此时，设：

$$Y=\left(\frac{n_A}{n_B}\right)^{2k}\times\frac{n_A^2}{n_s} \tag{1-30}$$

则式（1-29）可变换成：

$$R=\left(\frac{n_1-Y}{n_1+Y}\right)^2 \tag{1-31}$$

因为 n_1=1，推导可得：

$$R=\left(1-\frac{2}{\frac{n_1}{Y}+1}\right)^2=\left(1-\frac{2}{\frac{1}{Y}+1}\right)^2 \tag{1-32}$$

由式（1-32）作出 Y 值与反射率 R 的关系图（图 1-27）。$Y<1$ 时，Y 越小则 R 越大；$Y>1$ 时，Y 越大则 R 越大，但始终 $R\leqslant 1$。对于增反射膜，$n_s<n_B<n_A$，$n_A/n_B>1$ 或 $n_A^2/n_s>1$，则 $Y>1$，因而 Y 值越大，即两种膜层的折射率差异越大，光反射率 R 就越大，出色效果就越明显。同样，高折射率膜材与基底材料的折射率差别越大，反射率越大，干涉效果越强，色彩越靓丽[44]。

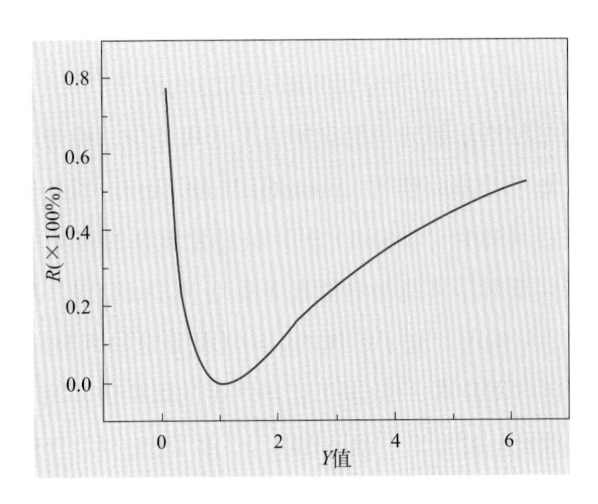

图 1-27　Y 值与反射率 R 的关系

1.4.2　光衍射产生结构色

光的衍射是指光在传播过程中，遇到障碍物或小孔时，光将偏离直线传播的路径而绕到障碍物后面传播的现象，也叫绕射。光的干涉和衍射本质上没有区别，都是光的波动性的表现，是光波线性叠加的结果。衍射产生颜色的效应类似于干涉生色；两者的区别在于，干涉是两列或有限束光相干叠加，而衍射则是无限束光的叠加（或积分）。从光程差的角度来看，对应于相同的光程差，单缝衍射的极小值条件变成了双缝干涉的极大值条件；而在单缝情形下，单缝衍射的极小值条件对应的是同一缝中光波间的干涉[45]。光衍射产生结构色主要有两种情况：一种是光子晶体（包括蛋白石等天然光子晶体和人工制备的胶粒光子晶体）产生的衍射结构色；另一种是光栅结构产生的衍射结构色。衍射光栅和光子晶体产生衍射结构色的例子，如天然或人工合成的蛋白石、某些蛇类的表皮、光盘、某些鸟类羽毛等都存在衍射结构色[46-49]。

1987 年，Yablonovitch[50] 和 John[51] 两位学者将能带的概念扩展到了电磁波中，几乎同时提出光子晶体（photonic crystals，PC）的概念，光子晶体是一种在微米、亚微米等光波长的量级上折射和具有光子带隙且结构有序的材料或人工微结构，对特定波长光的传播能选择性阻碍和控制。简言之，光子晶体就是一类具有光子禁带特性的微结构的统称[50, 52]。当光进入光子晶体结构中后受到布拉格衍射效应的调制作用形成能带，能带与能带间会形成某一频率范围的光子带隙或禁带（photonic band gap）。当光子晶体的带隙范围处在可见光波段（380 ～ 780nm）时，某特定频率的可见光将不能透过而被光子晶体选择性反射，只能在物体表面发生干涉或衍射，从而呈现出明亮艳丽、颜色各异的结构色。光子晶体的结构色就是这种规整的微结构（禁带）对可见光选择性进行布拉格（Bragg）衍射产生的结构色［图 1-28（a）[53]］。

光子晶体在维度上被分为一维（1D）、二维（2D）和三维（3D）三大类，它们的结构模型如图 1-28（b）所示。光子晶体的结构色主要产生于一维光子晶体（纳米薄膜）中，或产生于三维光子晶体或非晶光子晶体（纳米微球）中的布拉格衍射。一维光子晶体也被称为布拉格（Bragg）堆叠、布拉格反射器或反射镜，指在一个方向上由两种不同折射率的材料交替堆叠而成，是最简单的光子晶体。这种结构在垂直于介质片（薄膜）平面的方向上介电常数是空间位置的周期性函数，而在平行于介质片（薄膜）平面的方向上介电常数不随空间位置而变化。其光子带隙的位置（即反射峰的位置）在光学上遵循布拉格（Bragg）方程，可定义为[54]：

$$m\lambda_{\mathrm{Bragg}} = 2dn_{\mathrm{eff}}\sin\theta \tag{1-33}$$

$$n_{\mathrm{eff}}^2 = n_{\mathrm{h}}^2 \times f_{\mathrm{h}} + n_{\mathrm{l}}^2 \times f_{\mathrm{l}} \tag{1-34}$$

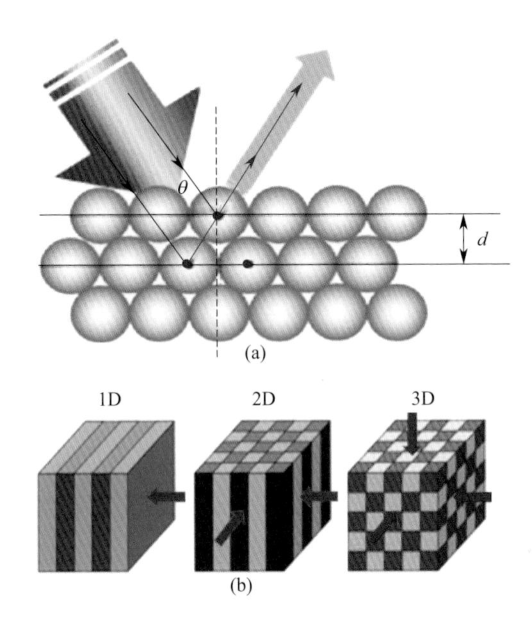

图 1-28 光子晶体的分类及衍射结构色原理示意图

（a）光子晶体产生衍射结构色的原理[53]；（b）三种维度的光子晶体

式（1-33）中，m 为与衍射阶数有关的任意整数（或叫衍射级数）；λ_{Bragg} 为入射光波长（亦是反射光波长），也即反射峰值位置（即带隙位置）；d 为原子平面的间距（或晶格中衍射晶体平面之间的间距，或相邻两胶体微球的中心距，或薄膜的厚度）；n_{eff} 为材料的折射率（或三维阵列的平均有效折射率）；θ 为入射光与衍射晶面之间的夹角（掠射角，或叫布拉格角）。对于薄膜类一维光子晶体，材料的折射率 n_{eff} 与高折射率（n_{h}）和低折射率（n_{l}）区域的折射率及各自的体积分数（f_{h} 和 f_{l}）有关［式（1-34）］。

Bragg 定律表明，当入射角等于反射角，以及间隔距离为 d 的相继两层的反射光程差等于波长的整数倍时，衍射光波将增强（反射叠加），表现为光强增加、颜色明亮的衍射结构色。前述薄膜干涉结构色，在理论上可认为是一维光子晶体结构色，当垂直入射时，入射角为0º，而掠射角为90º，则式（1-33）可转化（简化）为：

$$m\lambda=2dn \tag{1-35}$$

而式（1-19）可转化（简化）为与式（1-35）相一致的关系式［此时为垂直入射，式（1-19）中 $\theta_A=\theta_B=0°$，$\cos\theta_A=\cos\theta_B=1$］，有：

$$m\lambda=2(n_A d_A+n_B d_B) \tag{1-36}$$

以上公式表明，产生结构色的入射光波长（亦是反射光波长）λ 与薄膜的折射率（n_A、n_B 分别是两种高、低折射率材料薄膜的折射率）和厚度（d_A、d_B 分别是两种薄膜的厚度）有关。因此，式（1-33）和式（1-35）均一致表明，增加薄膜的厚度 d 和材料的折射率 n 均可以使衍射（或干涉）波长 λ 变大，即衍射（或干涉）结构色红移。另外，θ 的变化也会影响衍射生色的效果，即当 d 相对固定时，衍射结构色随着观察角度的变化而改变。因此，控制介质的折射率（n_h、n_l 或 n_A、n_B）、入射角（θ）以及高折射率层和低折射率层的厚度（$n_A d_A+n_B d_B$，最终厚度为 d），可控制Bragg衍射峰在可见光区的位置，制备出颜色分布于整个可见光区的一维光子晶体。

三维光子晶体是指在三维空间各方位都具有光子频率禁带特性的材料，介电材料呈规整、短程有序、长程也有序的排列规律，因此三维光子晶体会随着光的入射角度的不同而显现出不同的颜色。三维光子晶体衍射光的特征波长可以表达为［55，56］：

$$m\lambda=\sqrt{\frac{8}{3}}D(\sum_i n_i^2 v_i-\sin^2\phi)^2 \tag{1-37}$$

式中，D 为原子平面间距或晶面间距；n_i 和 v_i 分别为组分 i 的折射率和体积分数；ϕ 为入射光和晶面法线的夹角。

自然界中有许多天然光子晶体的例子。如豹变色龙体表的颜色是一种典型的光子晶体衍射结构色（图1-29［57］），豹变色龙在放松状态与受激状态时其体表的光子晶体结构有不同的变化，形成颜色的变化。又如，天然蛋白石是一种天然光子晶体结构材料，能在白色或黑色背景上显示各种幻彩颜色。因为蛋白石是由大小相同的微球（SiO_2）三维光子晶体规律排列而成的，可见光入射后经三维光子晶体产生衍射作用，形成幻彩结构色［图1-18（c）］。

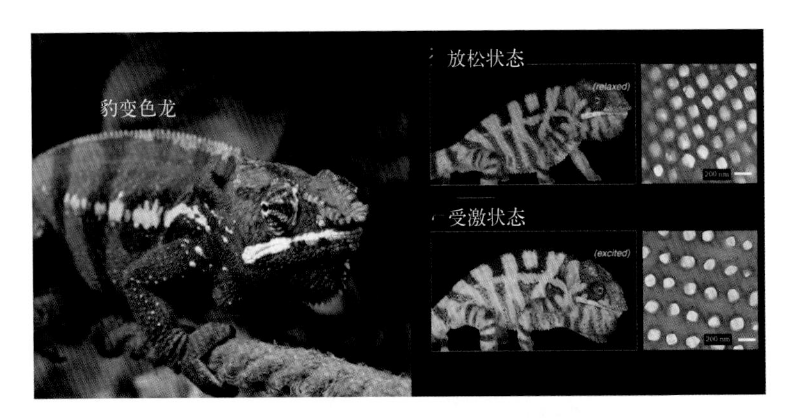

图 1-29 豹变色龙在放松状态与受激状态时显示不同的颜色[57]

根据其结晶态（或结构的规律性），光子晶体的结构分为晶型和非晶型两种。如孔雀和鹦鹉的羽毛的光子晶体结构是晶型，而蜻蜓翅膀表面细胞光子晶体是非晶型。典型的三维晶型光子晶体因其三个方向上的各向异性（介质或结构上各向异性），表现为幻彩衍射结构色。非晶型光子晶体结构则不完全符合周期性排列规律，呈现短程无序、长程有序的排列，会产生各向同性的微结构，短程无序的结构大大降低了结构色的角度依赖性[12]，导致反射光不会随着角度变化而变化，显示为单一颜色。总的来说，单色光子晶体表现为强反射峰，其色调与亮度随光子晶体周期结构和介质折射率的变化而变化；而具有虹彩（幻彩）效应的结构色是通过光子晶体的多级衍射形成的[49]。

简言之，结构色（波长 λ）与衍射晶体厚度、材料折射率 n 和布拉格角 θ 有关。因此，通过改变以上参数可调制不同的衍射结构色。比较广泛的调制途径就是改变三维光子晶体粒子之间的间距或一维光子晶体中的层间距和折射率（n）。可能的调制方法包括引入缺陷、改变晶格常数、改变折射率、改变对称性、改变晶体倾斜角度等，如图 1-30[58] 所示。

此外，光栅衍射同样可以产生结构色。光栅是一种使入射光的振幅、相位、偏振（或它们的组合）受到空间调制的物理结构。当一束白光（入射光）在穿透光栅或被光栅反射时，有一部分光会发生偏转，而且白光中不同波长（颜色）的光的偏转角也不同，因而产生了色散（衍射）而形成结构色。图 1-31 为人工光栅结构产生衍射结构色的示意图。

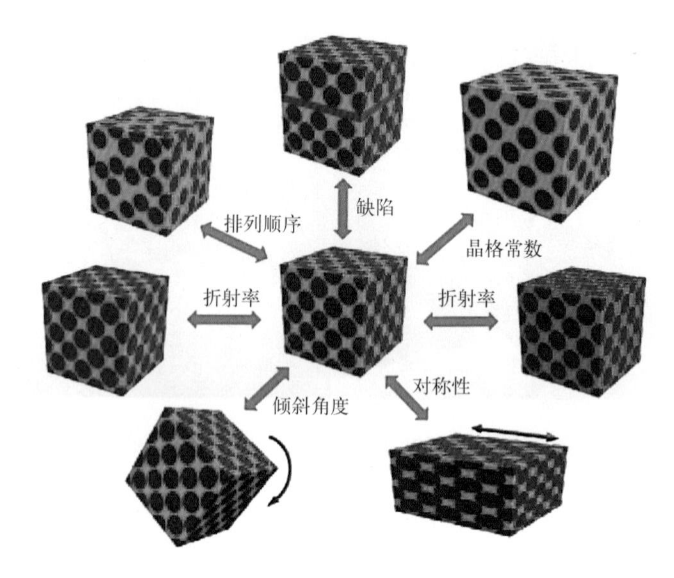

图 1-30 可能的光子晶体结构色调制方法[58]

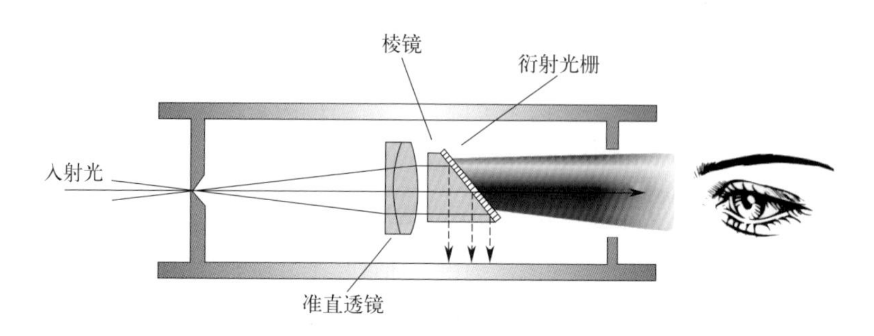

图 1-31 人工光栅结构产生衍射结构色示意图

光栅线条间距通常在几微米到几百纳米量级，通过调控光栅周期（间距）、角度、深度、折射率、占空比等参数，可实现对光的衍射、散射从而形成不同的结构色。最基础的光栅结构为一维光栅，其特点是在单个光源下能产生两个对称方向的衍射色彩，如双缝衍射中的窄缝光栅结构形成的虹彩效应结构色［图 1-32（a）[59]］。一维光栅结构具有单向性，可以通过微小像素单元的旋转角度变化，使衍射光产生变化。一维光栅是所有动态、立体、透镜、扩散纹、放射纹等效果的基础单元。二维光栅结构是两组一维光栅相互叠加的结果，能产生多个衍射角度分布，以两正交一维光栅叠加为例，通常可以产生八个衍射方向。这种光栅结构具有相对宽广的虹彩视觉效果，是目前包装及装饰市场应用最广泛的光栅结构色。晶圆表面显现的多彩颜色就是规整几何结构的线路和晶体管造成的光栅衍射结构色［图 1-32（b）］。简言之，光栅衍射结构色取决于光栅结构的层间距等参数，并且颜色随着观察者角度的变化而变化（或者是随入射角度变化而变化）。

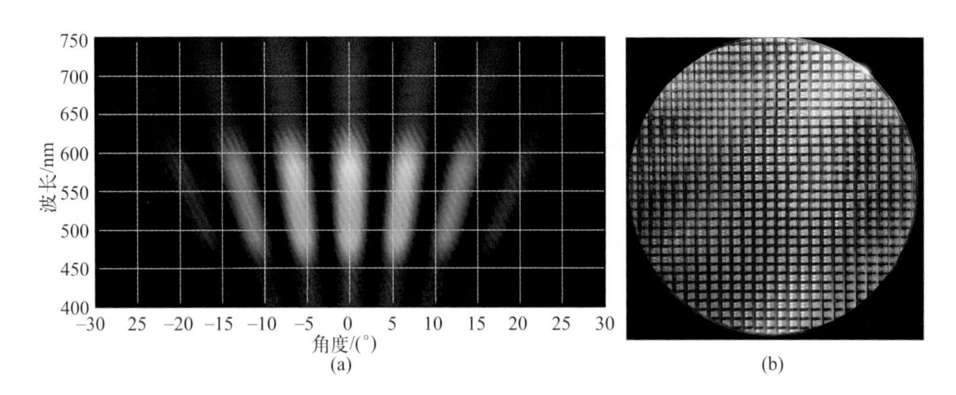

图 1-32　窄缝光栅结构[59]与晶圆形成的虹彩（色散）效应衍射结构色

自然界中有许多生物具有光栅结构产生结构色的例子。如图 1-4 和图 1-33[60]所示的蓝闪蝶，其翅膀微观上由多层立体光栅构成，当光线照射到翅膀上时，这些光栅结构对光有折射、反射和绕射（衍射）等多重作用，呈现出绚丽的蓝色或偏紫色。以蓝闪蝶结构色为代表的生物结构色可能是多种结构色机制综合的结果，包括多重干涉、衍射、廷德尔（或丁达尔 /Tyndal）散射和瑞利散射等作用。

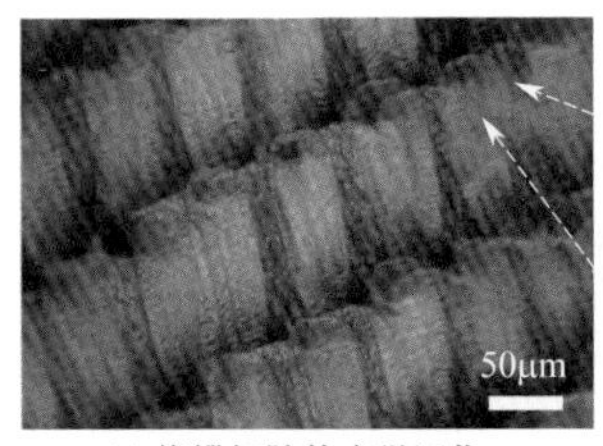

(a) 蝴蝶翅膀的光学图像

(b) 透视扫描电镜图像

(c) 外观结构色

图 1-33　蓝闪蝶翅膀表面微观结构及其结构色[60]

根据光栅的调制参数，改变光栅的密度（周期间距）可以改变色散的带宽，即光谱原色的纯度，因而不同光栅密度的衍射角和衍射色散发生变化。低密度光栅的一级衍射光谱较窄，色彩纯度相对较弱，但低密度光栅具有2级甚至3级衍射，能量相对较低。而高密度光栅衍射角较大，衍射光谱较宽，色彩纯度较高。衍射角度增大，会造成视觉色彩“盲区”，观察角度也会变得更狭小，符合光栅衍射方程：

$$d(\sin\beta \pm \sin\theta)=m\lambda\ (m=0,\ \pm 1,\ \pm 2\cdots) \tag{1-38}$$

式中，d为光栅周期（间隙）；β为光线入射角；θ为衍射方向与法线的夹角；m为衍射级数；λ为衍射波长。

如图1-34所示，可以看出当光栅周期小于300nm时，一级衍射可见光部分颜色将偏离出2π视场范围，因而半导体光刻机虽然能刻蚀出几十纳米甚至几纳米的线宽，但光刻机制作的光栅只做到300nm左右。

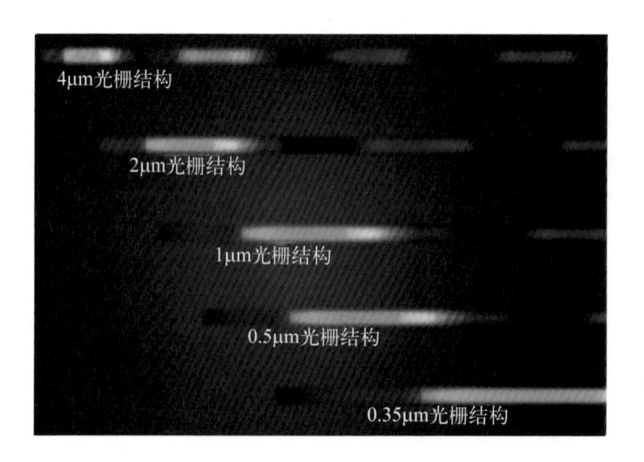

图1-34 不同密度光栅的衍射角和衍射色散变化情况

综上所述，光子晶体和光栅结构均可以产生结构色。通过调控光子晶体的晶格常数、折射率等产生光子带隙，阻断特定频率的光波从而形成结构色；或通过调控光栅结构的光栅周期、角度、深度、折射率、占空比等参数，实现对光的衍射、散射作用从而形成结构色。光子晶体结构制备技术主要有半导体精密加工、电子束光刻、激光直写技术、自组装法、飞秒激光干涉法等。现在各种成熟的镀膜工艺可以用来制备一维光子晶体，而相对复杂的二维和三维光子晶体的制备方法还处于研究阶段。二维光子晶体制备的方法如电化学方法、光刻腐蚀微孔，大多数还是借助电子束、深紫外线和多光束相干技术，并结合反应离子束刻蚀工艺，从而得到二维光子晶体。三维光子晶体的制备方法有蘸笔纳米光刻术、胶体微球自组装方法、多光束相干、相位光栅、多光子聚合方法、掠角度沉积技术、自克隆技术、电子束直写和反应离子束刻蚀的联用等。光栅结构通常采用激光直写、全息干涉、离子 / 电子束光刻、数控加工（CNC）等方法制备。

1.4.3 光散射产生结构色

1666 年，牛顿发现自然光透过三棱镜折射，可呈现出包含七种颜色的绚丽色散现象（图 1-35），这一发现为后来的光谱学研究奠定了理论基础。1801 年，托马斯·杨研究了人眼对颜色的感知，他指出在可见光谱的位置排列上，只需选择三种基本色，按不同的比例叠加组合，就几乎可产生任何一种颜色。而随后赫尔曼·冯·亥姆霍兹在 1856—1867 年期间，继续对视觉颜色进行了深入分析，确立了光的三原色理论。

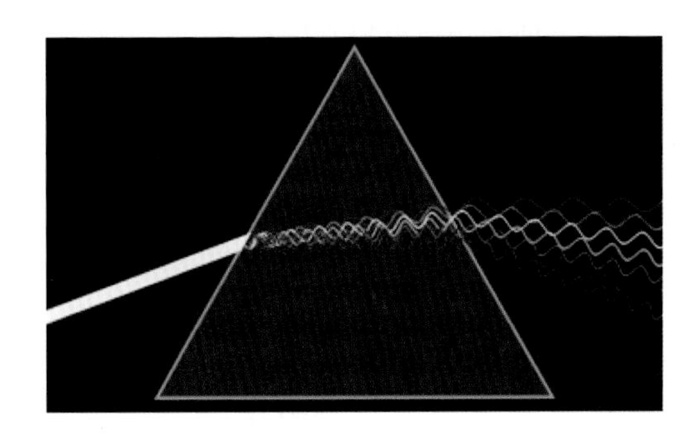

图 1-35 白光通过棱镜后产生色散形成不同颜色

光的散射（或色散）(optical dispersion)，会使可见光颜色发生变化，是结构色现象之一。光通过棱镜发生色散，光波长愈短，色散偏离角愈大，色散后可呈现一连续的虹彩颜色。如空气中的小水滴，在雨后或喷水池旁容易见到，这时太阳光线以一次内反射形式通过球形小水滴发生色散。宝石和一些其他材料，在反光时会发生色散，例如钻石有极高的色散值，当钻石旋转时，有炫耀的彩色闪光出现。

光散射通常分为两类：一类是散射光的波长不变，即入射光和散射光波长相同，如瑞利散射和米氏散射；另一类是光波的波长在散射后发生变化，即一定波长的光照射到物质表面时被物质分子或原子吸收了部分能量后散射出另一波长的光，如拉曼散射。与颜色有关的多为瑞利散射和米氏散射（图1-36[61，62]）。瑞利散射和米氏散射为无序结构产生的非相干散射，也称为单体散射。粒子的直径远小于光波长（比如1～300nm）时发生的散射为瑞利散射。当可见光入射到悬浮的直径小于或等于光波长的十分之一的微粒时，微粒对光不吸收，而是在与光入射方向成一定角度方向上发生散射。颗粒的尺寸更小，散射光方向会更加强烈地偏离入射光方向。散射光强 I_s 与入射光强 I_0 之比和光波长 λ 有以下关系：

$$\frac{I_s}{I_0}=\frac{常数}{\lambda^4} \tag{1-39}$$

因此，得出以下结论。

（1）光线遇到的颗粒尺寸越小，散射现象就越明显［图1-36（b）］。或者说，当入射光波长越短时，散射光强度越大。即波长越短的光越容易发生散射，横坐标为波长，纵坐标为相对散射强度，数值越大表示散射光越强烈。

（2）不同颜色（波长）的光的散射强度不相同，波长短的蓝色光光强最大，因而天空是蓝色的。原因正是因为散射光中波长较短的蓝、靛、紫等颜色的光强度远远高于红、黄、绿等波长更长的光，从而呈现蓝色［图1-36（a）］。

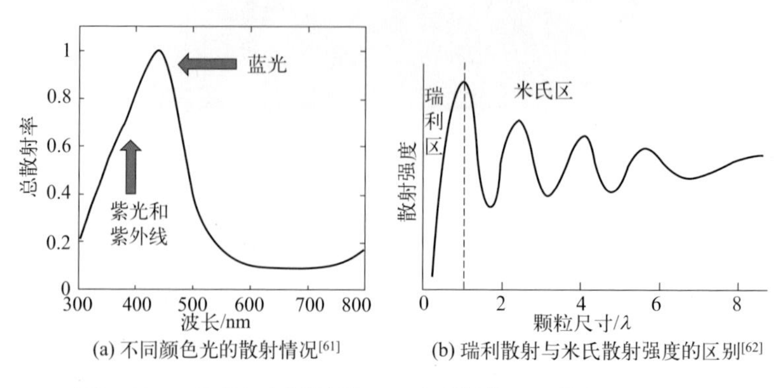

图1-36 不同颜色光的散射情况和瑞利散射与米氏散射强度的区别

微粒尺寸接近或大于光波长时发生的散射为米氏散射，其强度较低且具有多向性。例如天空中云雾的颜色主要是白色光对直径超过 1000nm 的水滴散射的结果；牛奶的乳白色也是可见光对分散在水中的蛋白质团聚物散射的结果。散射光强 I 与偏振特性会随着散射微粒的大小而变化，散射强度与波长 λ 的关系为：

$$I \propto \frac{1}{\lambda^n} \tag{1-40}$$

式中，n 为整数，取值决定于微粒大小。式（1-39）和式（1-40）是统一的，但米氏散射与瑞利散射的规律和散射强度有差别［图 1-36（b）］。设粒子尺寸和波长的比例为 x，有：

$$x = \frac{2\pi r}{\lambda} \tag{1-41}$$

式中，r 是微粒的半径；λ 是光波波长。

从图 1-36（b）中可看出，当 $x < 1$ 时，适用瑞利散射，散射强度随粒径增大而迅速增加；当 $x \geqslant 1$ 时，适用米氏散射，散射强度存在偏振现象（特性），偏振程度随着 r/λ 的增大而减小。光散射或色散产生的结构色没有角度依赖性，因而不存在虹彩效应。

1.5 纳米技术、微纳结构色与纺织品结构生色

1.5.1 纳米技术在纺织上的应用

纳米技术（nano technology，NT）是指一种尺度达到单个原子、分子水平的纳米量级（1 ～ 100nm）的材料制造技术。纳米材料（nano materials，NM）或纳米技术涉及原子物理、凝聚态物理、胶体化学、配位化学、化学反应动力学和表面、界面科学等多学科与技术。比如，纺织纤维制造从普通尺寸向纳米尺寸变化（图 1-37[63]），制备的纳米纤维的物理化学性质相比普通纤维有巨大的变化，在光、热、电、磁等方面出现许多新奇特性。

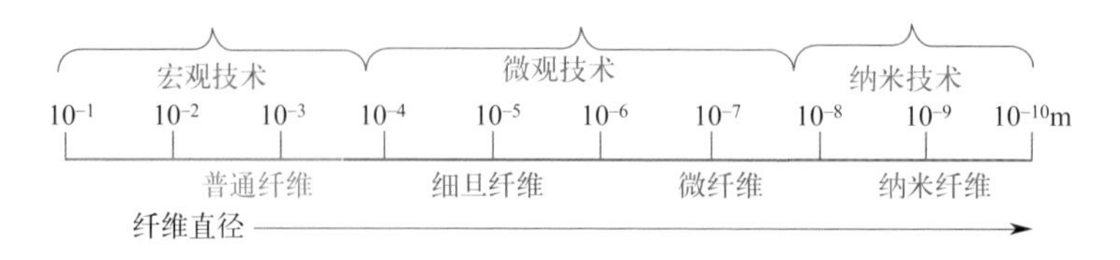

图 1-37 纤维尺寸及相关的纳米制造 / 加工技术[63]

纳米材料在纳米尺度上表现出的性能与量子尺寸效应有关。第一个是表面效应，纳米材料比大块材料有更大的比表面积和比体积，表现出新奇的表面与界面效应。第二个是量子小尺寸效应，随着纳米材料尺寸的减小，量子尺寸效应变得更加明显，不同的电子能级构型导致不同的光、电、磁、力等性质的动态变化。由于纳米材料的新奇特性，纳米颗粒、纳米线、纳米薄膜、碳纳米管、富勒烯、石墨烯、纳米复合材料等纳米材料在食品、农业、制药、生物医学和医疗保健、纺织、电子和可再生能源等不同领域的应用越来越广泛（图 1-38[64]）。

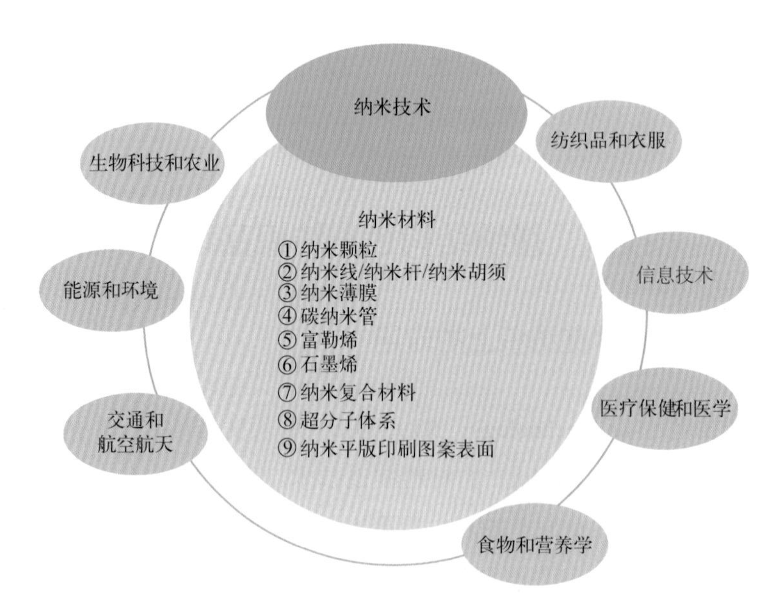

图 1-38 纳米技术和纳米材料在各个领域的可能应用[64]

通常应用于纺织品中的纳米材料有纳米纤维、纳米颗粒材料（金属、无机材料等）、纳米复合材料、碳纳米管、纳米胶囊（微胶囊）和纳米乳液等，可以作传统用途或先进技术用途。纳米技术和纳米材料可用于开发各种功能性、智能性、技术性纺织品，如具有高拉伸强度、独特的表面结构、柔软的手感、耐久性、防水、阻燃、抗菌等性能或功能的纺织品（图 1-39）。

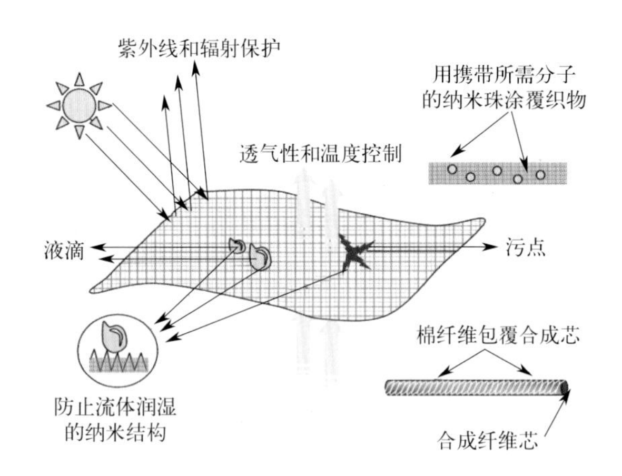

图 1-39 纳米材料（或结构）应用于纺织品上使获得紫外线防护、防污和温度控制等功能[63]

1.5.2 超表面、表面等离子体与微纳结构色

超表面（meta surface，或称超构表面、电磁超构表面）是指一种厚度小于光波长的人工层状材料，可视为超材料（meta material）的二维对应。超表面实际上就是一种具有一定周期的规则的表面微纳结构，通过不同的尺寸和排列组合可使材料表面表现出不同的功能特性，如超疏水表面微结构、陷光微纳结构（即微纳光学结构）、减阻减摩表面结构等。应用于光学作用的超表面就是一种微纳光学（或光子学）结构[65]。由亚波长纳米结构构成的光学超表面可以实现对光的振幅、相位、偏振、极化方式、传播模式等参数的灵活调控，实现负折射、负反射、极化旋转、汇聚成像、复杂波束、传播波向表面波转化等新颖的物理效应，并由此实现亚波长空间光调制、超快光脉冲整形、全彩色 3D 全息、结构色显示等超常功能。超表面丰富独特的物理特性及其对电磁波的灵活调控能力使其在隐身技术、天线技术、微波和太赫兹器件、光电子器件等诸多领域具有重要的应用。

微纳光学超表面产生微纳结构色与表面等离子体共振（surface plasmon resonance，或称等离激元共振）有关，结构色的产生与共振模式对光谱的调制密不可分。表面等离子体是一种存在于金属与介质材料界面的集群电子振荡（自由电子与入射光产生共振），分为局域型表面等离子体和传播型表面等离子体。当某个特定波段的光投射到金属纳米结构上时，入射光的电场驱使金属结构表面的自由电子振荡，这种共振增强了金属结构对光的吸收，也被称为局域表面等离子共振。局域表面等离子共振将能量束缚在深度亚波长尺度的空间范围内，调制金属纳米结构对光的吸收谱即可改变相应的透射/反射光谱，形成结构色。对于一些有固定周期的阵列化结构，在某个特定波长的入射光作用下，会在金属与介质材料交界面处激发一种表面等离子体激元，也称之为传播型表面等离子体。这种表面等离子体具有共振带宽窄的特点，能激发异常透射等效果进而产生颜色。

例如，曹鸿涛团队[66]利用金属（Ag）和陶瓷（SiO_2）在一个磁控溅射腔体中于室温条件下逐层溅射沉积制备了金属纳米线阵列（Ag-Nanowire）/陶瓷复合超材料薄膜，由纳米线阵列和纳米微腔的多模、多阶驻波引发了等离激元效应（金属/电介质界面处电磁波与自由电子耦合产生共振），在可见光波段形成选频吸收进而产生反射式结构色。图1-40展示了实验室制得的幅宽为10cm×10cm的样品。区别于传统的开放式结构（如微纳加工制备的纳米孔、柱、锥等），该结构是封闭式的，金属/电介质界面不与空气接触，保障了显色稳定性和耐久性。制备的样品在大气环境下放置一年，颜色外观与显色光谱均保持稳定。该结构的衬底选择自由度高（可刚可柔，可导电可绝缘），为大面积的等离激元效应结构色制备提供参考。

随着微纳加工技术的不断改进，出现了如纳米光栅、金属-绝缘体-金属（MIM）、亚波长孔洞阵列、纳米棒阵列和纳米盘-孔洞阵列这几种等离激元结构色（图1-41[67]）。等离激元结构色在超高分辨率显示、动态显色、光学生化传感、防伪加密、光信息存储等领域应用广泛。开展等离激元结构色材料、制备技术及显色机理方面的研究，具有重要的科学研究意义和现实应用意义。

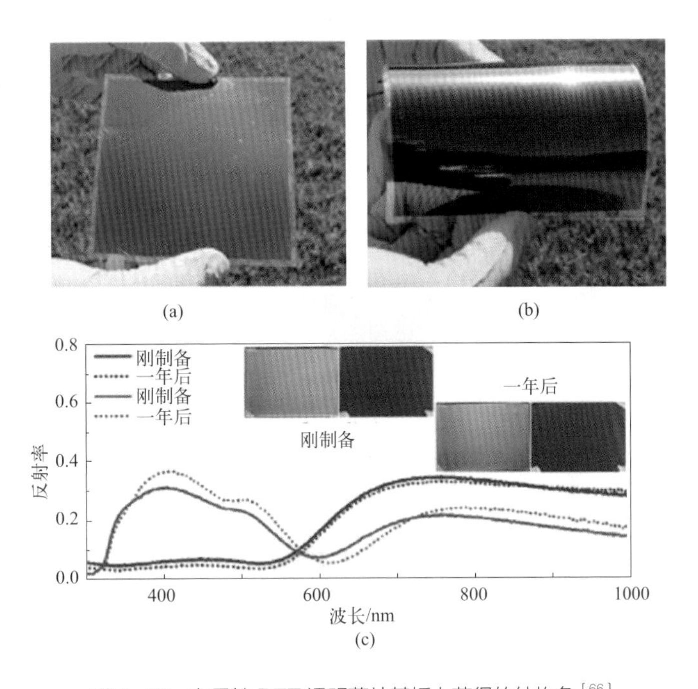

图 1-40　在柔性 PET 透明薄片基板上获得的结构色[66]

（a）PET 薄片基底的蓝色样品；（b）PET 薄片基底的红色样品；（c）两个样品（蓝色和红色样品，如插图所示）在空气中放置一年前后的反射光谱比较

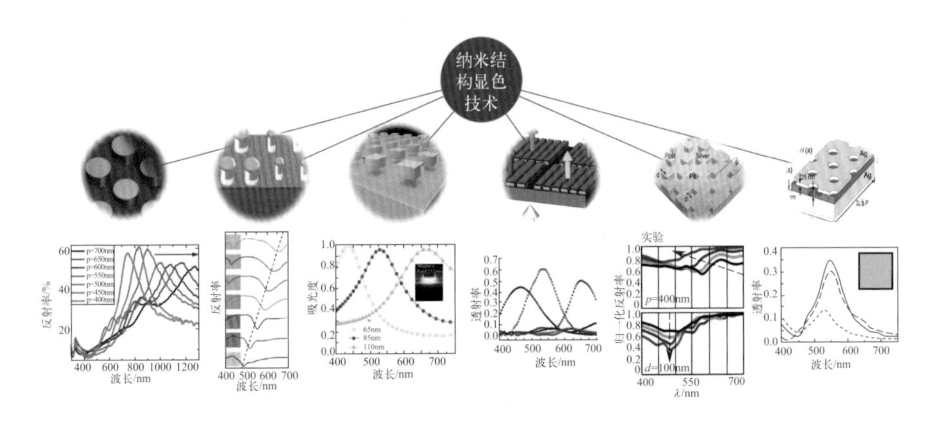

图 1-41　近年来基于纳米结构的各种显色技术[67]

图 1-42[68]展示了基于不同物理原理生成动态可调结构色的方法及发展过程。相较而言，基于薄膜和多层结构、电介质纳米颗粒、颜料和染料、衍射结构和局域等离子体共振这五种产生颜色的方法（或机制）在颜色的空

间分辨率、可制造性、观察角度依赖性、色彩活力和耐久性等方面均存在差异，如图1-43[69]所示。近年来，对于在纺织品上实现结构色，多层膜、光子晶体和超表面等结构色的研究比较多。

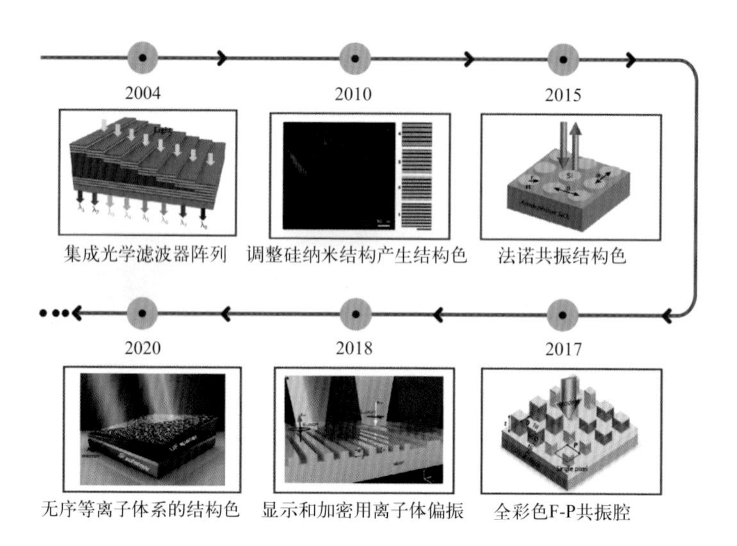

图1-42 结构色技术的发展时间轴[68]

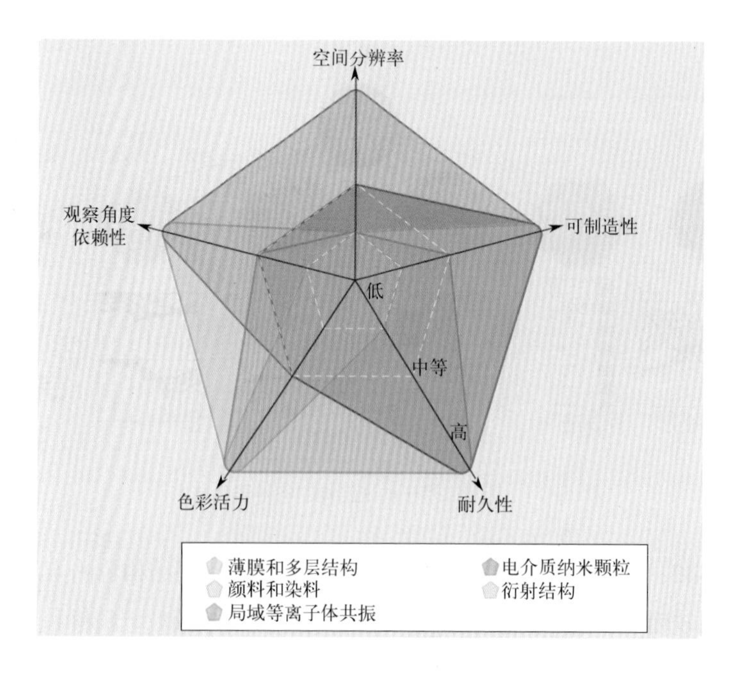

图1-43 五种颜色形成方法的比较[69]

简言之，表面等离子体微纳光学结构、人工负折射率材料、隐身结构、超材料及超表面等，均通过引入微纳结构控制光的衍射和传播来实现结构色。微纳光学结构的设计和制造是微纳光学结构色的共性关键技术问题，是新型光电子、显示材料等产业的重要研究和发展方向。

1.5.3　纺织品结构生色

目前纺织品获得色彩主要通过染色和印花的方式，利用水和化学助剂等溶液作为介质，使得染料、颜料或涂料等有色物质上染到纤维上或者附着在织物表面。印染行业是高能耗、高水耗和高排放的行业。为了解决水污染，世界上一些新型环保的纺织品染色方法不断涌现，主要包括小浴比染色、超临界 CO_2 流体染色、电化学染色、无盐无碱染色、微悬浮体染色、微胶囊染色等。这些新型染色方法在一定程度上减小了对水的需求，但仍然从属于化学染色方法。将结构生色应用于纺织领域中，采用物理方法使织物获得颜色是一种解决传统化学染料染色所带来的环境问题的可行方法。结构色来自其微纳结构，不需要化学染料，只需保持结构完整就能实现永不褪色，对于发展绿色环保纺织着色技术具有重要的意义。

前面已提及大自然中许多结构色的例子，在蓝闪蝶、宝石、甲虫和某些动物上的天然结构色激发了人们对微纳结构色仿生研究的热情。这些可产生结构色的微纳结构包括衍射光栅、纳米孔阵列、单层或多层薄膜、超表面光学结构等。目前，纺织品结构生色的主要途径或研究方法[31]（图1-44）有：一是通过表面涂覆（如旋涂）、溶胶-凝胶法[70]、自组装法[71-82]（沉降法、浸渍吸附、静电自组装、胶体自组装等）、喷涂或模拟数码打印（印花）方法[83-86]将光子晶体纳米粒子附着于纺织品表面上形成薄膜，利用光子晶体实现结构色；二是通过电子束光刻、纳米压印等物理加工方法[87]使纺织品纤维表面形成一定的微纳米结构，这种结构可以使入射的可见光经反射、干涉等综合作用后最终呈现结构色；三是通过物理气相沉积方法[42，88，89]（特别是磁控溅射法）在纺织品表面沉积形成单层、双层或多层的纳米薄膜，利用薄膜干涉作用产生结构色，相关研究正处于国内外研究前沿。这些研究或制备方法各有利弊：第一种方法为湿法沉积，要利用水作介质，会产生水污染问题；第二种方法局限于纺织纤维是柔软体，所获得的微纳结构不能长期保持稳定，从而影响生色效果；第三种方法无水污染、染料污染等环境问题，可能具有广阔的前景。

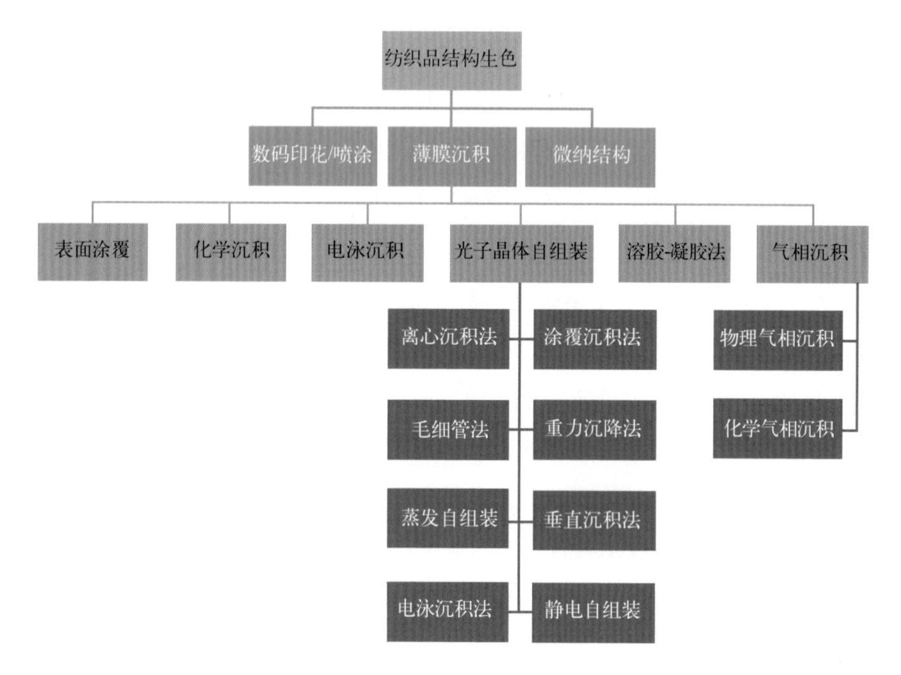

图 1-44　纺织品结构生色的主要途径或研究方法

概括而言，在柔性高分子材质的纺织品表面实现结构色的制备，一方面是自上而下的制备方法，主要为压印光刻使纺织品基材表面形成微纳结构；另一方面是自下而上沉积纳米薄膜的方法，也可细分为干法成膜和湿法成膜，干法成膜主要是真空物理气相沉积方法中的磁控溅射法，湿法成膜主要是各种液相沉积方法，如表面涂覆、印花喷涂、化学沉积、自组装、溶胶-凝胶等。图 1-45[90] 为常见的通过在织物表面沉积单层薄膜或多层薄膜堆叠制备结构色的方法。

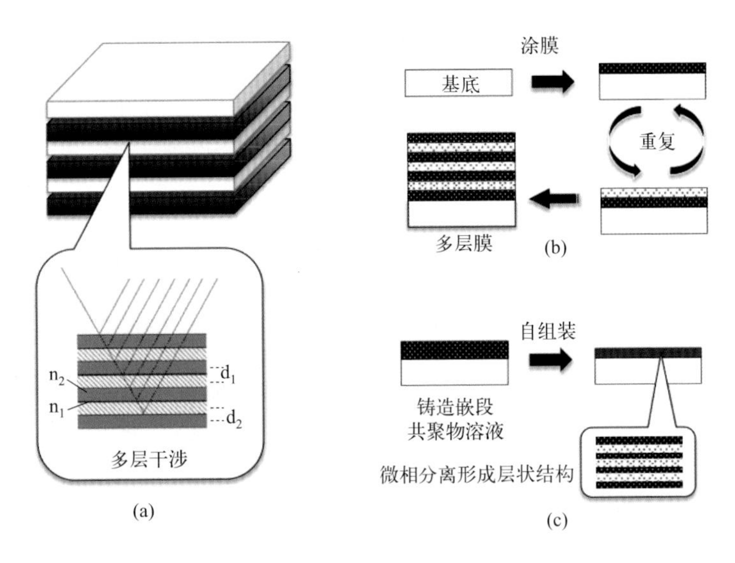

图 1-45 通过在织物表面沉积单层薄膜或多层薄膜堆叠制备结构色[90]

（a）多层结构干涉示意图；（b）涂层方法实现多层结构；（c）自组装方法

结构色纺织物制备和研究的典型例子为美国 Meadowbrook Inventions Inc. 研发的 Angelina 结构色纤维[91]和日本 Teijin 公司研发的 Morphotex 结构色纤维[92]。

Angelina 结构色纤维的具体制备过程是：使厚度均匀的聚酯（PET）薄膜和聚酰胺（PA）薄膜交替层叠，层叠循环 100 次，形成（PET/PA）^{100} 多层结构薄膜（共 200 层）平面状材料（sheets），这种单层厚度均匀的多层薄膜材料在可见光照射下呈现相长干涉结构色；然后将其剪切成细条状，加工成结构色 Angelina 纤维，再织造成纺织面料，制成服装。Morphotex 纤维的制备过程是：将每一层一定厚度的尼龙 6 薄膜（PA6，平均折射率 1.53）和聚酯薄膜（PET，平均折射率 1.63）交替层叠，形成（PET/PA6）^{30}/PET 的多层结构薄膜（共 61 层），利用多层薄膜的相长干涉形成结构色；调整每一层薄膜的厚度（60 ～ 90nm）可以使纤维实现不同的颜色（图 1-46）。可惜的是，这两种纤维因制备工艺复杂，未能广泛应用，已停产。

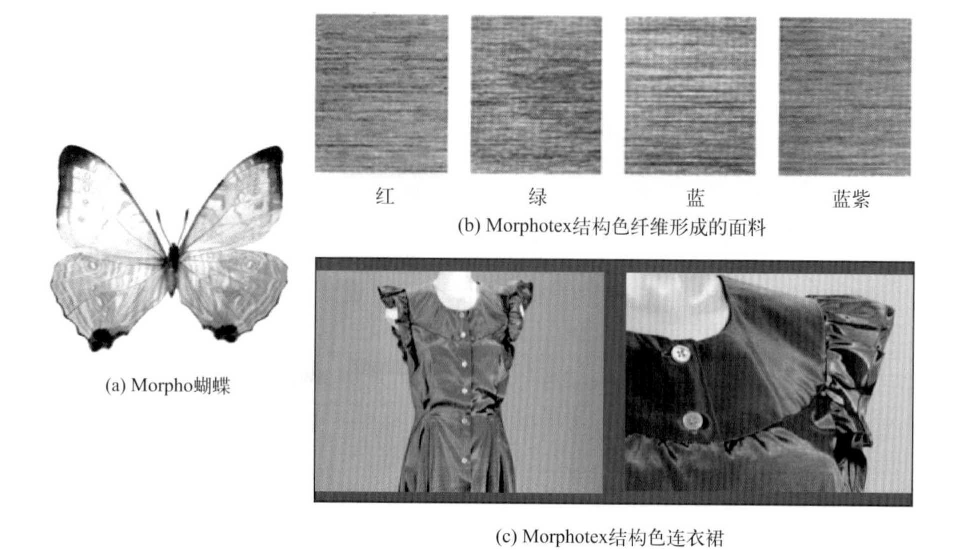

(a) Morpho蝴蝶

(b) Morphotex结构色纤维形成的面料

(c) Morphotex结构色连衣裙

图 1-46 Morphotex 纤维结构色及应用[92]

1.6 本章小结

结构色是可见光通过薄膜或微纳米周期性结构产生的干涉、散射、衍射和反射等综合作用后显示的颜色效果，可以通过结构色机理区分化学吸收色与物理结构色。

利用人工光子晶体、单层或多层薄膜、光栅和表面压印光刻可以在纺织品表面构造出微纳结构实现结构色。第一，光子晶体的制备方法主要有半导体精密加工、电子束光刻、激光直写、自组装法、飞秒激光干涉法等。光子晶体就是规律性的三维微结构，其周期远小于波长，形成光子禁带，通过调控晶格常数、折射率等产生光子带隙，或引入局部缺陷，或阻断特定频率的光波，控制光的传播与分束形成结构色。第二，利用微纳加工制备光栅结构，通过光的衍射或散射产生结构色。光栅可以看作是一维或者二维的光子晶体，通常采用激光直写、全息干涉、离子 / 电子束光刻、数控加工（CNC）等方法制备光栅结构。光栅线条间距通常在几微米甚至几百纳米量级，通过调控光栅周期、角度、深度、折射率、占空比等参数，实现对光的衍射、散射从而形成结构色。第三，利用溅射沉积薄膜通过光学干涉进行结构生色。传统镀膜加工的多层膜结构可以看作是垂直方向的一维光子晶体结构。多层薄膜是由两种折射率不同的物质交替叠加而成，光在多层薄膜中发生干涉从而形成结构色。

概括而言，结构色的调制方法：第一是改变构成材料的性质，如薄膜材料的折射率、消光系数，以改变颜色的波长（色调）、峰高（强度、亮度）和光谱宽度（纯度）；第二是改变微纳结构的几何参数，如尺寸大小、阵列周期、空间位置；第三是改变环境介质的光学参数，如折射率，外加的光、热、电等条件。

简言之，纺织品结构生色是一种微纳结构生色技术，是纳米技术、真空技术、新材料技术和传统纺织染整技术的跨界融合。由于其明显优势，结构色广泛应用于光学防伪、三维成像、纺织品和服装装饰领域。然而，目前这些方面的研究还比较少[93]，仍然有许多困难需要克服，还有大量的研究有待进行，相关的关键技术和科学问题还需进一步深入探讨。

参考文献

[1] Artificial Blue Light：Negative / Positive Health Effects［EB/OL］.

[2] Nassan K. The physics and chemistry of color［M］. John Wiley & Sons Inc，1983.

[3] Kinoshita，Shuichi. Structural colors in the realm［M］. World Scientific Publishing Co Pte Ltd，2008.

[4] Mukherjee，Indrani. Nature' s most beautiful optical illusion：Butterfly wings［EB/OL］.

[5] Vukusic P，Sambles J R. Photonic structures in biology［J］. Nature，2003，424（6950）：852-855.

[6] Kinoshita S，Yoshioka S，Miyazaki J. Physics of structural colors［J］. Rep Prog Phys，2008，71（7）：076401.

[7] Shen Yichen，Rinnerbauer Veronika，Wang Imbert，et al. Structural colors from fano resonances［J］. Acs Photonics，2015，2（1）：27-32.

[8] Kinoshita S，Yoshioka S. Structural colors in nature：The role of regularity and irregularity in the structure［J］. Chem Phys Chem，2005，6（8）：1442-1459.

[9] 荆其诚 . 色度学［M］. 北京：科学出版社，1979.

[10] Xu Haisong. The application research of Kubelka-Munk theory to automatic color matching in textile dyeing [J]. Acta photonica sinica，1998，27（4）：338-341.

[11] Amirshahi S H，Pailthorpe M T. Appling the Kubelka-Munk equation to Explain the color of blends prepared from precolored fibers [J]. Text Res J，1994，64（6）：357-364.

[12] 颜色的前世今生 15 · RGB 拾色器详解 [EB/OL].

[13] 屏幕重要指标之一，关于色域你知多少 [EB/OL].

[14] Yang Bo，Cheng Hua，Chen Shuqi，et al. Structural colors in metasurfaces：Principle，design and applications [J]. Mater Chem Front，2019，3（5）：750-761.

[15] Yang W，Xiao S，Song Q，et al. All-dielectric metasurface for high-performance structural color [J]. Nat Commun，2020，11（1）：1864.

[16] Gralak B，Tayeb G，Enoch S. Morpho butterflies wings color modeled with lamellar grating theory [J]. Opt Express，2001，9（11）：567-578.

[17] Mahanta Lipi B，Bora Kangkana，Kalita Sourav Jyoti，et al. Automated counting of platelets and white blood cells from blood smear images [M]. Pattern Recognition and Machine Intelligence. 2019：13-20.

[18] Agudo J E，Pardo P J，Sanchez H，et al. A low-cost real color picker based on Arduino [J]. Sensors（Basel），2014，14（7）：11943-11956.

[19] Chiang Cheng-Yen，Chen Kun-Shan，Chu Chih-Yuan，et al. Color enhancement for four-component decomposed polarimetric SAR image based on a CIE-Lab encoding [J]. Remote Sensing，2018，10（4）：545.

[20] Mouw Tim. Tolerancing Part 3：Color Space *vs*. Color Tolerance [EB/OL].

[21] Jain Anil K. Fundamentals of digital image processing [M]. New Jersey：Prentince-Hall Inc，1989.

[22] 关颖，王建明，王璐倩，等. 电脑测色配色系统在纺织品染色中的应用 [J]. 染整技术，2010，32（6）：30-34.

[23] CIELAB Tolerancing CMC Tolerancing CIELCH Tolerancing [EB/OL].

[24]Shao J，Liu G，Zhou L. Biomimetic nanocoatings for structural coloration of textiles[M]//Hu，J. Active Coatings for Smart Textiles. Elsevier，2016：270-300.

[25] 刘伟. 化学中颜色现象的解释——颜色的起因 [J]. 化学世界，1995（9）：496-499.

[26] 宋心远. 结构生色和染整加工 [J]. 印染，2005，31（17）：46-48.

[27] 张骜，袁伟，周宁，等. 结构生色及其染整应用前景（一）[J]. 印染，2012，38（13）：44-47.

[28] 矿物的颜色千变万化，究竟是怎么来的呢？[EB/OL].

[29] Huang Mei-Lin，Wu Ying-Zhu，Fan Fei，et al. Antibacterial and ultraviolet protective neodymium-doped TiO_2 film coated on polypropylene nonwoven fabric via a sputtering method [J]. J Eng Fibers Fabr，2021，16：252-257.

[30] Gratzel M. Photoelectrochemical cells [J]. Nature，2001，414（6861）：338-344.

[31] Huang Meilin，Lu Sheng-Guo，Ren Yongcong，et al. Structural coloration and its application to textiles：A review [J]. J Text I，2019，111（5）：1-9.

[32] Berthier S，Kattawar G. Iridescences：The physical colors of insects [J]. Phys Today，2008，61（2）：64-65.

［33］How non-iridescent colors are generated by quasi-ordered structures of bird feathers［J］. Adv Mater，2010，22（26-27）：2871-2880.

［34］Chung K，Yu S，Heo C J，et al. Flexible，angle-independent，structural color reflectors inspired by morpho butterfly wings［J］. Adv Mater，2012，24（18）：2375-2379.

［35］Shevtsova E，Hansson C，Janzen D H，et al. Stable structural color patterns displayed on transparent insect wings［J］. Proc Natl Acad Sci U S A，2011，108（2）：668-673.

［36］Fu Y，Tippets，C A，Donev E U，et al. Structural colors：From natural to artificial systems［J］. Wiley Interdiscip Rev Nanomed Nanobiotechnol，2016，8（5）：758-775.

［37］Starkey Tim，Vukusic Pete. Light manipulation principles in biological photonic systems［J］. Nanophotonics，2013，2（4）：289-307.

［38］Durrer H，Villiger W. Schillerfarben von Euchroma gigantea（L.）：（Coleoptera：Buprestidae）：Elektronenmikroskopische untersuchung der elytra［J］. Int J Insect Morphol Embryol，1972，1（3）：233-240.

［39］Euchroma gigantea［EB/OL］. https：//tieba.baidu.com/p/5144993792?red_tag=1604065529.

［40］Land M F. A multilayer interference reflector in the eye of the scallop，pecten maximus［J］. J Exp Biol，1966，45：433-447.

［41］Tang Ya-lu，Hu Guang. Relationship between AR coating Reflectance and Coating Refractive Index and Film Thickness［J］. Journal of HuaiYin Institute of Technology，2008，17（3）：86-88.

［42］Yuan Xiaohong，Xu Wenzheng，Huang Fenglin，et al. Structural colors of fabric from Ag/TiO_2 composite films prepared by magnetron sputtering deposition［J］. International Journal of Clothing Science and Technology，2017，29（3）：427-435.

［43］尹中文，轩爱华. 光学薄膜反射率的计算［J］. 南阳师范学院学报，2007（3）：24-27.

［44］宋心远. 结构生色和染整加工（三）［J］. 印染，2005（19）：45-48.

［45］王玮，孙家法. 从光程差看光的干涉与衍射现象的本质区别［J］. 淮北师范大学学报（自然科学版），2012，33（1）：39-41.

［46］Parker A R. Natural Photonic engineers［J］. Proceedings of the Royal Society：Biological Science，1995（262）：349.

［47］Parker A R，McPhedran R C，McKenzie D R，et al.Photonic engineering. Aphrodite's iridescence［J］. Nature，2001，409：36-37.

［48］Zi Jian，Yu Xindi，Li Yizhou. Coloration strategies in peacock feathers［J］. PNAS，2003，100（22）：12576-12578.

［49］张克勤，袁伟，张骜. 光子晶体的结构色［J］. 功能材料信息，2010（Z1）：39-44.

［50］Yablonovitch E. Inhabited spontaneous emission in solidstate physics and electronics［J］. Phys Rev Lett，1987，58（20）：2059-2062.

［51］John S. Strong localization of photons in certain disordered dielectric superlattices［J］. Phys Rev Lett，1987，58（23）：2486-2489.

［52］John S. Strong localization of photons in certain disordered dielectric superlattices［J］. Phys Rev Lett，1987，58（23）：2486-2489.

［53］Zhou Lan，Li Yichen，Liu Guojin，et al. Study on the correlations between the structural colors of photonic crystals and the base colors of textile fabric substrates［J］. Dyes Pigm，2016，

133：435-444.
[54] Richel A，Johnson N P，Mccomb D W. Observation of Bragg reflection in photonic crystals synthesized from air spheres in a titania matrix [J]. Appl Phys Lett，2000，76（14）：1816-1818.
[55] Weissman，Jesse M，Sunkara，et al. Thermally switchable periodicities and diffraction from mesoscopically ordered materials [J]. Science，1996，274（5289）：959-963.
[56] Asher S A，Holtz J，Lei L，et al. Self-assembly motif for creating submicron periodic materials. Polymerized crystalline colloidal arrays. [J]. Journal of the American Chemical Society，1994，116（11）：4997-4998.
[57] Teyssier J，Saenko S V，van der Marel D，et al. Photonic crystals cause active colour change in chameleons [J]. Nat Commun，2015，6（1）：6368.
[58] Ge J，Yin Y. Responsive photonic crystals [J]. Angew Chem Int Ed Engl，2011，50（7）：1492-1522.
[59] 新特光电. 衍射——光波撞击某些可变透射率或相位变化的结构时发生的波动现象 [EB/OL].
[60] Liu Feng，Shi Wangzhou，Hu Xinhua，et al. Hybrid structures and optical effects in Morpho scales with thin and thick coatings using an atomic layer deposition method [J]. Opt Commun，2013，291：416-423.
[61] 不需要颜料的色彩（4）[EB/OL].
[62] 光的散射 [EB/OL].
[63] Sawhney A P S，Condon B，Singh K V，et al. Modern applications of nanotechnology in textiles [J]. Text Res J，2008，78（8）：731-739.
[64] Riaz Shagufta，Ashraf Munir，Hussain Tanveer，et al. Functional finishing and coloration of textiles with nanomaterials [J]. Color Technol，2018，134（5）：327-346.
[65] 周常河. 微纳光学结构及应用 [J]. 激光与光电子学进展，2009，46（10）：22-27.
[66] Hu Haibo，Gao Wenjie，Zang Rui，et al. Direct growth of vertically orientated nanocavity arrays for plasmonic color generation [J]. Adv Funct Mater，2020，30（32）：2002287.
[67] 南京大学现代工程与应用科学学院. 科教融合系列：结构色 - 科学与艺术间的桥梁 [EB/OL].
[68] Xuan Z，Li J，Liu Q，et al. Artificial structural colors and applications[J]. Innovation（Camb），2021，2（1）：100081.
[69] Kristensen Anders，Yang Joel K W，Bozhevolnyi Sergey I，et al. Plasmonic colour generation [J]. Nat Rev Mater，2016，2（1）：16088.
[70] Yasuda Takashi，Nishikawa Kei，Furukawa Shoji. Structural colors from TiO_2/SiO_2 multilayer flakes prepared by sol-gel process [J]. Dyes Pigm，2012，92（3）：1122-1125.
[71] Li Yichen，Zhou Lan，Liu Guojin，et al. Study on the fabrication of composite photonic crystals with high structural stability by co-sedimentation self-assembly on fabric substrates [J]. Appl Surf Sci，2018，444：145-153.
[72] Zhang Hui，Liu Xiaoyan. Preparation and self-assembly of photonic crystals on polyester fabrics [J]. Iran Polym J，2017，26（2）：107-114.
[73] Boyle B M，French T A，Pearson R M，et al. Structural color for additive manufacturing：

3D-printed photonic crystals from block copolymers [J]. ACS Nano，2017，11（3）：3052-3058.
[74] Gao Weihong，Rigout Muriel，Owens Huw. The structural coloration of textile materials using self-assembled silica nanoparticles [J]. Journal of Nanoparticle Research，2017，19（9）：1-11.
[75] Kang H S，Lee J，Cho S M，et al. Printable and rewritable full block copolymer structural color [J]. Adv Mater，2017，29（29）：1700084.
[76] Zhuang Guangqing，Ping Wei，Zhang Yun，et al. Optical properties of silk fabrics with（SiO_2/polyethyleneimine）$_n$ film fabricated by electrostatic self-assembly [J]. Text Res J，2016，86（18）：1914-1924.
[77] Liu Guojin，Zhou Lan，Wu Yujiang，et al. The fabrication of full color P（St-MAA）photonic crystal structure on polyester fabrics by vertical deposition self-assembly [J]. J Appl Polym Sci，2015，132（13）：n/a-n/a.
[78] Zhang Yun，Zhuang Guangqing，Jia Yanrong，et al. Structural coloration of polyester fabrics with electrostatic self-assembly of（SiO_2/PEI）$_n$ [J]. Text Res J，2014，85（8）：785-794.
[79] Xiao M，Li Y，Allen M C，et al.Bio-Inspired structural colors produced via self-assembly of synthetic melanin nanoparticles [J].Acs Nano，2015，9（5）：5454-5460.
[80] Zhuang Guangqing，Zhang Yun，Jia Yanrong，et al. Preperation of monodispersed SiO_2 particles for electrostatic self-assembly of SiO_2/PEI thin film with structural colors on polyester fabrics [J]. Fibers Polym，2014，15（10）：2118-2123.
[81] Shen Zhehong，Yang Youyou，Lu Fengzhu，et al. Self-assembly of binary particles and application as structural colors [J]. Polym Chem，2012，3（9）：2495-2501.
[82] Gao W，Rigout M，Owens H. The structural coloration of textile materials using self-assembled silica nanoparticles [J]. J Nanopart Res，2017，19（9）：303.
[83] Zhang Chunming，Zhao Meihua，Wang Libing，et al. Effect of atmospheric-pressure air/He plasma on the surface properties related to ink-jet printing polyester fabric [J]. Vacuum，2017，137：42-48.
[84] Nam H，Song K，Ha D，et al. Inkjet printing based mono-layered photonic crystal patterning for anti-counterfeiting structural colors [J]. Sci Rep，2016，6（1）：30885.
[85] Cheng F，Gao J，Stan L，et al. Aluminum plasmonic metamaterials for structural color printing [J]. Opt Express，2015，23（11）：14552-14560.
[86] Mäkelä Tapio，Haatainen Tomi，Ahopelto Jouni. Roll-to-roll printed gratings in cellulose acetate web using novel nanoimprinting device [J]. Microelectron Eng，2011，88（8）：2045-2047.
[87] Kooy N，Mohamed K，Pin L T，et al. A review of roll-to-roll nanoimprint lithography [J]. Nanoscale Res Lett，2014，9（1）：320.
[88] Yuan Xiaohong，Xu Wenzheng，Huang Fenglin，et al. Polyester fabric coated with Ag/ZnO composite film by magnetron sputtering [J]. Appl Surf Sci，2016，390：863-869.
[89] Yuan Xiaohong，Wei Qufu，Chen Dongsheng，et al. Electrical and optical properties of polyester fabric coated with Ag/TiO_2 composite films by magnetron sputtering [J]. Text Res J，2015，86（8）：887-894.
[90] Fudouzi H. Tunable structural color in organisms and photonic materials for design of bioinspired

materials [J]. Sci Technol Adv Mater，2011，12（6）：064704.
[91] Gross E. New iridescent fibers boast ultrafine softness [J]. Text World，1997，147（1）：28.
[92] Nose K. Structurally colored fiber "Morphotex" [J]. Annals of the High Performance Paper Society，2005，43：17-21.
[93] Tan X，Liu J，Niu J. Recent progress in magnetron sputtering technology used on fabrics [J]. Materials（Basel，Switzerland），2018，（10）：1953.

第2章

光子晶体及其应用于纺织品结构生色

2.1 引言

化学色（吸收色、色素色）不会随着观察角度的变化而变化，但使用一段时间或光照后，其色素分子会与空气中的化学成分反应而褪色。与染料或者颜料的化学显色方式不同，结构色是由材料的微观物理结构所产生的颜色。结构色取决于材料的形状而非其化学性质，只要材料的折射率和形状不变，结构颜色便不会褪色。从目前的研究成果来看，结构色的主要形成机理有干涉、衍射、散射和光子晶体。

光子晶体（photonic crystals，PCs）的概念是在 1987 年由 John 和 Yablonovitch 首次提出的，是指由不同介电材料周期性排列而产生的光子带隙结构。这种结构可以调控光线的传播。当光线照射到光子晶体上时，特定波长的光受到带隙的调控无法通过而直接被反射，使得光子晶体产生结构色。1999 年底，光子晶体被美国 *Science* 杂志评选为十个重大科学进展的领域之一[1]。天然的光子晶体材料是天然蛋白石[2]，它由高度有序的二氧化硅纳米粒子（SNPs）组成。光子晶体从结构上可分为结晶光子晶体（简称光子晶体）与非晶光子晶体两种（图 2-1）。

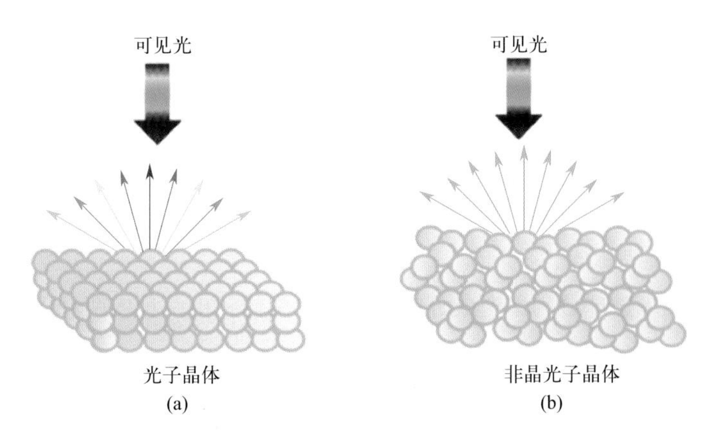

图 2-1　光子晶体和非晶光子晶体可见光入射与反射示意图

一般的光子晶体材料呈现规整、长程有序的周期性排列的规律，这种周期性排列的结构产生的颜色会随着观察角度的变化而变化。光子晶体类似于原子晶体，原子是周期性有序排列的，这种周期性的排列在晶体之中产生了周期性的势场。由此，原子的周期性排列产生了能带结构（导带与禁带之间为带隙），而能带又控制着载流（半导体中的电子或者空穴）在半导体中的运动，因而电磁波（包括光波）受到周期性调制作用。

非晶光子晶体材料并不完全符合周期性排列的规律，而是呈现短程有序、长程无序的排列，会产生各向同性的微结构，这是一种特殊的缺陷态结构。简言之，非晶光子晶体（APCs）是 PCs 的“缺陷态”结构，这种结构称为光子赝带隙。光子赝带隙与方向无关，光在各个方向上均匀散射（漫反射），进而形成了不受观察角度约束（非角度依赖）的非虹彩效应的结构色。

对光子晶体的结构着色的研究引起了人们的极大关注。受天然蛋白石的启发，科学家们使用自组装技术成功制备了人造蛋白石光子晶体材料。迄今相关研究已取得了异常迅猛的发展，这一领域也已经成为国际学术界的研究热点。近年来，由于纳米微球大小可控的实现，越来越多的光子晶体结构色呈现在大众面前，这也使得在纺织领域（例如柔性纤维与织物）使用结构色具有更大的可行性。

2.2 光子晶体胶粒（微球）的制备及其应用于纺织品结构生色

蛋白石结构光子晶体一般是由均匀的球状胶体颗粒构筑而成。人工光子晶体微球可分为无机纳米微球、有机纳米微球和有机 - 无机复合纳米微球三种。

无机纳米微球分为单一成分的无机纳米微球和由两种或两种以上无机成分复合而成的纳米微球。作为天然蛋白石主要成分的 SiO_2，也在光子晶体研究领域受到广泛关注。目前，SiO_2 纳米微球是最为常见的一种单一成分的无机纳米微球，其他单一成分的无机纳米微球还有 TiO_2、Fe_3O_4、Cu_2O、ZrO、

ZnS 等；多成分无机纳米微球主要有 $SiO_2@TiO_2$、$ZnS@SiO_2$、$Fe_3O_4@SiO_2$ 等。无机纳米微球的污染性更小，而且具有很强的耐光性，不易受光照影响而褪色。但无机纳米微球的制备不易控制，很难制备得到大小均匀、成分稳定的纳米颗粒。另外，无机纳米颗粒普遍密度较大，在组装过程中易沉降，影响均匀度。

有机纳米微球同样分为单一成分的微球和多成分复合微球两类，多为通过加聚或缩聚反应产生的有机聚合物纳米微球。目前常用的有机纳米微球主要有聚苯乙烯（PS）微球和聚甲基丙烯酸甲酯（PMMA）微球等。另外，可利用两种或两种以上的聚合物制备有机 - 有机复合微球，例如聚苯乙烯 - 聚甲基丙烯酸（PS-PMAA）、聚苯乙烯 - 聚甲基丙烯酸 - 聚丙烯酸（PS-PMAA-PAA）、聚乙烯 - 聚多巴胺（PS-PDA）等微球。相较于无机微球，有机微球可通过聚合反应精确调控微球粒径大小。同时，利用不同原材料也能获得更多不同种类的聚合物微球，扩大研究范围，满足不同要求。另外，有机微球更容易改性，以进行功能化研究。但是相比于无机微球，有机微球的制备过程较为复杂，而且部分有机微球的制备原料有毒性，对环境有一定影响。

有机 - 无机复合纳米微球多为核壳结构，也是目前核壳结构材料研究的主要方向。复合纳米微球的复合方式分为核壳型、反核壳型、夹心型、弥散型和中空型。其中，核壳结构复合纳米微球的研究最为广泛。壳层的选择一般有两种：一是在特殊性能（如光、电、磁等性能）的核材料外包覆，提高微球的稳定性，避免外部环境的影响，主要起到保护作用；二是可以通过修饰壳层结构获得特殊性能，如表面活性、在溶剂中的分散性、疏水性等。目前，用于制备光子晶体结构色材料的有机 - 无机复合纳米微球主要有 $PS@SiO_2$、$PDA@SiO_2$、$PS@TiO_2$ 等。这种复合微球的结构能更好地结合有机成分与无机成分的优势，不仅有效提高微球内部成分的化学稳定性，而且可以利用外层成分进行功能性改造。这样不同的成分搭配，也为构建光子晶体的纳米微球的研究提供了更多方向。

以下详细介绍几种常用的人工光子晶体的制备方法及其应用于结构色纺织品上的方法，如垂直沉积法、重力沉降法、电泳沉积法、喷墨打印法、胶体静电纺丝法等。

2.2.1 重力沉降法

重力沉降法是将粒径均一、单分散性良好的胶体颗粒乳液按照一定的浓度分散于溶剂中，随着溶剂的蒸发，胶体颗粒在重力场作用下自组装到基布上堆积成三维光子晶体，从而形成结构色[3, 4]（图 2-2）。重力沉降法制备工艺简单，对设备要求低，但是其对胶体粒子的尺寸和密度要求严格，样品缺陷多且制备周期长[5]。相较于垂直沉积法可以在织物两侧形成结构色，重力沉降法只能在织物的一侧形成结构色，而且光子晶体结构较厚。另外，为解决重力沉降法制备周期长的问题，可在重力沉降法的基础上引入离心场力或进行热辅助[6]，可以加速胶体颗粒的沉积，从而快速制备光子晶体结构色。

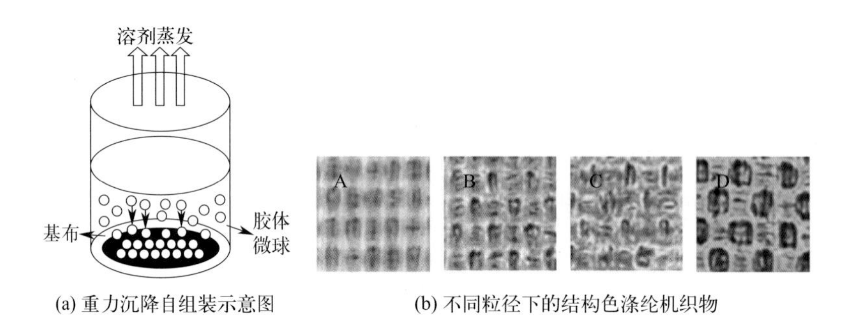

(a) 重力沉降自组装示意图　　(b) 不同粒径下的结构色涤纶机织物

图 2-2　重力沉降法原理及其制备的结构色织物

上海工程技术大学高伟洪课题组[5]采用溶剂调控法制备均匀且可控的 SiO_2 胶体颗粒，用简化的沉淀自组装方法制造了结构色广泛覆盖可见光谱的光子晶体薄膜，如图 2-3 所示。

在此基础上，高伟洪等[7]将纳米颗粒重力沉降自组装于黑色机织棉、针织尼龙和白色机织棉织物表面，获得了鲜艳的结构色，如图 2-4 所示。该课题组的研究进一步推动了光子晶体结构生色在纺织品上的应用，但所得光子晶体结构生色效果仍有提升空间。

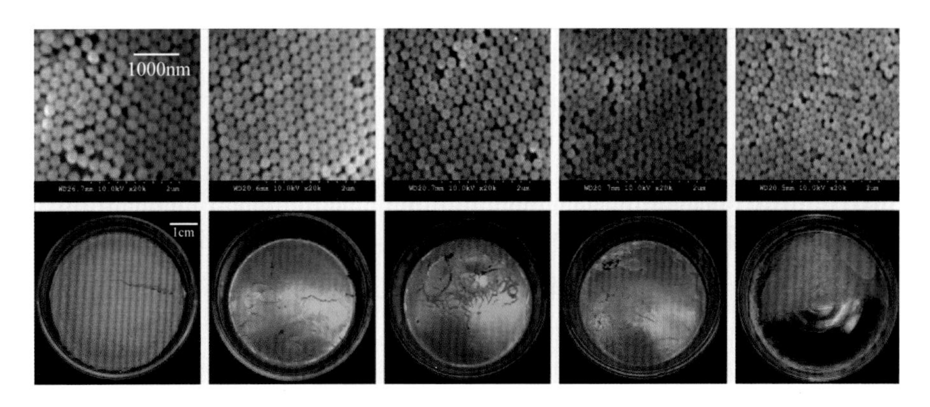

图 2-3 不同粒径 SiO_2 纳米颗粒对结构色生色的影响

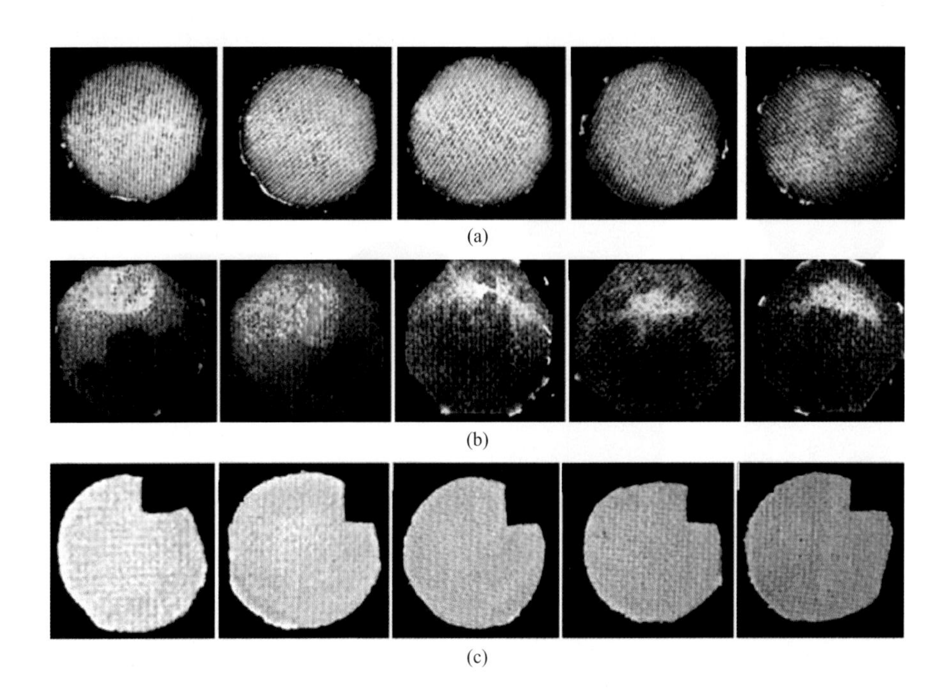

图 2-4 不同粒径的 SiO_2 微球在黑色机织棉（a）、针织尼龙（b）和白色机织棉（c）上自组装得到的结构色

高伟洪课题组在 2021 年[8]探究了温度、反应时间、乙醇体积对 SiO_2 纳米颗粒粒径的影响，对已经制备的 SiO_2 进行自组装，成功制备了从红色到蓝色的全光谱色光子晶体结构色薄膜，证明了溶剂调控法制备均匀颗粒的有效

性。随后，陈佳颖等[9]将生色效果良好的光子晶体结构色运用于针织物表面，如图 2-5 所示。首先制备大小均匀、粒径可控的二氧化硅（SiO_2）纳米颗粒，然后通过重力沉降法将颗粒自组装到不同的针织物表面获得结构色。随后，得到了不同粒径的 SiO_2 纳米颗粒在针织物上可以产生不同的结构色，并且结构色反射波峰的波长由 SiO_2 的粒径决定，符合布拉格衍射定律。在其他实验条件相同的情况下，较低温度的自组装所得到的结构色显色效果较好，较光滑的纬平针织物的显色效果更优。

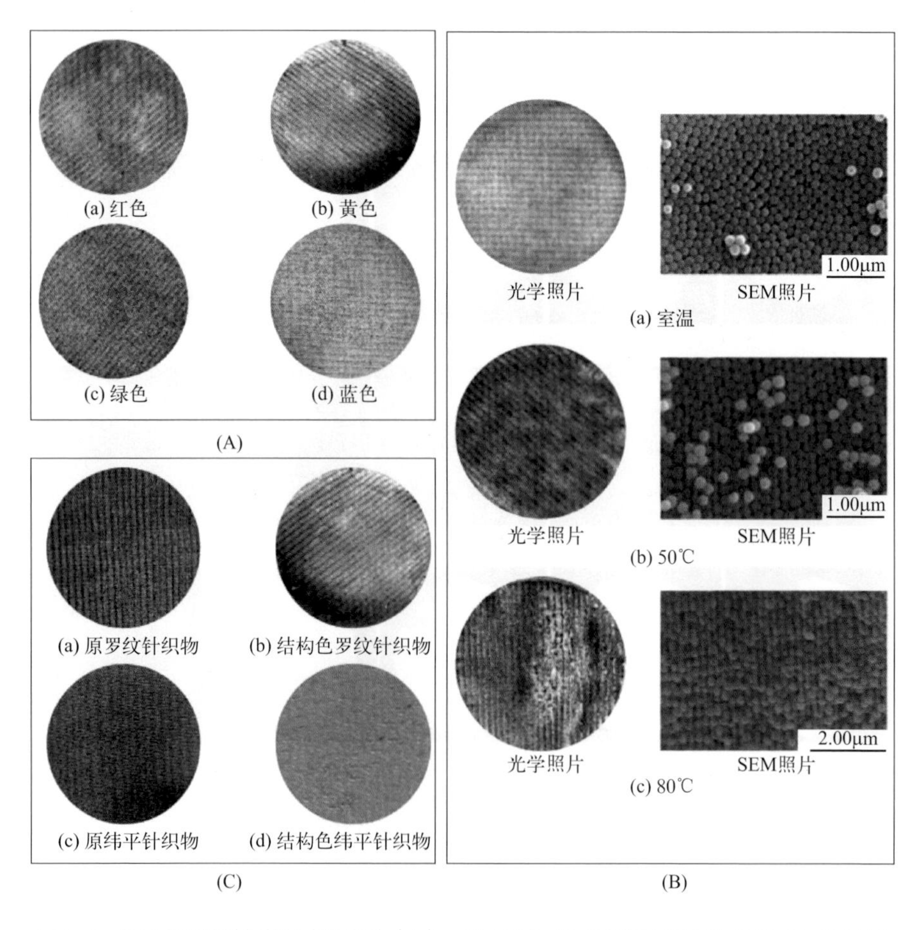

图 2-5 结构色罗纹针织物的光学照片（A）、不同温度下结构色针织物的光学照片及 SEM 照片（B），以及原针织物和结构色针织物的光学照片（C）

林田田等[10]采用基于 Stöber 工艺的溶剂调控法合成了 285nm 和 247nm 两种不同粒径的均匀 SiO_2 颗粒，将两种 SiO_2 颗粒分别按质量比 10∶0、7∶3、5∶5、3∶7、0∶10 超声混合，通过重力沉降自组装法制备可调控光子晶体结构色薄膜，如图 2-6 所示。将不同质量的墨水添加至 SiO_2 颗粒悬浮液中解决了薄膜颜色深浅不一的问题，制备出结构色的对比度和饱和度最好的膜材料。在他们的研究中通过混合两种不同粒径的 SiO_2 颗粒即可成功构建不同颜色的结构色材料，不需要制备各种粒径的 SiO_2，仅通过改变混合比例就可得到多种颜色，其工艺优于传统的制备方法。此方法简单高效，结构色不仅易调控，还具有低角度依赖性，可广泛应用于光子晶体颜料、智能生色、防伪印刷、包装、纺织服装等相关行业领域。

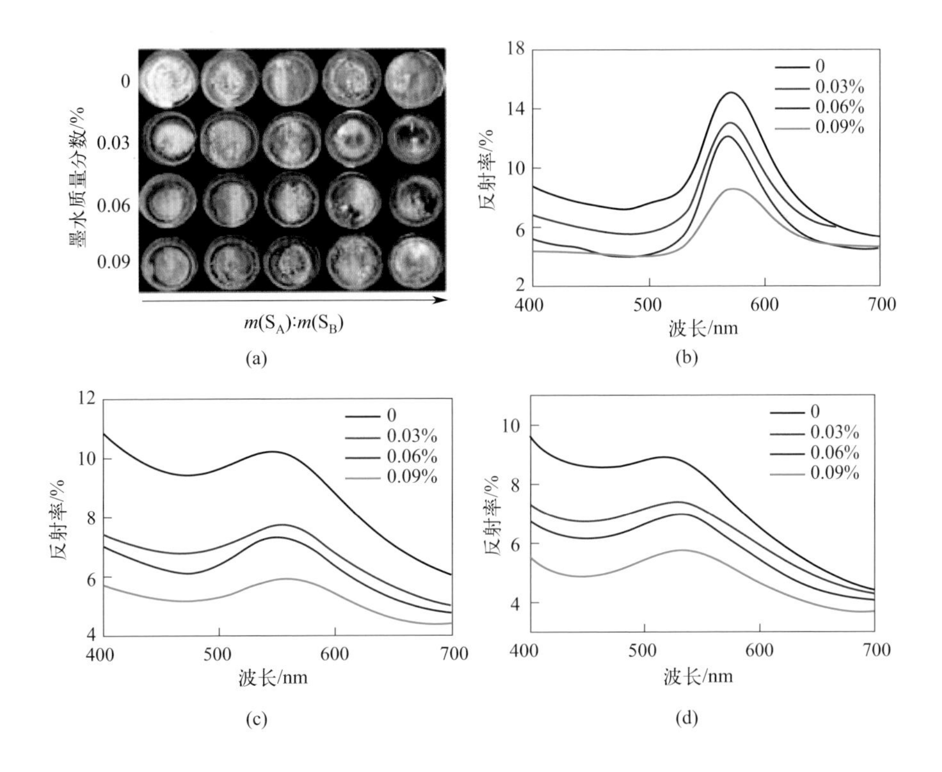

图 2-6

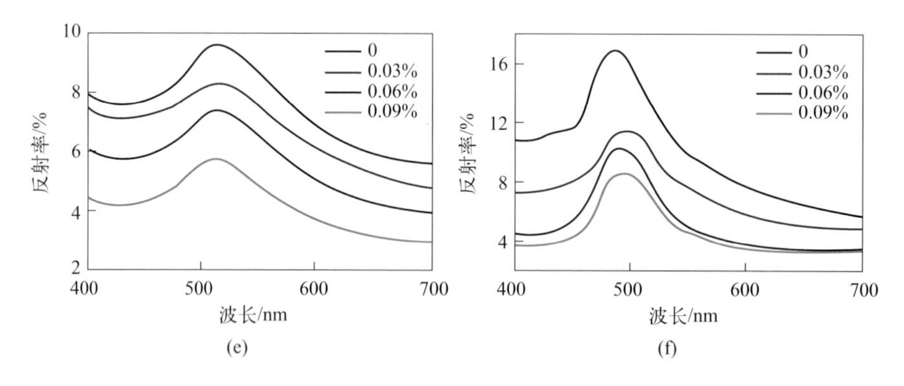

图 2-6 垂直角度下不同墨水质量的 SiO_2 光子晶体薄膜照片（a）及反射波谱（b）~（f）

（b）$m(S_A):m(S_B)$=10∶0；（c）$m(S_A):m(S_B)$=7∶3；（d）$m(S_A):m(S_B)$=5∶5；

（e）$m(S_A):m(S_B)$=3∶7；（f）$m(S_A):m(S_B)$=0∶10

2.2.2 垂直沉积法

将基布垂直放置于单分散胶体微球的组装液中，随着溶剂的蒸发，胶体微球在毛细管力和表面张力的共同作用下堆积在织物两侧或纤维表面，在其表面形成周期性排列的光子晶体结构[11]。垂直沉积法制备工艺简单，光子晶体厚度易调节，但其在垂直方向上厚度容易不均匀，对胶体颗粒的尺寸、基材和温湿度等外部环境条件要求较高。与重力沉降法的单面着色不同，垂直沉积法制备的结构色织物具有双面着色的特点，与传统的浸染染色方法采用染料浴获得的颜色效果非常相似，而且光子晶体结构比重力沉降制备的要薄得多，所以织物手感更为柔软。Liu 等[12]便是采用垂直沉积法将不同粒径的 P（St-MAA）微球组装到涤纶织物上，从而得到具有双面着色效果、纹理清晰、手感柔软的光子晶体结构色织物（图 2-7）。

2.2.3 喷墨印花（打印）法

胶体颗粒自组装法制备结构色织物需要大量的组装液，效率较低。喷墨打印法是一种非接触式的快速制备大规模图案化结构色材料的方法，可以直接将胶体颗粒打印到纺织品上形成图案[13]，并在织物表面的局部位置快速精准地获得结构色，实现结构色织物的快速制备。

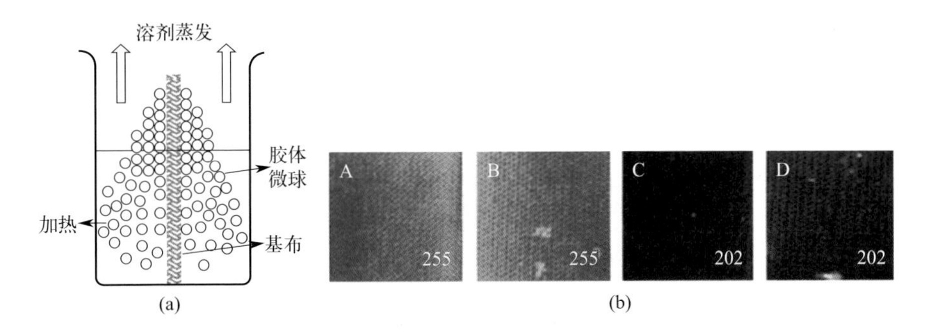

图 2-7 垂直沉积法原理（a）及其制备的结构色织物（b）[（A 和 C）、（B 和 D）分别是光子晶体结构色织物的正反面]

该方法主要是利用计算机控制数码打印设备，打印机控制喷头系统使其可控地喷射胶体微球墨滴，从而在纺织品上形成结构色图案[11, 14][图 2-8（a）]。由于喷墨打印不会受基布组织结构的影响，可以在纺织品上大规模地制备结构色图案，但其图案边缘会出现“咖啡环”效应，使图案的颜色不均匀、容易出现裂纹。浙江理工大学邵建中课题组[11]利用喷墨打印技术在黑色涤纶织物上制备色彩鲜艳的结构色图案，可以使用甲酰胺（FA）来抑制“咖啡环”效应，之后该课题组[15, 16]又分别将聚氨酯丙烯酸酯（PUA）/ 聚甲基丙烯酸甲酯 - 丙烯酸丁酯［P（MMA-BA）］和 SiO_2 混合作为“油墨”组装到基布上，得到色彩明亮且稳定的任意图案［图 2-8（b）］。

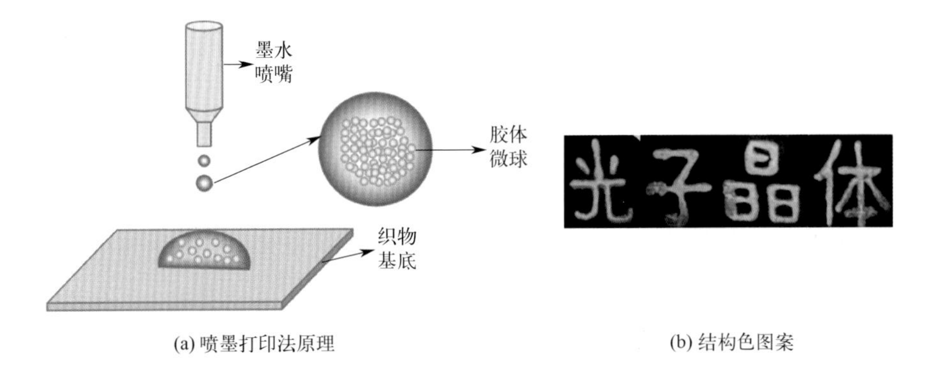

图 2-8 喷墨打印法原理及其制备的结构色图案

李慧等[17]结合活性染料与胶体微球制备出复合型墨水，借助喷印方式将微球墨水施加到白色真丝织物表面构筑光子晶体生色结构，实验证明加入了染料之后的微球墨水可以不受基底颜色的影响而得到丰富多彩的结构色，如图2-9所示。

图2-9　不同微球粒径（a）与不同观察角度（b）的喷墨印花结构色织物的图案

在制备复杂的高精度的图案时，传统的喷墨打印法很难满足要求。为解决这一问题，基于电流体动力学微液滴喷射沉积的电喷打印技术随之出现。与传统喷墨打印所采用的推拉方法不同，电喷打印[18]采用电场驱动的牵拉方式从胶体晶体溶液的液锥顶端产生极细的射流，喷射沉积到纺织基材表面。其打印过程不受喷头阻塞所困扰，适用材料广泛，易产业化。利用更接近工业化的制备方法，在纺织基材上构筑图案化光子晶体生色结构，对光子晶体结构色的实际应用起到了促进作用。

2.2.4　电泳沉积法

为解决重力沉降法中过大或过小的胶体粒子不易组装为有序胶体晶体结构的问题，人们采用电泳沉积法将单分散的带电胶体颗粒置于电场中，使其在电场作用下做定向运动，最后沉积在电荷相反的电极上形成光子晶体结构。这种基于电场力作用的胶体晶体制备方法周期短、晶体结构可控、操作简便，可用于模拟传统的纤维染色工艺，但是其对设备的要求较高且基材必须导电，这也使得棉、麻、涤纶等不导电或导电性差的材料无法通过此法获得结构色。周宁等[19]采用电泳沉积法在导电碳纤维表面沉积不同尺寸的聚苯乙烯（PS）纳米微球，成功制备了红、绿、蓝三种非晶光子晶体结构色碳纤维（图 2-10），并且结构色的制备不会影响纤维本身的物理、力学性能。

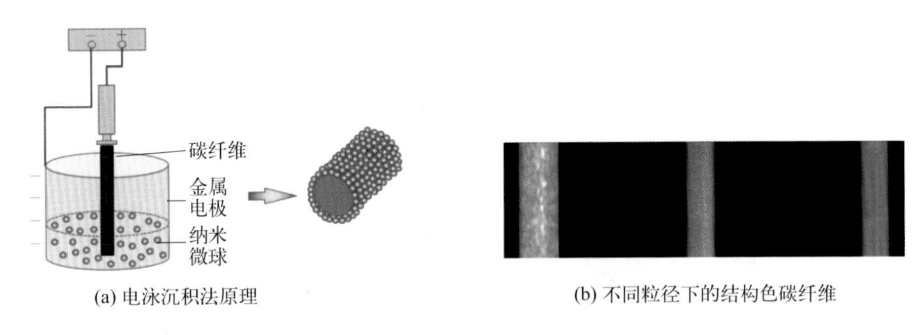

图 2-10　电泳沉积法原理及其制备的结构色纤维

2.2.5　胶体静电纺丝法

胶体静电纺丝法是近年来的研究热点之一。在胶体静电纺丝法中，纺丝液在高压电场的作用下被快速牵伸，相分离之后沉积在接收板上，纺丝液中的胶体微球会在牵伸过程中自发地规整排列，从而获得具有结构色效应的纤维[20][图 2-11（a）]。光子结构的带隙发射和胶体粒子的米氏散射使所得的静电纺纤维具有结构色。从原理上看，同样在电场的作用下，胶体静电纺丝法是通过牵伸得到纤维从而形成结构色纤维膜，而电喷打印法是直接将胶体微球喷射打印到基布上从而得到图案颜色，两者各有优点。袁伟等[21]采用胶体静电纺丝技术，用 PS、聚甲基丙烯酸甲酯（PMMA）和聚丙烯酸合成了纳米微球，使其与聚乙烯醇（PVA）混合进行纺丝，制备出直径为几微米的具有非虹彩色和可调结构色的纳米纤维，经水处理后再制备得到结构色纤维膜［图 2-11（b）］。

苏州大学张克勤课题组[22]基于自然界中知更鸟的羽毛、天牛的翅鞘鳞片多孔非晶态结构产生颜色的原理，成功地用相分离的方法通过静电纺丝制备了非晶态结构色纤维，表现出柔和的蓝色光泽（图 2-12）。

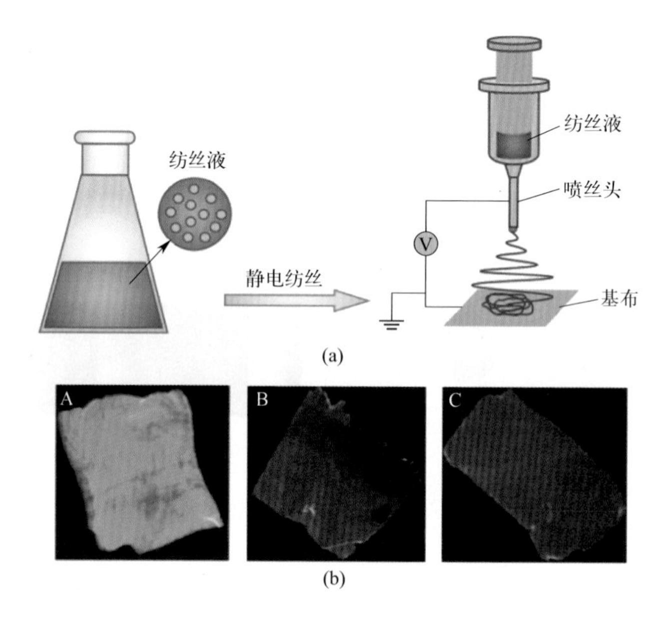

图 2-11　静电纺丝法原理（a）及其制备的不同粒径下的静电纺丝结构色纤维膜（b）

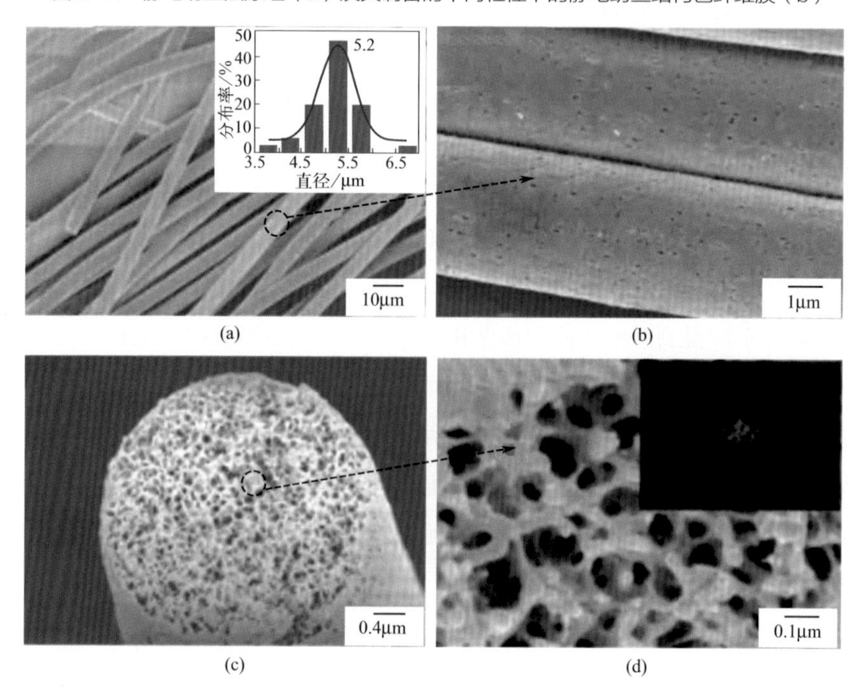

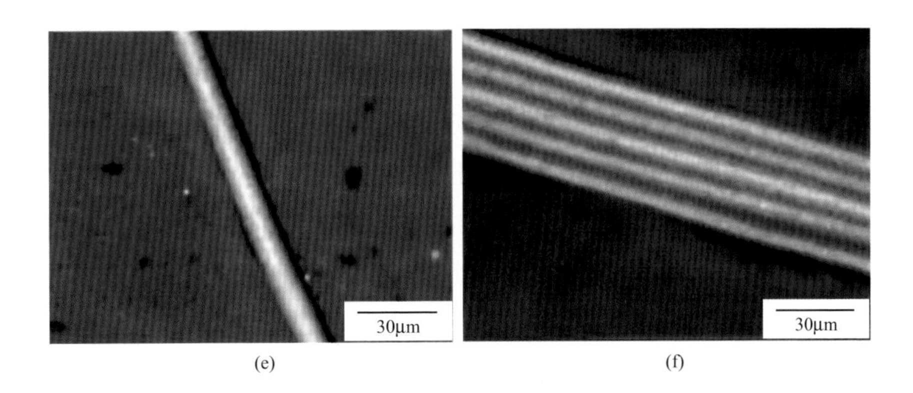

图 2-12　类非晶结构色纤维[22]

（a）和（b）表面微观结构；（c）横截面照片；（d）内部微观结构及其对应的二维傅里叶变换图；（e）单根纤维的光学照片；（f）一束纤维的光学照片

2.2.6　静电自组装法

为解决重力沉降法胶体颗粒沉积时间长、对颗粒的粒径要求严苛、胶体厚度难以控制和垂直沉积法在织物表面存在颜色分层等问题，人们通过静电自组装法使表面带有相反电性电荷的胶体粒子在静电力的作用下自组装成光子晶体结构[23]。该方法通过有效控制基体材料表面所带的电荷（如调节溶液的 pH 值），可以在分子水平上控制多功能性光子晶体膜层的厚度，但是它的实验条件也是十分苛刻的，温度、胶体颗粒的单分散性、颗粒表面的电荷密度以及在分散介质中反电荷的密度都会对组装过程产生影响。张云等[24]将蚕丝织物交替浸渍于带负电的 SiO_2 胶体溶液和带正电的聚乙烯亚胺（PEI）中，在蚕丝织物表面制得厚度可控的 SiO_2/PEI 薄膜，膜层光滑，具有色彩斑斓的结构色（图 2-13）。

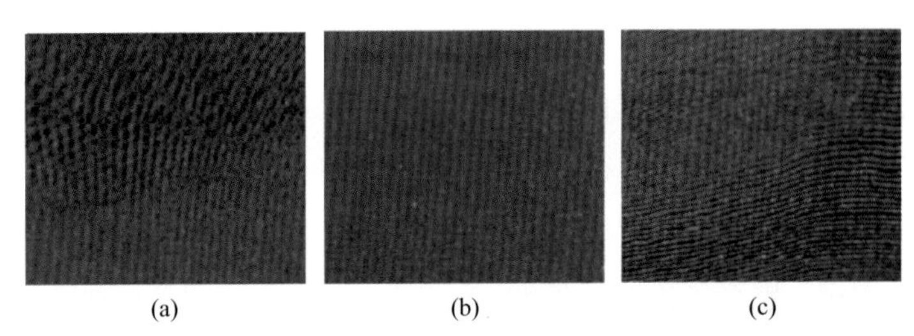

图 2-13　蚕丝织物原样（a）以及组装 6 个周期（b）和 7 个周期后的蚕丝织物（c）

2.2.7 丝网印刷法

丝网印刷法是使用带有图案的模板丝网和橡皮刮，通过刮刀挤压结构色浆料，使其透过网版图形印刷到基材上，经烘干获得结构色涂层的方法[25]。丝网印刷法具有易于操作、可快速制备较厚的涂层、可大面积制备结构色等优点。大连理工大学张淑芬教授课题组[26]采用快速丝网印刷技术，在白色织物上制作出结构稳定、色彩鲜艳、无虹彩的结构色，通过多步印刷工艺易于实现大规模生产和多色图案输出，可在各种基底上获得无虹彩结构颜色且具有很高的颜色可见度（图 2-14）。这种新颖的染色技术为纺织品着色和其他与颜色相关的领域提供了新的选择。

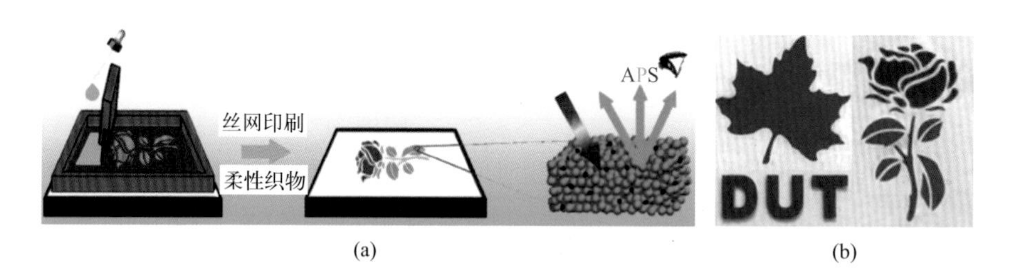

图 2-14 丝网印刷法原理（a）及其制备的结构色图案（b）

2.2.8 喷涂法

喷涂法通常是一种将染料或颜料色浆在高压作用下由喷头喷出，经雾化后在基材表面附着而形成一层均匀且厚度可控涂层的方法，该方法具有高效、经济和易于大面积制备等特点。如图 2-15 所示，曾琦等[27]通过将 P（St-MMA-AA）微球、PA 黏合剂和炭黑的混合染料一步喷涂到织物表面，制备了耐磨损、耐水洗、具有自愈性的超疏水非晶结构色面料。其产生的非虹彩结构色能够通过调控胶体微球的尺寸实现在可见光范围内的可调，光谱的纯度能够通过调控微球与炭黑的比例进行精确控制。喷涂的次数也是起到调控色深的关键。整个染色过程在 20s 内完成，经过短暂的热处理赋予了结构色织物耐水洗、耐磨损、超疏水等性能。

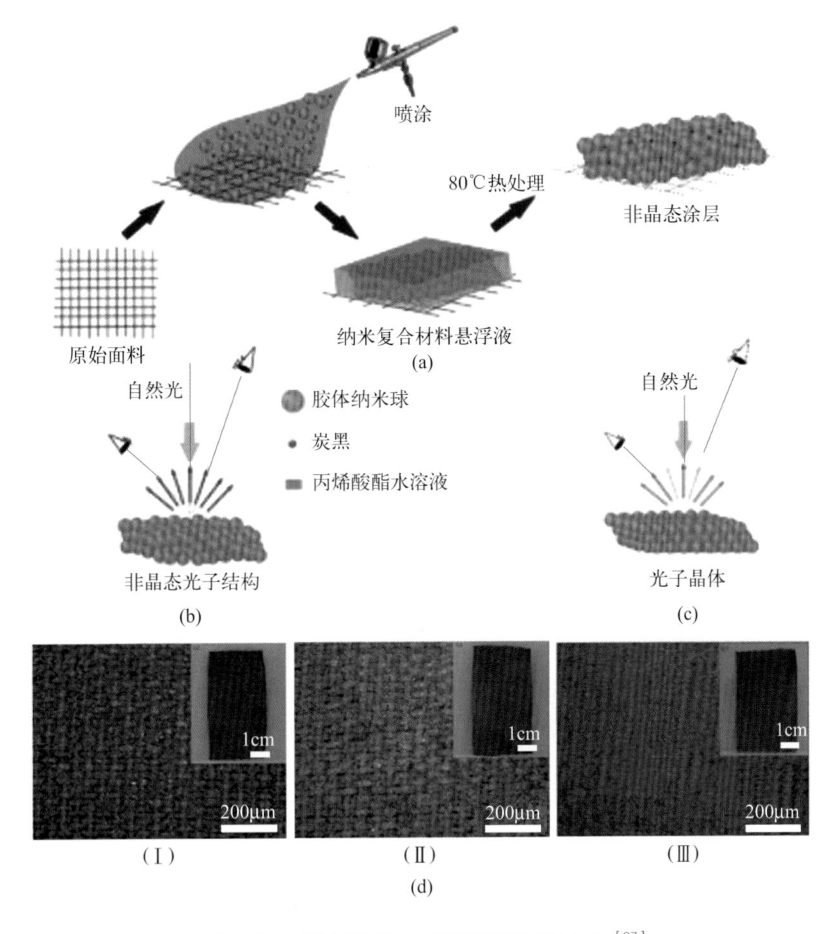

图2-15 喷涂法制备示意图及其结构色织物[27]

（a）非虹彩结构色功能性织物的制作工艺示意图；（b）非虹彩非晶态光子晶体结构示意图；（c）具有虹彩的光子晶体结构示意图；（d）由直径分别为217nm（Ⅰ）、256nm（Ⅱ）和294nm（Ⅲ）的纳米颗粒制备的彩色织物的光学图像

何文玉等[28]将聚（苯乙烯-甲基丙烯酸）[P（St-MAA）] 胶体微球预组装液喷涂于涤纶基材上制备光子晶体，再利用水性聚氨酯（WPU）对P（St-MAA）光子晶体进行二次喷涂，最终得到P（St-MAA）/（WPU）复合光子晶体结构色涤纶织物。研究发现复合光子晶体的结构稳定性高于P（St-MAA）光子晶体，而且WPU的质量分数越大，稳定性改善程度越明显，这是由于

喷涂 WPU 不会破坏光子晶体原有的规整排列，WPU 会优先渗入 P（St-MAA）微球间的缝隙中，逐渐替代原光子晶体中的空气，最终实现对 P（St-MAA）微球的包裹。喷涂 WPU 后所得的复合光子晶体结构仍呈现出良好的结构色效果，而且虹彩效应明显。该研究结果为在纺织基材上快速制备兼具鲜艳结构色和稳定结构的光子晶体提供了简便方法。

2.2.9 剪切诱导自组装法

剪切诱导自组装法是将高浓度的液态胶体晶体涂覆到基材上，使其在剪切力的作用下快速组装成结构色薄膜，从而在基材表面制备出明亮的结构色。浙江理工大学的邵建中教授和美国加州大学的殷亚东教授课题组[29]通过将稀释的 PS 胶体浓缩至高于临界体积分数，剪切诱导组装形成的预结晶液态胶体晶体（LCC），使其可以在柔性织物上得到大面积的胶体光子晶体。预结晶液晶的流体性质及其快速重构的能力使得它们能够在剪切力下很容易地在有纹理的衬底上扩散，并快速组装成具有明亮结构色的高度结晶的 PC 膜，溶剂的快速蒸发使其可以在几分钟内产生大面积的高质量固体 PC 膜，实现结构色的大面积制备，如图 2-16 所示。另外，在具有预定润湿性的衬底上还可以产生多种结构色图案，在聚酯（PET）、图纸和玻璃上产生明亮的结构色涂层。这种方法可以在织物上大面积快速生产高质量的 PC 膜，为大面积制备结构色纺织品提供了一条经济有效的途径。

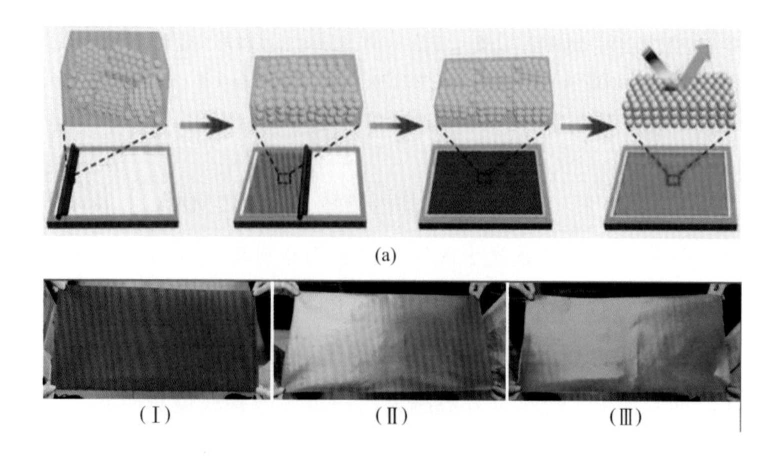

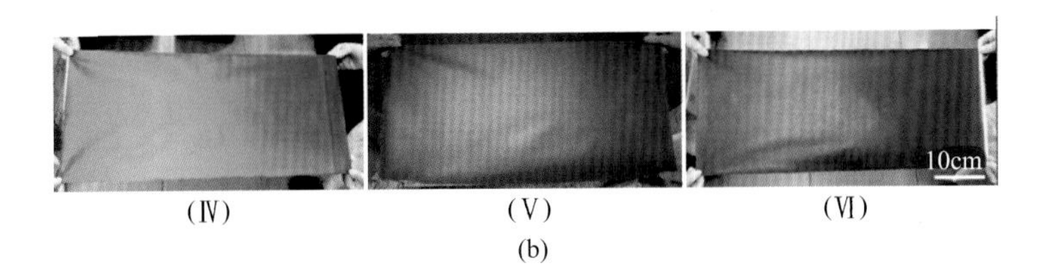

图 2-16　剪切诱导自组装法原理（a）以及在 100cm × 50cm 的织物衬底上不同粒径 PS 珠形成的不同结构色织物［（Ⅰ）~（Ⅵ）中 PS 珠的直径分别为 268nm、250nm、230nm、202nm、190nm 和 180nm］（b）[29]

2.3　光子晶体制备结构色纺织品的相关研究情况

由于独特的光学性能以及周期性结构，光子晶体在光、电、催化和信息传播等众多领域都表现出独特的优势，结构色材料在纤维制备、防伪、颜料、纺织品着色等方面展现出了巨大的应用价值。使用胶体粒子自组装的方法在纺织品上构筑多种多样的结构色的研究已初见成效。其中，常用的胶体粒子主要分为有机和无机两类，有机粒子主要有聚苯乙烯（PS）[19]、聚甲基丙烯酸甲酯（PMMA）和聚（苯乙烯 - 甲基丙烯酸）[P（St-MAA）][11, 30] 等，无机粒子主要有二氧化硅（SiO_2）[31]、二氧化钛（TiO_2）[32]、四氧化三铁（Fe_3O_4）等。上一节详细介绍了几种常用的结构色纺织品的制备方法，如垂直沉积、重力沉降、电泳沉积、喷墨打印、胶体静电纺丝等。依据近年来结构色光子晶体的研究进展，下面介绍光子晶体在纺织品上结构生色的应用，主要有光子晶体结构色纤维、光子晶体结构色纱线和光子晶体结构色织物，其中光子晶体结构色织物还细分为机织物、针织物和非织造布。

2.3.1　光子晶体结构色纤维

就目前光子晶体结构色纤维的研究来看，常用的基体纤维有碳纤维[19]、聚酯纤维[33]、聚氨酯纤维[34]、聚二甲基硅氧烷（PDMS）纤维[35, 36] 以及其他的化学纤维等。目前已报道出来的光子晶体结构色纤维的制备方法主要有两种类型：一种是以纤维作为芯层进行外部包覆，在纤维表面组装光子晶体结构；另一种是从纤维内部和组成出发，将胶体微球分散到纺丝液中，通过静电纺丝法制备结构色纤维，或将光子颜料嵌入纤维内部进行保护，通过模板法来制备结构色纤维。

碳纤维虽性能优良、应用广泛，但高结晶度和惰性化学表面使其难以用传统的染料或色素分子着色，而且在整个可见光区域的强光吸收会掩盖染料分子产生的颜色，如今在碳纤维上构筑结构色给它提供了一个全新的思路。因为碳纤维的导电性能较好，所以采用操作简便、容易调控的电泳沉积法来制备结构色碳纤维，而对于一些导电性较差的纤维，则应使用其他方法来制备结构色。周宁等[19]根据电泳沉积原理，使带负电的PS微球在电场作用下沉积到碳纤维表面，将带负电的PS微球自组装到碳纤维表面形成胶体晶体结构层，制备出彩色碳纤维。Chen等[37]采用原子层沉积技术，通过控制黑色碳纤维表面的二氧化钛涂层的厚度，可以简单地调节结构色，而且结构色的牢度较好，可以承受50次家用洗涤。要注意的是，原子层沉积法局限于碳纤维及织物的结构生色，对棉、毛、涤纶等常用织物并不适用。

对于一些化学纤维，可采用浸渍、涂覆原理来制备结构色纤维，速度可控且厚度易控制。这种制备结构色的方法不仅适用于各种不同直径和截面形状的纤维，如圆形纤维、矩形纤维和三角形纤维，还适用于部分聚合物和无机材料。杨丹等[38]以魔芋葡甘聚糖纤维为基底，先将其垂直浸入SiO_2胶体微球分散液中，再采用提拉法在其表面涂覆一层SiO_2胶体微球涂层，制备出一种力学性能良好的结构色纤维。这类将软球浸涂于纤维表面制备结构色的方法所形成的结构色涂层具有较好的机械附着力，所得到的纤维的结构色牢度有所提升。

在赋予化学纤维结构色的同时，也可利用结构色的特点来增加一些其他的功能，扩大其应用范围。Sandt等[36]通过在被染黑的PDMS表面交替包覆两种不同折射率的聚合物薄膜，制造了一种具有拉力感应的周期性多层包层的结构色PDMS光纤，将其用于绷带等医用纺织品中来实时检测施加在患者皮肤上的压力，如图2-17（a）所示。虽然这类在纤维表面包覆聚合物薄膜的方法能够得到结构色纤维，但是需要对聚合物薄膜的厚度进行精确控制，要求较高，且颜色持久性有待提高。研究人员发现可以通过渗透蛋白石结构用具有黏合力的聚合物介质或软球将纳米微球黏结起来，增加纤维结构的稳定性和结构色的持久性，呈现均匀而无虹彩效应的结构色。彭慧胜教授课题组[35]将含有 Fe_3O_4@C 纳米颗粒的乙二醇液滴嵌入 PDMS 中，制备了具有磁场响应功能的渗透蛋白石结构色 PDMS 纤维。所制得的纤维具有良好的力学性能，无论是被拉伸还是挤压，都能在固定磁场下保持颜色，如图 2-17（b）所示。之后其课题组[39]又将一种硬核 - 软壳聚合物微球涂覆于黑色氨纶表面，得到力学性能较好的应力变色结构色氨纶，可以编织成织物，用于检测和伪装等。

袁伟等[21]采用胶体静电纺丝技术，用 PS、PMMA 和聚丙烯酸合成了纳米微球，使其与 PVA 混合进行纺丝，可以大规模生产直径为几微米的具有非虹彩色和可调结构色的纳米纤维，如图 2-17（c）所示。

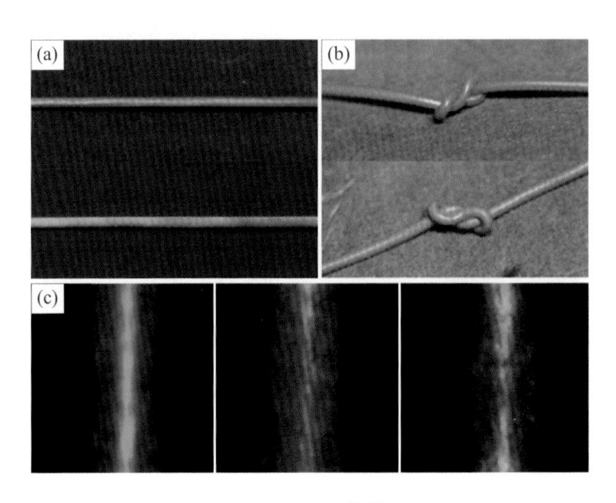

图 2-17 以多股和单股纤维为基底的应力变色纤维[36]（a）、磁力响应颜色变化前后的 PDMS 纤维[35]（b）及不同粒径的静电纺丝结构色纤维[21]（c）

2.3.2 光子晶体结构色纱线

在纺织中，机织物和针织物都是由纱线织造而成的，纱线是由纤维组成的。从结构色纤维的制备到纺成纱线，最后织造成结构色面料，光子晶体的结构会在牵伸力和摩擦力的作用下受到破坏导致颜色受损，进而影响颜色质量。所以可以直接使用结构色纱线制备结构色织物，相较于从结构色纤维这一步开始，可大大降低颜色受损程度。目前，直接在纱线上构筑结构色的研究较少。

曾琦[22]采用连续涂覆法，将PS微球连续涂覆在直径300μm的棉纱线上，形成三卷不同颜色的结构色纱线，如图2-18（a）～（c）所示。由于纱线是由多根纤维彼此抱合组成的，具有凹凸不平的外观形貌，经过乳液涂覆，微球会包覆在每根纤维表面形成起伏排列的微纳结构，当光与表面微纳结构相互作用时，局部结构产生的相干光会因为凹凸不平的表面向各个方向散射，因而得到的结构色会表现出一定的各向同性，并且光泽柔和。这种光泽柔和的纱线适合应用于纺织服装领域。

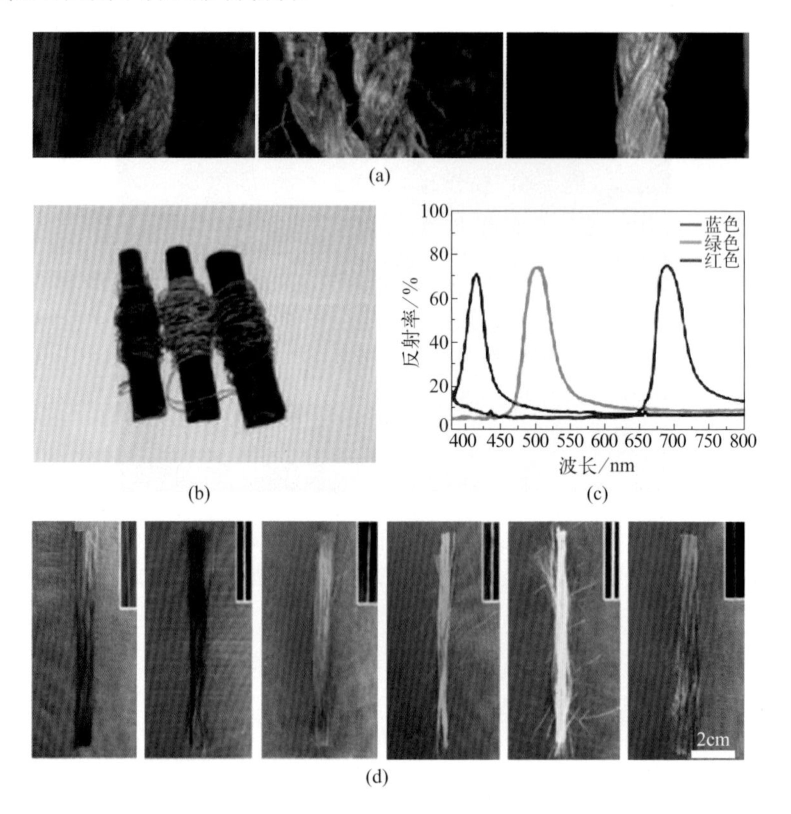

图2-18　蓝、绿、红三种结构色纱线的光学照片[（a）和（b）]和它们的反射光谱图[22]（c），以及原丝和结构色碳纤纱[40]（d）

Niu等[40]采用原子层沉积（ALD）法在碳纤维表面引入一系列高活性的亲水含氧官能团，使其在碳纤纱表面生长出交替的Al_2O_3/ZnO周期层，得到了一系列在整个可见光谱（包括紫色、蓝色、靛色、黄色和红色）上活泼且均匀的光子晶体结构色碳纤纱，如图2-18（d）所示。制得的碳纤纱不仅颜色鲜艳，而且力学性能和洗涤耐久性十分优良。

2.3.3 光子晶体结构色织物

印染是纺织行业中重要的环节，通常是用染料对纤维及面料进行着色处理，而光子晶体结构色材料的出现为织物着色提供了一个新思路。光子晶体结构色织物有两种制备方式：一种是直接在织物上构筑光子晶体结构色从而得到结构色织物，称为“一步法”；另一种是先制备光子晶体结构色纤维或纱线，再经过纺织工序，纺制成结构色织物，称为“二步法”[41]。在目前的研究中，因为一步法工艺相对简单、制备难度较小，制造过程中光子晶体结构受破坏程度小、颜色受损少，故而常用此类方法来制备结构色织物。经过十几年的发展，在织物上构筑光子晶体结构色的研究已经逐步深入。受结构生色原理及织物组织的影响，结构色机织物的研究较为广泛，结构色非织造布的研究较为新颖且发展前景较好，而在表面较粗糙的针织物上构筑结构色是较为困难的，相关研究还处于实验室阶段[10]。

2.3.3.1 结构色机织物

由于单纯的白色基布会影响结构颜色的可见性和对比度，所以一般直接选择在黑色底布上进行组装，或者选用类黑色素的纳米微球在白色底布上进行自组装[42]。另外，目前研究常使用的基布多为涤纶织物、桑蚕丝织物和棉织物。

袁小红等[43]以白色涤纶平纹机织物为基布，通过磁控溅射法制备Ag/TiO_2复合薄膜的结构色织物，并发现结构色颜色与Ag/TiO_2复合薄膜的厚度线性相关，而且镀有Ag/TiO_2复合薄膜的纺织品具有良好的电学、光学和磁性能，可用于服装、家居和工业织物。柴丽琴等[44]在涤纶织物上进行了不同应用环境下 P（St-MAA）光子晶体和 SiO_2 光子晶体的结构稳定性研究。研究发现，水介质对 P（St-MAA）和 SiO_2 光子晶体的影响很小，油介质抑制光子晶体恢复为原来的结构，强酸强碱介质易破坏光子晶体的结构。与 P（St-MAA）和 SiO_2 光子晶体在常规高温下的良好稳定性不同，在紫外线照射下，P（St-MAA）由于剧烈的热解聚而遭到严重破坏，而 SiO_2 光子晶体可保持良好的形貌和结构颜色。

周岚等[45]采用重力沉降法在蚕丝织物上构建 SiO_2 光子晶体结构色，得到色彩柔和的结构色。为了提高结构色织物的色牢度，Shi 等[46]将聚多巴胺涂覆到棉织物上再进行自组装，大大提高了结构色织物的色牢度和颜色饱和度［图 2-19（a）］。

高伟洪等[7]采用重力沉降法制备结构色棉织物发现，光滑的基布更有利于光子晶体的沉积，形成的结构色更加鲜艳均匀。在不需要传统染料 / 颜料的情况下，这种使用 SiO_2 进行染色的方法不失为一种纺织品绿色染色思路。刘国金等[47]采用垂直沉积法制备结构色棉织物，沉积后的三维光子晶体明显地填补了棉织物相邻纤维间的原有缝隙，所合成的棉织物呈现出明亮的虹彩色结构色彩，如图 2-19（b）所示。

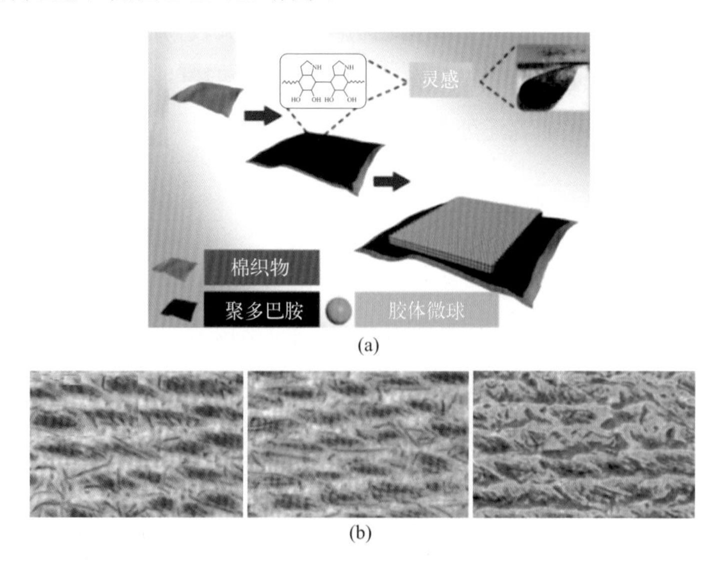

图 2-19 添加聚多巴胺涂层的光子晶体结构色棉织物的工艺示意图[46]（a）；及不同粒径下的结构色机织物[47]（b）

浙江理工大学邵建中团队[48]以聚（苯乙烯-甲基丙烯酸）[P（St-MAA）]胶体微球为结构基元，利用喷涂法在黑色涤纶织物上快速制备光子晶体结构生色薄膜（图2-20）。通过控制预组装液质量浓度和喷涂距离，优化喷涂工艺参数，揭示胶体微球自组装过程中结构色色相变化的机制，并分析制备所得光子晶体的光学性能。结果表明：采用喷涂法制备光子晶体时，设定预组装液质量浓度为300%、喷涂距离为20cm时，烘干时间为1min，可在织物表面快速得到明亮鲜艳的光子晶体结构色；喷涂于织物表面的胶体微球在自组装过程中产生的一系列色彩变化，是由晶体中晶格间距不断缩小和晶体有效折射率降低共同引起的；喷涂不同粒径胶体微球自组装所得光子晶体均呈现出鲜艳的结构色效果，不同观察角度下结构色色相不同，表现出明显的虹彩现象。研究结果可为在纺织品上快速制备仿生结构色提供理论依据。

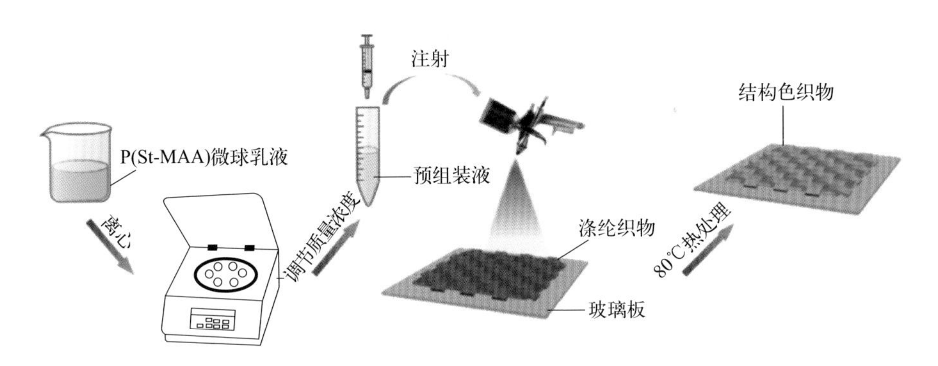

图2-20 在纺织品上喷涂胶体微球制备光子晶体结构色的流程示意图[48]

2.3.3.2 结构色针织物

由于针织物的结构较为松散，在针织物上构筑结构色的难度较大，所得结构色颜色不均匀，色牢度不好，因此相较于机织物，针织物表面结构生色的研究较少。上海工程技术大学高伟洪课题组[10]利用重力沉降法在不同的针织物表面沉积不同粒径的胶体微球，在探讨粒径对结构色颜色影响的同时，还观察了不同织物对结构色的影响，尤其是织物组织结构对结构色的影响，如图 2-21 所示。结果发现，表面较为平整的针织物，相比粗糙的罗纹针织物，可增加结构色的均匀性和亮度，赋予其更好的色彩。Finlayson 等[49]利用微挤压装置将一种硬核 - 软壳聚合物微球挤压成纤维状得到结构色纤维，该纤维具有较好的力学性能和弹性，能够通过针织方法得到结构色针织面料。同样地，这种纤维的颜色可以通过拉伸而发生相应变化。但是该法得到的单根纤维较粗，不利于后续织造。

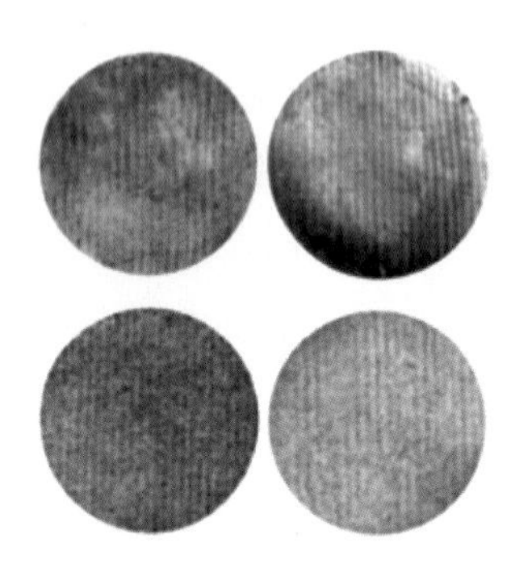

图 2-21 不同粒径下的结构色针织物[10]

2.3.3.3 结构色非织造布

结构色在纺织领域的制备研究大都是以较平滑的涤纶、桑蚕丝、棉等机织物为基底，关于表面多样的非织造布结构色的制备报道较少。目前，结构色非织造布的制备方法有两种：一种是同步生成法，即在非织造布加工过程中加入胶体微球，在得到非织造布的同时，也完成了光子晶体的组装，从而直接获得结构色非织造布，如胶体静电纺丝法制备结构色纳米纤维膜；另一种就是通过各种组装方法在已有的非织造布表面组装光子晶体，从而得到光子晶体结构色非织造布。

2.3.4 非晶光子晶体制备结构色纺织品

结构色可以来源于光子晶体与非晶光子晶体两种结构。光子晶体由规整的周期性结构组成，产生的颜色鲜艳，但具有明显的角度依赖性。而非晶光子晶体因其“自身缺陷”导致的短程有序结构具备各向同性的光子带隙、非虹彩效应、光局域化等特点，赋予了材料柔和亮丽且不随角度变化（宽广的观察角度）的显色效果、可控的激光效应以及优良的发光效率，从而更能满足材料领域对光散射和光传输等方面的特殊需求。制备非晶光子晶体主要有平板刻蚀法、胶体颗粒自组装法、模板法[37]、相分离法等方法，非晶光子晶体结构色可应用在光电器件、显示、功能涂料、化妆品和纺织材料等领域[50]，以下主要介绍其在制备结构色纺织品方面的应用。

苏州大学的朱小威等[51]制备出聚苯乙烯 / 聚多巴胺（PS/PDA）核壳结构微球，并通过重力沉降法使得纳米微球在棉织物上自组装形成无规密堆积的非晶光子晶体结构，获得结构色织物（图 2-22）。随后，通过软件模拟制备的非晶光子晶体结构，基于严格耦合波分析方法探讨了纳米微球尺寸和光线入射角度对模型光学性能的影响，并进一步通过 CIE 标准色度系统得到色品坐标，在 CIE 色度图中直观反映了结构色变化，为进一步研究非晶光子晶体提供了理论参考，从而对产生的结构色进行有效调控。

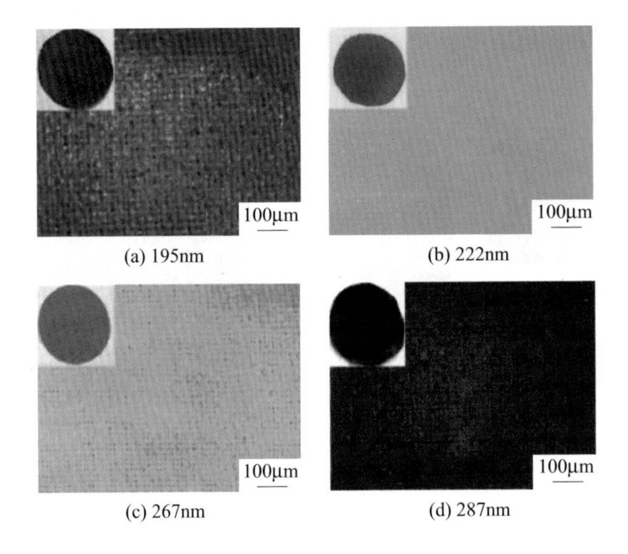

图 2-22　不同粒径 PS/PDA 微球所制备的非晶光子晶体结构色棉织物的显微镜照片[51]

2.4 基于类黑色素纳米粒子的光子晶体结构色的相关研究

类黑色素纳米颗粒具有光滑的表面以及完美的球形性，这样的结构可以使类黑色素纳米微球在自组装过程中形成井然有序的立方体，并且可以紧密堆积成规则阵列，有利于形成高品质结构色。纳米粒子从合成阶段到组装阶段都可以进行溶液处理，兼容多种生产工艺（如喷墨打印、旋涂、喷涂、刮涂等），适用于大规模工业化生产。另外，采用类黑色素纳米微球代替黑色基材，在白色织物上可以呈现出对比度更高的结构色，可以节省织物后续的染色工艺，简化了织物的结构着色过程，提高了生产效率，有效地降低了生产成本。

聚多巴胺是一种典型的合成黑色素，在生物、能源、传感器及环境科学领域应用广泛。Xiao 等[52]制备了单分散性好的聚多巴胺纳米粒子，该类黑色素纳米粒子可以通过控制浓度的方式自组装成不同颜色的薄膜，如图 2-23 所示。这种聚多巴胺纳米粒子结构色不仅可以在织物等基底上实现高对比度的结构色上色，还具备较高的生物相容性，同时，溶液处理的方式使其在工业生产中具有大规模推广的意义。

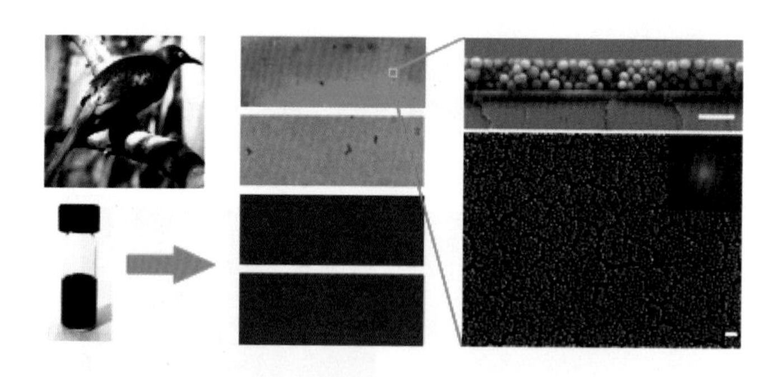

图 2-23　单面结构着色过程示意图[52]

聚苯乙烯（PS）纳米微球应用于光子晶体或光子晶体模板的制备得到了广泛的研究，但其白色的颜色对结构色的饱和度以及对比度有较大的影响。因此，为了提高基于 PS 纳米微球的光子晶体结构色的品质，Wang 等[53]

设计了PS@PDA的类黑色素纳米微球的结构，应用于光子晶体的构筑。将PDA包裹在PS微球上，形成类黑色素结构，显著提高了结构色的饱和度和对比度（图2-24）。同时，基于Bragg方程中波长与微球尺寸的关系，可以通过改变PS微球的直径调控结构色的颜色。将这种类黑色素纳米粒子的分散液用于纺织品的着色，根据重力沉降的原理，可以将纳米粒子有效地自组装在织物两面，从而实现对纺织品的双面着色。这种通过颗粒尺寸调控颜色的方式色彩单一，需要通过合成不同尺寸的粒子才能实现，材料及生产效率低，成本高，不利于构建色彩丰富的图案。针对这一弊端，基于类黑色素的PSt@PDA核-壳结构色的开发，Kawamura团队[54]提出了一种新的研究思路，即通过混合不同直径的胶体颗粒实现结构色调控（图2-25）。

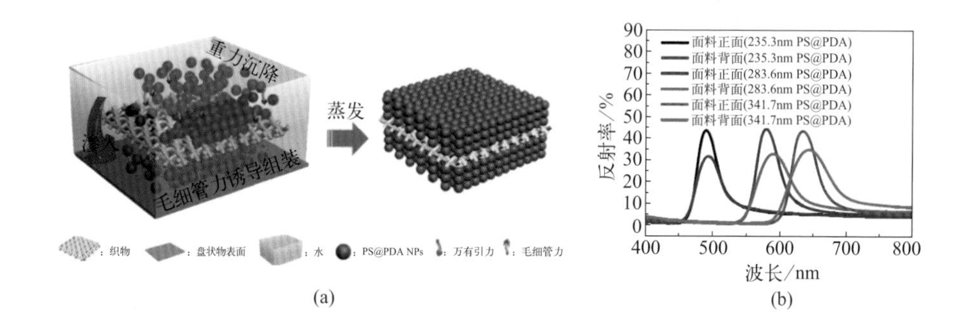

图2-24 双面结构着色过程的示意图（a）及双面着色性质研究（b）[53]

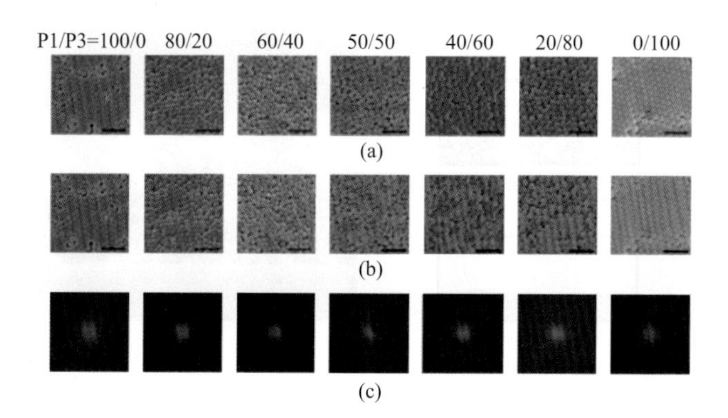

图2-25

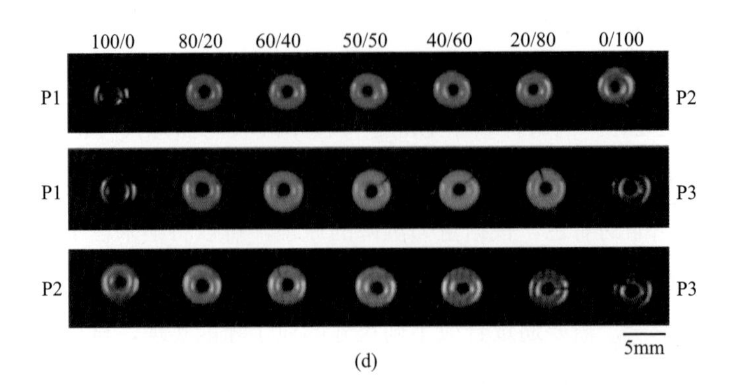

图 2-25 P1+P3 颗粒混合制备中性结构色

（a）通过混合 P1+P3 颗粒制备的颗粒表面的 SEM 图像；（b）P3 颗粒标为粉红色；（c）扫描电镜图像的二维傅里叶变换光谱；（d）数码照片

为了实现对纳米粒子的薄膜结构色的可控制备，如何系统地调节膜厚和颗粒尺寸，是近年来类黑色素胶体纳米颗粒薄膜结构色研究的主要课题。Wu 等[55] 提出了一种多巴胺 - 黑色素薄膜制备方法，基于多巴胺 - 黑色素聚集体的疏水性，利用相分离机制诱导该纳米颗粒大量地向空气 / 溶液界面运动形成薄膜，通过控制浓度以及纳米粒子聚集的时间，得到不同厚度的结构色薄膜（图 2-26）。该法形成的薄膜厚度随多巴胺浓度和反应时间线性增加，并且该薄膜针对不同的基底都可以进行有效转移着色，为后续仿生结构色纺织面料的着色工艺提供了更多便捷性和选择性。

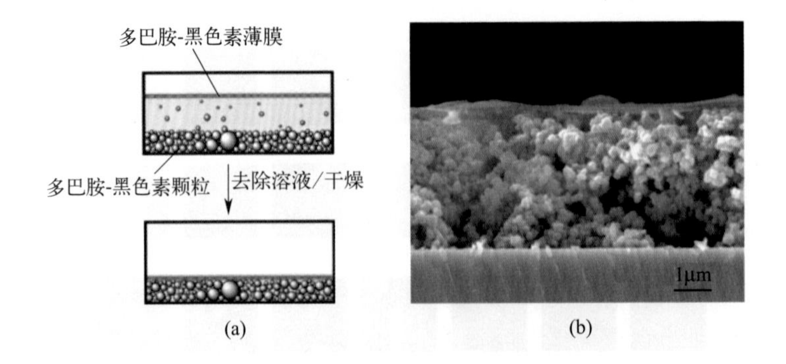

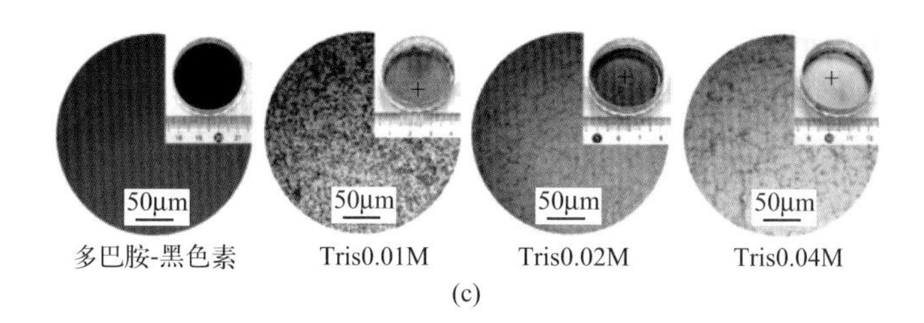

图 2-26　多巴胺 - 黑色素薄膜反射器制备[55]

(a) 制备全多巴胺 - 黑色素薄膜反射器的示意图；(b) 塑料衬底上 Tris0.01M 薄膜反射器的 FE-SEM 横截面图像；(c) 由多巴胺 - 黑色素颗粒（对照样品）和多巴胺 - 黑色素薄膜反射器制成的反射器基板的显微镜图像

2.5　本章小结

环境污染日益严重，为解决传统印染技术存在的高污染、高能耗等问题，近年来研究人员将低能耗、无污染的结构色应用于纺织领域，给纺织品绿色生态着色提供了新思路。结构生色技术应用于纺织行业，在获得颜色鲜艳的结构色纺织品的同时，制备出的结构色纺织品也可兼具其他的功能，具有广阔的发展前景。

虽然结构色在纺织领域中的应用时间较短，但经过科研人员这十几年的不懈研究，结构色纤维、结构色织物、结构色颜料等都取得了一定的成果，制备技术及性能也都在逐渐优化。然而，将光子晶体结构生色技术实际应用到纺织行业生产中，还有很多问题亟待解决。

① 结构色纤维、结构色织物普遍存在结构色层厚度太大、颜色稳定性较差等问题，基材本身的性能会受到影响，从而限制了结构色在纺织服装方面的应用。目前可通过完善后整理加工技术以及在制备结构色过程中添加一些成膜性较好或者黏附性较好的物质来提高颜色的稳定性，提高其颜色牢固性，但是在提高颜色稳定性方面还有很大的研究空间。

② 形成结构色的微球粒径无法精准控制，结构色纤维或结构色织物的颜色重现性差，大批量制备粒径相同的微粒并形成均匀性和饱和度都很高的结

构色是未来研究的一大难点。

③ 结构色的制备过程复杂、成本较高，目前缺乏对结构色的相关测试和评价指标，结构色应用于纺织领域的研究大多还停留在实验室研究阶段，这也是走向工业化生产必须解决的问题。

参考文献

[1] 李燕，谢娟，邓宏，等. 光子晶体的研究进展［J］. 材料导报，2005，20（2）：3.

[2] Marlow Frank，Sharifi Parvin，Brinkmann Rainer，et al. Opals：Status and prospects［J］. Angewandte Chemie，2010，48（34）：6212-6233.

[3] Gao W，Rigout M，Owens H. Facile control of silica nanoparticles using a novel solvent varying method for the fabrication of artificial opal photonic crystals［J］. J Nanopart Res，2016，18（12）：387.

[4] Zhou L，Wu Y，Liu G，et al. Fabrication of high-quality silica photonic crystals on polyester fabrics by gravitational sedimentation self-assembly［J］. Color Technol，2016，131（6）：413-423.

[5] Wg A Mr B，Ho A. Self-assembly of silica colloidal crystal thin films with tuneable structural colours over a wide visible spectrum［J］. Appl Surf Sci，2016，380：12-15.

[6] Yu Jiali，Lee Chenghao，Kan Chiwai，et al. Fabrication of structural-coloured carbon fabrics by thermal assisted gravity sedimentation method［J］. Nanomaterials，2020，10（6）：1133.

[7] Gao W H，Rigout M，Owens H. The structural coloration of textile materials using self-assembled silica nanoparticles［J］. J Nanopart Res，2017，19（9）：303.

[8] 彭晶晶，陈佳颖，高伟洪，等. 均匀 SiO_2 纳米颗粒的制备及其结构生色［J］. 北京服装学院学报（自然科学版），2021，41（1）：7.

[9] 陈佳颖，田旭，彭晶晶，等. 针织物表面结构色的构建［J］. 纺织学报，2020，41（7）：117-121.

[10] 林田田，杨丹，陈佳颖，等. 不同粒径 SiO_2 粒子混合制备光子晶体结构色薄膜［J］. 精细化工，2021，38（8）：1693-1698.

[11] Liu G，Zhou L，Zhang G，et al. Fabrication of patterned photonic crystals with brilliant structural colors on fabric substrates using ink-jet printing technology［J］. Materials & Design，2016，114（JAN.）：10-17.

[12] Liu Guojin，Zhou Lan，Wu Yujiang，et al. The fabrication of full color P（St-MAA）photonic crystal structure on polyester fabrics by vertical deposition self-assembly［J］. J Appl Polym Sci，2015，132（13）：1-3.

[13] Sowade E，Blaudeck T，Baumann R R. Self-assembly of spherical colloidal photonic crystals inside inkjet-printed droplets［J］. Crystal Growth & Design，2016，16（2）：1017–1026.

［14］Liu G，Han P，Wu Y，et al. The preparation of monodisperse P（St-BA-MAA）@disperse dye microspheres and fabrication of patterned photonic crystals with brilliant structural colors on white substrates［J］. Opt Mater，2019，98（Dec.）：109503.1-109503.6.

［15］Li Y，Chai L，Wang X，et al. Facile fabrication of amorphous photonic structures with non-iridescent and highly-stable structural color on textile substrates［J］. Materials（Basel），2018，11（12）：2500.

［16］Li Y，Wang X，Hu M，et al. Patterned SiO_2/PUA inverse opal photonic crystals with high color saturation and tough mechanical strength［J］. Langmuir，2019，35（44）：14282-14290.

［17］李慧，陈洋，刘国金，等 . 一氯均三嗪活性染料 / 纳米微球复合型结构色墨水的制备及应用［J］. 丝绸，2018，55（12）：48-54.

［18］兰红波，赵佳伟，钱垒，等 . 电场驱动喷射沉积微纳 3D 打印技术及应用［J］. 航空制造技术，2019，62（1/2）：38-45.

［19］Zhou Ning，Zhang Ao，Shi Lei，et al. Fabrication of structurally-colored fibers with axial core-shell structure via electrophoretic deposition and their optical properties［J］. ACS Macro Lett，2013，2（2）：116-120.

［20］Zhou Lan，Shi Feng，Liu Guojin，et al. Fabrication and characterization of in situ cross-linked electrospun Poly（vinyl alcohol）/phase change material nanofibers［J］. Sol Energy，2021，213：339-349.

［21］Yuan W，Zhou N，Shi L，et al. Structural coloration of colloidal fiber by photonic band gap and resonant mie scattering［J］. ACS Appl Mater Interfaces，2015，7（25）：14064-14071.

［22］曾琦 . 非虹彩高功能性结构色纤维 / 织物的快速制备及其性能的研究［D］. 苏州：苏州大学，2017.

［23］Yavuz，Gonul，Zille，et al. Structural coloration of chitosan coated cellulose fabrics by electrostatic self-assembled poly（styrene-methyl methacrylate-acrylic acid）photonic crystals［J］. Carbohydrate Polymers Scientific & Technological Aspects of Industrially Important Polysaccharides，2018，193:343-352.

［24］Zhuang Guangqing，Ping Wei，Zhang Yun，et al. Optical properties of silk fabrics with（SiO_2/polyethyleneimine）n film fabricated by electrostatic self-assembly［J］. Text Res J，2016，86（18）：1914-1924.

［25］Fabrizio Marra A B，Serena Minutillo A B，Alessio Tamburrano A B，et al. Production and characterization of Graphene Nanoplatelet-based ink for smart textile strain sensors via screen printing technique - ScienceDirect［J］. Materials & Design，2020，198：109306.

［26］Zhou Changtong，Qi Yong，Zhang Shufen，et al. Rapid fabrication of vivid noniridescent structural colors on fabrics with robust structural stability by screen printing［J］. Dyes Pigm，2020，176：108226.

［27］Zeng Qi，Ding Chen，Li Qingsong，et al. Rapid fabrication of robust，washable，self-healing superhydrophobic fabrics with non-iridescent structural color by facile spray coating［J］. RSC Adv，2017，7（14）：8443-8452.

［28］何文玉，高雅芳，张耘箫，等 . 纺织基材上 P（St-MAA）/WPU 复合光子晶体生色结构的快速制备及其性能［J］. 现代纺织技术，2022（2）：30.

［29］Li Yichen，Fan Qingsong，Wang Xiaohui，et al. Shear-induced assembly of liquid colloidal crystals for large-scale structural coloration of textiles［J］. Adv Funct Mater，2021，31（19）：2010746.

［30］Liu Guojin，Zhou Lan，Fan Qinguo，et al.The vertical deposition self-assembly process and the formation mechanism of poly（styrene-co-methacrylic acid）photonic crystals on polyester fabrics［J］. J Mater Sci，2016，51（6）：2859-2868.

［31］Gao Weihong，Rigout Muriel，Owens Huw. Optical properties of cotton and nylon fabrics coated with silica photonic crystals［J］. Opt Mater Express，2017，7（2）：341-353.

［32］Yuan X，Ye Y，Lian M，et al. Structural coloration of polyester fabrics coated with Al/TiO_2 composite films and their anti-ultraviolet properties［J］. Materials（Basel），2018，11（6）：1011.

［33］Hirogaki，Kazumasa，Nakamura，et al. The structural formation of closely packed colloidal crystals on fibre and the effect of fibre surface functionality on crystalline structure［J］. Color Technol，2018，134（4）：271-274.

［34］Zhang Jing，He Sisi，Liu Lianmei，et al. The continuous fabrication of mechanochromic fibers［J］. J Mater Chem C，2016，4（11）：2127-2133.

［35］Shang S，Zhang Q，Wang H，et al. Facile fabrication of magnetically responsive PDMS fiber for camouflage［J］. Journal of Colloid & Interface Science，2016，483：11-16.

［36］Sandt J D，Marie M，Kenji C J，et al. Stretchable optomechanical fiber sensors for pressure determination in compressive medical textiles［J］. Adv Healthcare Mater，2018：1800293.

［37］Chen F，Yang H，Li K，et al. Facile and effective coloration of dye-inert carbon fiber fabrics with tunable colors and excellent laundering durability［J］. ACS Nano，2017：10330.

［38］杨丹，安瑞琪，袁毅，等. SiO_2/魔芋葡甘聚糖微球制备纤维多层结构的结构色［J］. 高分子材料科学与工程，2016（7）：142-146.

［39］Goerlitzer Eric S A，Taylor Robin N Klupp，Vogel N. Bioinspired photonic pigments from colloidal self-assembly［J］. Adv Mater，2018，30（28）：1706654.1-1706654.15.

［40］Niu Wenbin，Zhang Lele，Wang Yunpeng，et al. Multicolored photonic crystal carbon fiber yarns and fabrics with mechanical robustness for thermal management［J］. ACS Appl Mater Interfaces，2019，11（35）：32261-32268.

［41］陈佳颖，辛斌杰，辛三法，等. 基于光子晶体的结构色织物研究进展［J］. 纺织学报，2020，41（4）：181-187.

［42］Wang Xiaohui，Li Yichen，Zhou Lan，et al. Structural colouration of textiles with high colour contrast based on melanin-like nanospheres［J］. Dyes Pigm，2019，169：36-44.

［43］Yuan Xiaohong，Xu Wenzheng，Huang Fenglin，et al. Structural colors of fabric from Ag/TiO_2 composite films prepared by magnetron sputtering deposition［J］. International Journal of Clothing Science and Technology，2017，29（3）：427-435.

［44］Chai Liqin，Zhou Lan，Liu Guojin，et al. Study on the stability of the photonic crystals under different application environments and the possible mechanisms［J］. J Text Inst，2018：1-9.

［45］周岚，陈洋，吴玉江，等.SiO_2胶体微球在蚕丝织物上的重力沉降自组装条件研究［J］. 蚕业科学，2016（3）：494-499.

［46］Shi Xiaodi，He Jialei，Xie Xinghui，et al. Photonic crystals with vivid structure color and robust mechanical strength［J］. Dyes Pigm，2019，165：137-143.

[47] Liu G J，Han P，Chai L，et al. Fabrication of cotton fabrics with both bright structural colors and strong hydrophobicity [J]. Colloids and Surfaces A Physicochemical and Engineering Aspects，2020，600：124991.

[48] 高雅芳，张耘箫，刘国金，等．光子晶体结构生色纺织品的快速制备及其性能表征 [J]. 浙江理工大学学报，2021，45（2）：157-163.

[49] Finlayson C E，Spahn P，Snoswell Dre，et al. 3D bulk ordering in macroscopic solid opaline films by edge-induced rotational shearing [J]. Adv Mater，2011，23（13）：1540-1544.

[50] 曾琦，李青松，袁伟，等．非晶无序光子晶体结构色机理及其应用 [J]. 材料导报，2017，31（1）：43-55.

[51] 朱小威，韦天琛，邢铁玲，等．非晶光子晶体结构色织物的制备及其数值模拟 [J]. 纺织学报，2021（9）：90-96.

[52] Xiao M，Li Y，Allen M C，et al. Bio-inspired structural colors produced via self-assembly of synthetic melanin nanoparticles [J]. ACS Nano，2015，9（5）：5454.

[53] Wang X，Li Y，Zhou L，et al. Structural colouration of textiles with high colour contrast based on melanin-like nanospheres [J]. Dyes Pigm，2019，169：36-44.

[54] Kohri，Michinari，Kawamura，et al. Structural color tuning：Mixing melanin-like particles with different diameters to create neutral colors [J]. Langmuir the Acs Journal of Surfaces & Colloids，2017，33（15）：3824-3830.

[55] Wu T F，Hong J D. Dopamine-melanin nanofilms for biomimetic structural coloration [J]. Biomacromolecules，2015，16（2）：660-666.

第3章

磁控溅射沉积薄膜及其应用于纺织品结构生色

3.1 引言

物理气相沉积（physical vapor deposition，PVD）是在一定真空条件下应用等离子体将靶材物质从固态变为气态，并在基底上沉积形成薄膜。PVD 技术可以分为蒸发镀、溅射镀、离子镀、分子束外延等，它们的主要特点如表 3-1 所示。

表 3-1　物理气相沉积方法的主要类型及其主要特点

PVD 方法	基本原理	沉积速率 /（μm/min）	主要特点
蒸发镀	膜材被加热蒸发成气相沉积在基底上	0.1 ～ 70	难蒸发熔点高的物质
溅射镀	高能粒子轰击膜材气化溅射到基底上	0.01 ～ 1	靶材适用性非常广
离子镀	蒸发物离子化溅射到基底上成膜	0.1 ～ 50	更适合制备厚膜
分子束外延	蒸发物以分子或原子逐层生长	极慢	制备单晶超晶材料

磁控溅射是 PVD 中一种另外施加磁场的溅射沉积方法，是在真空室内一定真空条件下，真空室内的惰性气体在电（磁）场作用下变为高能带电粒子，并受磁场的约束轰击靶材固体表面，靶材表面的分子或原子与入射的高能粒子交换动能后被剥离出固体表面，溅射沉积到基底材料的表面聚集形成薄膜（图 3-1[1，2]）。根据工作原理，磁控溅射又可细分为直流磁控溅射、射频磁控溅射、反应磁控溅射等。

磁控溅射技术具有许多优点，第一，可以采用直流溅射沉积导电金属材料薄膜，也可采用射频溅射沉积各种导电或不导电的合金、陶瓷、半导体、高分子聚合物等无机或有机材料薄膜；第二，可以在镀膜过程中加入 O_2、N_2 等气体与靶材物质发生反应，沉积生成化合物薄膜，即反应溅射；第三，通过调节溅射工作电流和电压、工作气体流量、工作气压等溅射工艺参数，可以控制薄膜的溅射沉积速率，并通过精准控制溅射工作时长获得表面均匀、厚度确定的薄膜；第四，基底与薄膜材料的结合牢度比蒸发沉积法好，可形成更致密的膜层；第五，可以在常温下溅射沉积成膜，因而适用于一些不耐高温的材料如纺织品作为基底进行溅射沉积薄膜，为纺织材料表面改性或制备功能纺织品提供了更大的可能性。基于以上优点，磁控溅射是适用性较广的物理沉积纳米薄膜的方法，常用于在材料表面沉积制备纳米至微米级的薄膜，可以方便地溅射沉积各种金属、陶瓷、半导体、高分子聚合物等无机或有机材料，制备超硬膜、耐腐蚀耐摩擦膜、半导体膜、超导膜、绝缘介质膜、磁性膜、光学膜、装饰膜、润滑膜和其他特定功能的薄膜，在工业各领域应用非常广泛。

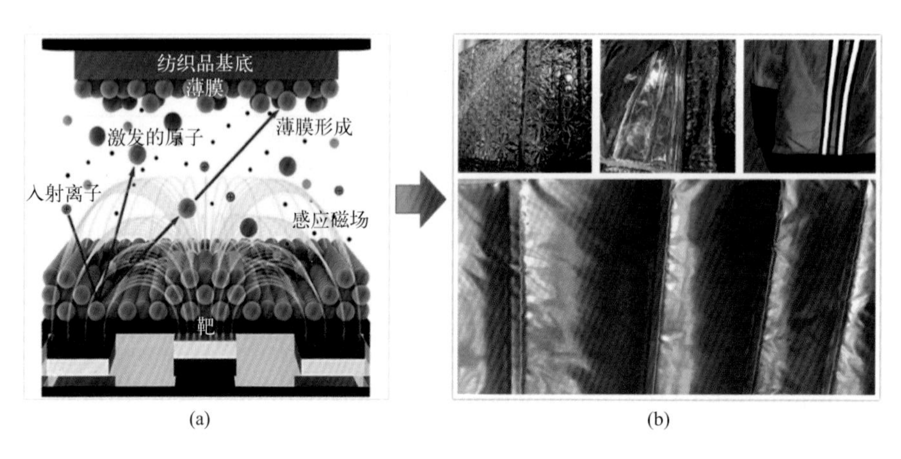

图 3-1 磁控溅射示意图[1]（a）及溅射镀膜纺织品[2]（b）

磁控溅射技术可以在较低温或常温条件下实现纺织材料表面的功能化整理、改性或镀膜，制备的薄膜膜层结构均匀、致密，薄膜与纺织材料基底附着力较好，薄膜性能稳定，为开发制造功能纺织品、智能纺织品、可穿戴材料、医卫保健等产业用纺织品提供了可行的方法。具体而言，可通过选用铜（Cu）、银（Ag）、铝（Al）、钛（Ti）等金属（合金），陶瓷化合物，高分子聚合物等作为靶材，在棉（cotton）、涤纶（PET）、丙纶（PP）、锦纶（PA）、聚乳酸（PLA）等不同材质的非织造、机织或针织等组织结构的纺织品表面溅射沉积形成单层、双层或多层薄膜，利用纺织材料表面镀制的微纳米结构薄膜的量子尺寸效应、微纳米表面效应及获得的相关光电等方面的性能，赋予纺织品导电、电磁屏蔽、防静电、抗菌、隔热、防紫外线、防水疏水等单一或复合功能；或者利用薄膜的光泽和颜色使纺织品具有装饰性或服用性。常用于纺织品镀膜的薄膜材料及其功能性、性能主要评价指标如表 3-2[3] 所示，一般的溅射沉积工艺参数如表 3-3[4] 所示。

表 3-2 镀膜功能纺织品的常用薄膜材料及其功能性、性能主要评价指标[3]

薄膜材料	功能性	性能主要评价指标
ITO/Ag/Cu/AZO/Al/Ti/ZnO/TiO_2	导电 / 电磁屏蔽 / 静电	电导 / 电阻 / 电磁屏蔽效能
Ag/Cu/ZnO/Al/Ti/TiO_2/AZO/PTFE	抗紫外线	UPF 指数
Cu/Ag/Zn/Ti/TiO_2	抗菌	抗菌率
TiO_2/PTFE/TiN/SiO_2	疏水或防水	静态接触角 / 沾水等级
TiO_2/ZnO/SnO_2	吸附或气敏	电阻率 / 电导率
Al/Ti/TiN/TiO_2/SiO_2	结构色或装饰	反射率 / 透射率 / 折射率 / 色度
TiO_2/SiO_2	耐磨或耐老化	摩擦 / 水洗 / 汗渍色牢度
SiO_2/Al_2O_3/LaB_6	耐热或保暖	热导率 / 热稳定性 / 隔热系数

表 3-3 磁控溅射应用于纺织品镀膜的一般工艺参数[4]

靶基距 /mm	工作气体流量 /（mL/min）	工作气压 /Pa	溅射功率 /W
30 ～ 180	0 ～ 60［混合比（4∶1）～（1∶4）不等］	0.1 ～ 5	5 ～ 600

利用磁控溅射镀膜法制备纺织品结构色，一方面是利用薄膜本身的颜色赋予纺织品相应色彩；另一方面是利用薄膜的结构与可见光的综合作用产生干涉、衍射、散射等形成结构色使纺织品着色。从生色机理来说，磁控溅射镀膜法制备获得的纺织品的颜色符合薄膜材料显色机理，可能是色素色，也可能是物理色（结构色），也可能是两者的结合。在这方面的研究主要有两类：一类是借鉴蒸镀或溅射镀制备光学膜、装饰膜的某些工艺和薄膜材料，利用磁控溅射在纺织品上镀膜从而使纺织品获得一定颜色，这方面的颜色大多具有金属色的效果，以色素色为主；另一类是在纺织品上镀制多层光学薄膜，各膜层具有特定的折射率和厚度，利用薄膜干涉、衍射、散射等获得不同的颜色，这方面的颜色大多具有虹彩效应，以结构色为主。可用作装饰膜的材料很多，包括金、银、铜、铁、锰、钴等金属及其化合物。这些材料具有不同的颜色，长期以来被用作陶瓷和玻璃器皿的着色颜料。表 3-4[5-7] 为部分常应用于装饰薄膜、光学薄膜的靶材（薄膜）材质、颜色及应用方向。

表 3-4 部分用于装饰薄膜、光学薄膜的靶材材质、颜色及应用方向[5-7]

薄膜材质	薄膜可获得的颜色或靶材的颜色	主要应用
Al	灰白色	制镜行业
Ag	银白色	制镜行业
Cu	金黄色	五金用品
TiN_x	金黄 / 棕黄 / 浅黄 / 黑色	首饰 / 钟表等装饰
TiC	深灰色 / 浅灰色 / 黑色	刀具、模具超硬镀膜
TiO_2	紫青蓝 / 绿 / 黄 / 橙红色	光学膜、彩色干涉膜、增透膜
Ti_xAlN_x	金黄 / 棕色 / 古铜色 / 黑色	手机 / 计算机外壳
Cu-Sn-Zn/Cu-Zn-In	仿金色	三元合金镀层
CSi/CO/Si	七彩色	反应镀或多层膜
MgF_2	白色	光学透镜膜、荧光材料
SiO_2	无色透明	分光片、滤光片、增透膜
Al_2O_3	白色	干涉膜、多层膜、保护膜
ITO	黄偏灰色	光学镀膜、触摸屏、液晶屏

本章主要探讨在纺织领域通过磁控溅射技术实现结构生色的应用研究进展，介绍以纺织品面料或布料作为基底的研究。

3.2 溅射沉积单层薄膜获得颜色

3.2.1 Cu 或 CuO 单层膜

真空镀膜法可用于将金属或 / 及其化合物沉积在聚合物、纸张和布料的表面，以制备金属质感、金属色或其他各种颜色的膜。比如，真空蒸镀或溅射镀制备幕墙玻璃装饰膜、塑料金属化装饰膜、包装用装潢装饰膜、镀铝纸等的工艺、膜材以及获得的色彩效应和功能效应，可借鉴应用到纺织品上，以磁控溅射沉积薄膜制备结构色。塑料金属化一般用真空蒸镀制备薄膜，在塑料制品表面上镀一层金属膜，然后经染色产生金属质感的彩色效果，赋予塑料各种颜色和金属光泽。如石英钟壳、玩具、工艺品、衣物、皮具、装饰件、建筑家具装饰件、电子元件外壳等塑料制品均可金属化。利用金属靶材在纺织品、塑料等柔性材料上镀膜也称为材料的金属化，使纺织品具有金属色是金属化的结果之一。所谓金属色，并不是一种具体的颜色，而是指物体的颜色有类似金属光泽的效果，如常见的金色、银色、银白色、亚光黑、亮光黑等。狭义上的金属色即为有色金属及其合金的颜色。金属色本质上是电子在能带中的跃迁，归属于色素色范畴，但同时具有结构色的部分特性，符合薄膜材料生色机理。如 2001 年以来，服装时尚界开始流行金色、重金属色、银光色和幻彩色等金属色，如图 3-2 [8] 所示。

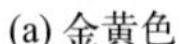

(a) 金黄色

(b) 变幻金属色

(c) 金属色服装[8]

图 3-2　部分常见金属色及金属色服装

金属铜（Cu）的导热性和导电性良好，纳米铜薄膜还具有良好的紫外线吸收能力，并且纳米铜由于粒径小、独特的表面效应和量子效应而被广泛应用于某些半导体与紫外线防护功能产品中[9]。Cu 也是装饰膜的常用靶材之一，它可使工件具有金属色，改善和提高其美观性。铜为有色金属，纯铜块状材料为玫瑰红色，紫铜呈现金黄色、紫红色；在有氧环境中容易氧化生成一价氧化亚铜（Cu_2O）和二价氧化铜（CuO），两者的颜色和结构性质均不相同，前者呈鲜红色或暗红色，后者呈黑色 [10, 11]；在有氧潮湿环境中生成碳酸铜类物质，呈现绿色。在溅射获得的铜及其氧化膜上，M.Ali 等观察到氧化亚铜（Cu_2O）与氧化铜（CuO）两相同时存在的现象，并且两者含量变化与氧气流速大小有关 [12]。研究证明 [10, 11]，通过改变氧气的气体组分（流量）大小溅射铜薄膜，可以得到 Cu、CuO 和 Cu_2O 甚至是 Cu_3O_4 等不同组分与比例的薄膜，薄膜的颜色受组分及其比例影响，呈现红色、黑色甚至是两者间的过渡色等不同的颜色。

利用磁控溅射技术在纺织品上沉积一层铜或氧化铜薄膜，可以制备具有单一或复合特性的多功能纺织品，获得良好的导电性[9]、电磁屏蔽性[9，13-15]、紫外线防护[16]和光催化性能[17，18]。以铜为原料制作的服装被证明还具有生物抑制作用，可以释放带电离子，破坏细菌、病毒和其他微生物的DNA，从而达到抗菌作用[19-22]。有文献提到，与铜有关的智能服装的研究可能会成为研究和创新中心[23]。

2018年，蔡珍[24]利用半工业化卷绕式磁控溅射设备在涤纶机织布表面溅射沉积铜氧化物薄膜。溅射工艺参数包括：靶材与基底之间的距离为8cm，本底真空度为8×10^{-3}Pa，氩气的流量为0.16mL/min，氧气和氩气的流量的比例设定为1∶4，溅射工作气压为0.2Pa，样品以0.3m/min的速度边卷绕边溅射沉积薄膜。随着直流溅射电流在1～7A范围内逐渐增大，氧化铜薄膜织物的颜色由黄色依次向绿色、蓝色、紫色、红色、橙色变化（图3-3）。实验证明，仅通过控制溅射电流的大小就可以改变镀氧化铜薄膜涤纶织物的外观颜色，为简化这种结构色制备方法提供了可能性和选择性。分别测试了镀铜膜织物的皂洗、耐汗渍和干湿摩擦色牢度，耐汗渍色牢度均小于3级，溅射电流提高到4A以后的样品的皂洗和湿摩擦色牢度达到3级以上，估计与膜厚大小有关。不同色调的变化可能源于溅射电流增加引起的氧化铜薄膜厚度、薄膜组分及其含量的变化，遗憾的是该研究没有进一步对此进行分析讨论。

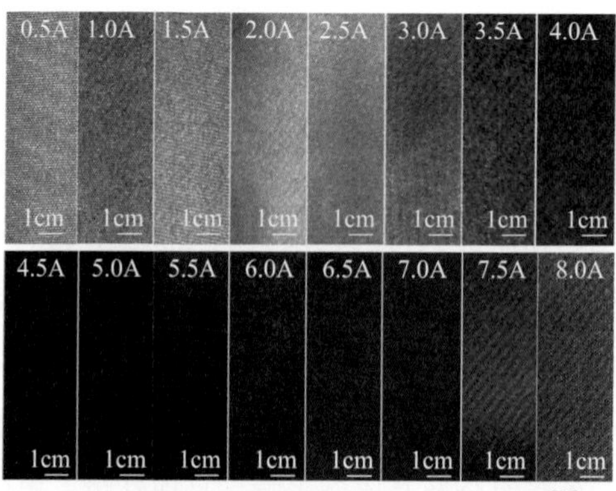

(a) 不同溅射电流大小下镀氧化铜膜织物的颜色[24]

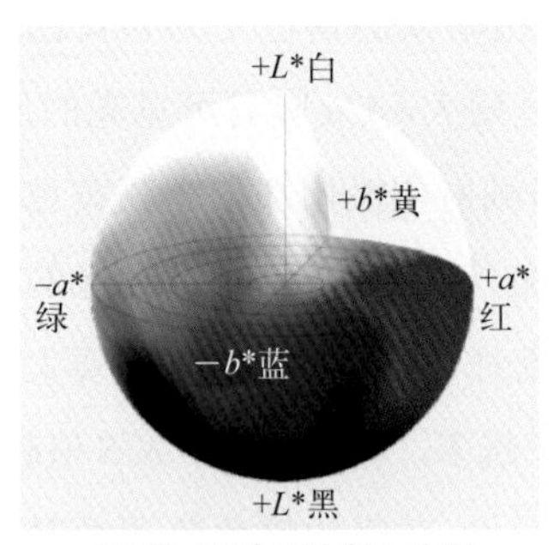

(b) $L^*a^*b^*$ 色彩空间示意图

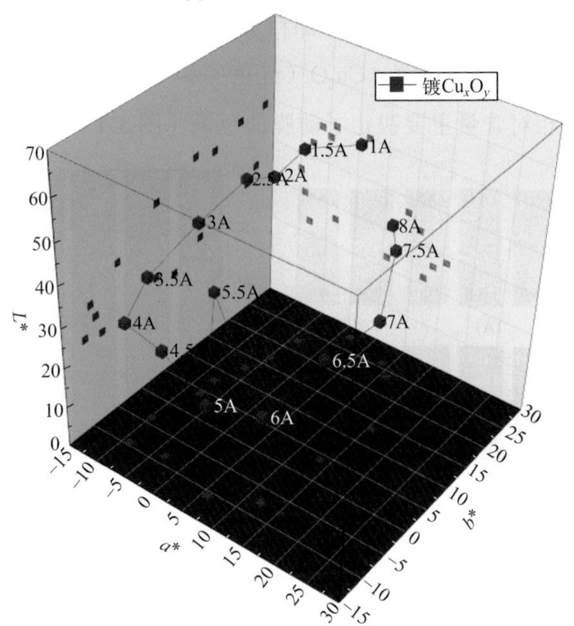

(c) 样品颜色在 $L^*a^*b^*$ 色彩空间的位置

图 3-3 涤纶机织布溅射沉积 CuO 薄膜后的金属色

2020 年，黄美林等[2]采用直流磁控溅射技术在涤纶机织布表面上溅射沉积金属铜及氧化铜（Cu/Cu_xO_y）薄膜，发现在其他溅射工艺参数（靶基距 8cm、本底真空度 8×10^{-3}Pa、溅射工作气压 0.2Pa、Ar 流量 280mL/min、O_2 流量 80mL/min）不变的情况下，仅通过控制溅射电流的大小（1 ～ 7A）就可使薄膜显现丰富的、不同色调的金属色。如图 3-4（a）所示为镀 Cu 膜样品（A 系列）和镀 Cu_xO_y 膜样品（B 系列）在溅射电流为 1 ～ 7A 时的颜色。

随溅射电流增加，Cu 膜由暗淡的黄色变为金黄色，颜色色调没有变化；溅射电流增加导致薄膜厚度增大，Cu 膜对可见光的反射增加，颜色亮度增大。Cu_xO_y 薄膜颜色丰富，随溅射电流增加，由浅黄色向棕色、深红色、深绿色变化；同时，因膜厚增加，Cu_xO_y 薄膜对可见光的吸收增加、反射减少，颜色的亮度下降。溅射电流对 Cu_xO_y 薄膜的影响要大于 Cu 膜。溅射电流越大，织物表面沉积的目标原子越多，薄膜越厚，*K*/*S* 值越大，颜色越深。

进一步分析表明，Cu_xO_y 薄膜的颜色色调受薄膜表面形貌、组分与相对含量、晶体元素的结晶态与粒径、晶粒带隙等因素的影响。Cu_xO_y 薄膜含有 Cu（金黄色）、CuO（黑色）、Cu_2O（红色）和 Cu（OH）$_2$（蓝色）结合相，这些混合相及相对含量主要决定了薄膜的色调［图 3-4（b）和（c）］。溅射电

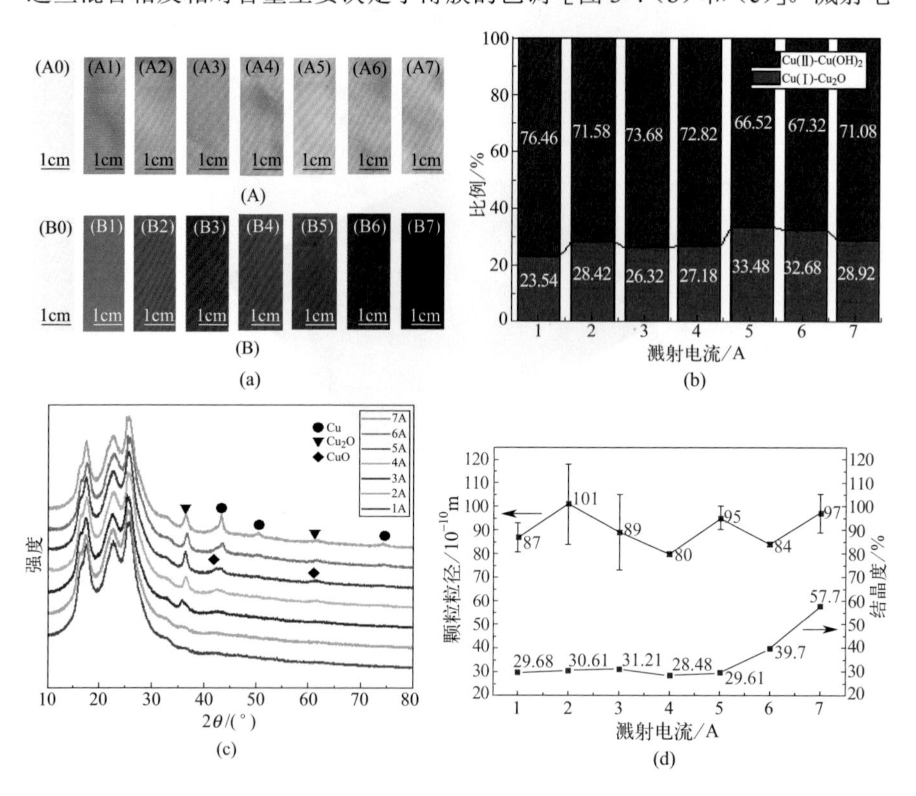

图 3-4 涤纶机织布溅射沉积 Cu/Cu_xO_y 薄膜后的金属色、影响因素及有关特性[2]

（a）不同溅射电流获得不同的金属色；（b）薄膜表面组分与相对含量（比例）；（c）氧化铜薄膜的 XRD 谱图；（d）氧化铜薄膜表面颗粒粒径与结晶度

流增加，薄膜结晶度相应增加［图 3-4（d）］。Cu 和 CuO 晶粒的带隙随膜厚增加及对可见光吸收增加而减小，导致吸收边红移，说明薄膜总体带隙大小对颜色的色调和亮度有一定影响。结果证明，Cu/Cu_xO_y 薄膜的金属颜色是色素吸收色，符合金属材料显色机理，结构色的特征不明显。此外，镀 Cu_xO_y 薄膜织物的摩擦色牢度等于或高于 3 级，紫外线防护能力大幅提高，透气性与空白样品相比变化不大。

2021 年，黄美林等[25]采用直流（DC）反应磁控溅射技术将铜（Cu）及其氧化物（Cu_xO_y）薄膜沉积到灰色的聚丙烯（丙纶 /PP）非织造布上，通过控制氧气流量大小获得不同的金属色。镀 Cu 膜织物呈橙红色，镀 Cu_xO_y 膜织物呈深红色、浅绿色、深绿色等不同颜色［图 3-5（a）］。在其他溅射工艺参数（靶基距 5cm、本底真空度 5×10^{-3}Pa、溅射工作气压 0.5Pa、Ar 流量 35mL/min、溅射功率 100W）不变的情况下，随着氧气（O_2）流量（氧分压）的增加（0 ～ 35mL/min），Cu 含量降低，并转变为 Cu_2O（红色），然后逐渐转变为 CuO（黑色）。分析表明，主要是 Cu、Cu_2O、CuO 和 $Cu(OH)_2$ 的相对含量决定了颜色的色调［图 3-5（b）］。从超景深显微图片［图 3-5（c）、（d）］中可看到，镀 Cu 膜纤维外观为明亮的金黄色，而镀 Cu_xO_y 膜纤维外观表现为暗灰色。结果表明，镀氧化铜膜织物的颜色受氧流量变化的影响，并主要取决于膜元素组成和相对含量。氧化铜薄膜表现为非晶态结构，镀氧化铜膜样品的疏水性随氧流量的增加而略有增加，整体防紫外线性能随膜厚减小而下降。此外，由于 Cu 转化为 Cu_2O 和 CuO，镀氧化铜膜样品的静电消除能力下降，但优于原始丙纶非织造布。

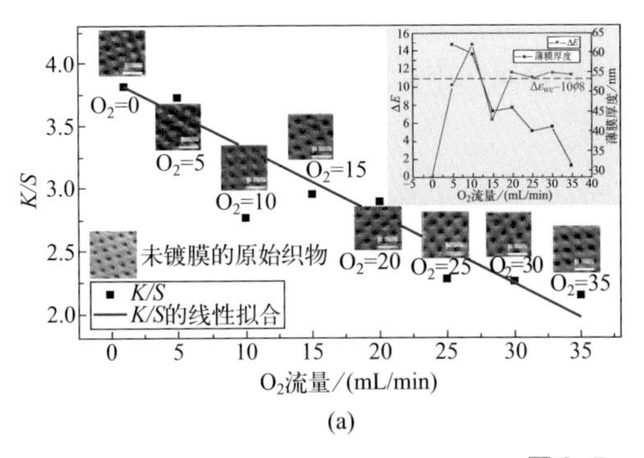

(a)

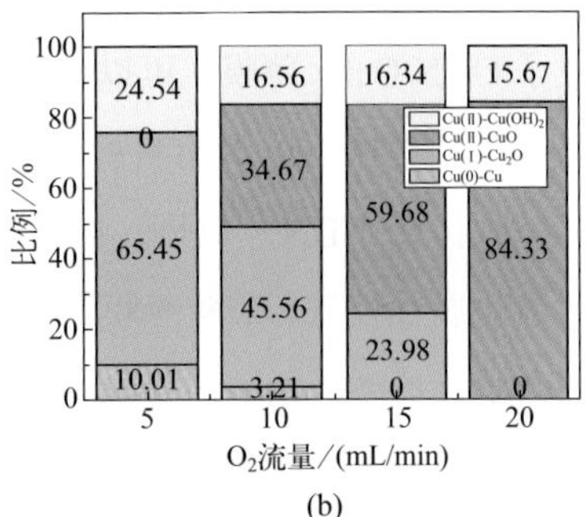

(b)

图 3-5

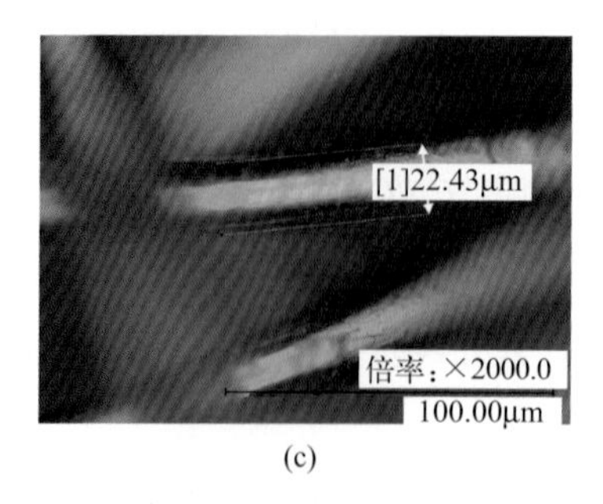

(c)

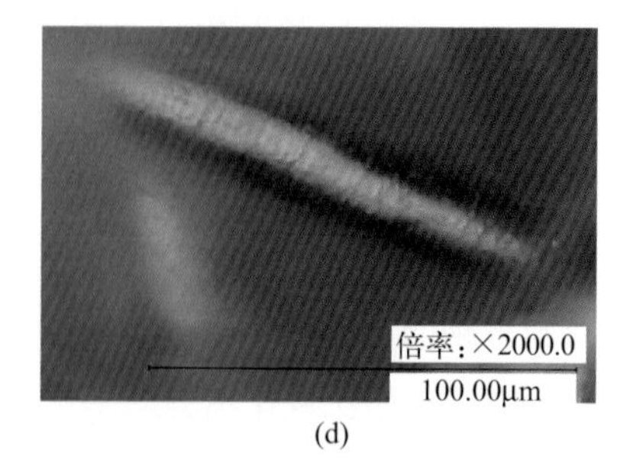

(d)

图 3-5 丙纶非织造布溅射沉积 Cu/CuO 薄膜后的金属色、影响因素及有关特性[25]

（a）不同氧分压下镀膜丙纶布的颜色、*K/S* 值和膜厚；（b）薄膜表面组分及含量（比例）；（c）镀铜膜纤维表面形貌；（d）镀氧化铜膜纤维表面形貌

以上研究表明，利用磁控溅射技术将铜及其氧化物薄膜沉积到纺织品上可制备金属色，这种金属色为本征吸收色。不同的溅射工艺影响薄膜厚度、薄膜的组分和相对含量，从而影响镀膜织物的外观颜色。与此同时，基底纺织物的种类、组织结构与底色，以及薄膜表面形貌、结晶度等均对最终颜色有一定的影响。

3.2.2 CuN 或 TiN 单层膜

氮化铜（Cu_xN_y 或 Cu3N/CuN_x）薄膜作为一种介电材料具有较高的电阻率，无毒，在室温条件下呈棕红色或棕褐色，半透明，性质稳定[26]，常应用在光存储材料[27]、太阳能电池的介质材料如锂电池的负极材料，以及微电子集成电路[28]或纳米器件材料等[29]领域。Sang Ok Chwa 等[30]溅射合成了 Cu_3N/CuN_x 薄膜，可以应用在材料金属化中作为铜和 SiO_2 之间中间层的黏合剂，其对 SiO_2 具有良好的黏附性。

氮化钛（TiN）是热、电良导体，其制备工艺成熟稳定、价格低廉，且耐磨耐腐蚀性好。TiN 薄膜常用作金属栅和电容器电极材料、五金工具零件的硬质保护膜、电池的导电膜、镀膜玻璃反射膜等[31, 32]。TiN 薄膜也常作仿金装饰膜使用，颜色可随氮含量大小调节，呈现金黄色、古铜色、粉红色等色彩。有研究进行氧（O_2）掺杂制备 TiN 薄膜，可获得 TiON[33]；或者进行氮（N_2）掺杂制备 TiO_2，同样可获得 TiON[34]。而纳米 TiON 的带隙比 TiO_2 小，在可见光照射下就可实现催化、降解、杀菌作用，被广泛用作光催化剂和抗菌材料[35]，如在塑料、橡胶、纤维等高分子材料中添加适量的纳米 TiON，即使在微弱光照环境里，也能防止制品霉变、滋生细菌。TiON 薄膜亦可作为应变薄膜制作压力传感器，能够显著提高薄膜压力传感器的灵敏度[36]。

2021 年，黄美林等[37]通过直流反应磁控溅射法在聚酯机织物表面沉积 CuN 和 TiN 薄膜，获得了淡灰色到淡黄色等不同的颜色（图 3-6），这些颜色均对角度无依赖，不存在干涉形成的虹彩效应，为吸收色与可见光在表面漫反射的综合效果，而非结构色。镀 CuN 膜织物对可见光的选择性吸收不明显，总体上表现为漫反射，平均反射率为 35.0%，平均吸光度为 0.53，符合 CuN 薄膜在红外和可见光波段反射率低的特点。CuN 薄膜元素包含单质 Cu、Cu_2O 与 Cu（OH）$_2$，其中 Cu（OH）$_2$ 占主要比例，它们共同影响镀膜后织物的外观颜色效果。镀 TiN 薄膜样品的平均反射率为 61.6%，平均吸光度为 0.26，表面颜色受 TiO_2 和 TiON 两者相对含量大小的影响。比较而言，镀

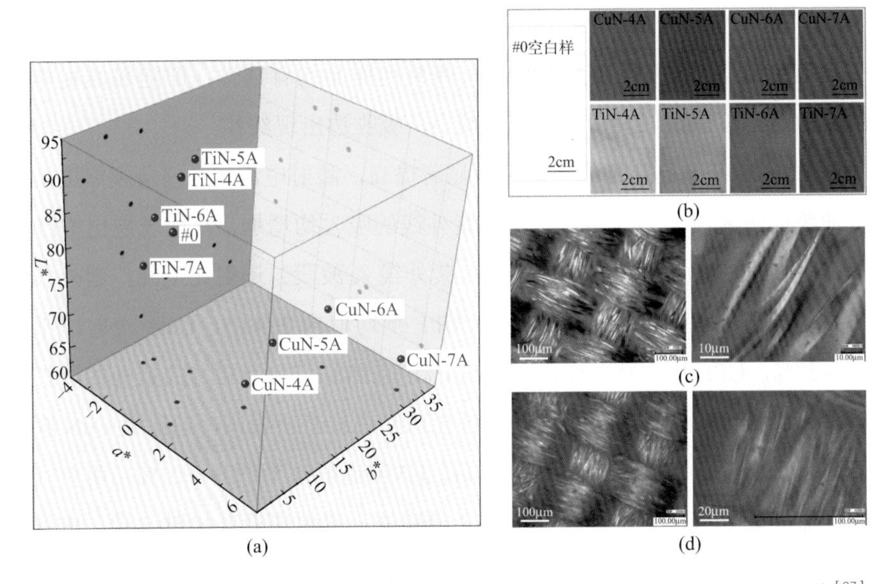

图 3-6 镀 CuN 或 TiN 薄膜涤纶机织布的颜色、在三维色度空间的位置及表面形貌[37]

（a）各样品颜色在 CIE $L^*a^*b^*$ 色度空间的位置（溅射电流变化）；（b）各样品数码照片；（c）镀 CuN 样品（溅射电流 7A）；（d）镀 TiN 样品（溅射电流 7A）

CuN 薄膜系列样品对可见光的吸收总体上比镀 TiN 薄膜样品的大，与薄膜组分及含量相关。在实验范围内，随着溅射电流的增大，两系列样品的膜厚增加，对可见光的吸收增加，反射率下降，样品颜色变深、亮度下降。总之，镀膜样品的颜色色调和亮度取决于薄膜的元素组成及含量、结晶态、表面形貌和溅射电流（或膜厚）的变化，调节溅射电流可获得不同的颜色，为简化溅射工艺提供了参考。

以上两系列样品的薄膜多为非晶态，一方面可能是因为溅射沉积时间过短，导致薄膜厚度较小；另一方面可能是因为常温（基底温度）不利于结晶形成。CuN 薄膜的平均结晶度为 70.7%，平均晶粒尺寸为 9.0Å（$1Å=10^{-10}m$）；TiN 薄膜的平均结晶度为 71.5%，平均晶粒尺寸为 9.1Å。在实验范围内，溅射电流的变化对薄膜结晶度、晶粒尺寸的影响不大。基于这 8 个样品之间的外观颜色变化不大，因而薄膜结晶度和晶粒尺寸对颜色的影响规律不明显。CuN 薄膜存在带隙 E_g=2.16eV，对应吸收边为 574nm。其中 CuN-4A 样品（溅射电流为 4A，薄膜为 CuN）中存在单质 Cu，其带隙几乎不存在。镀 TiN 薄膜系列样品，受组分 TiO_2 和 TiON 共同作用影响，其中 TiO_2 占比较大，带隙 E_g=2.35eV，对应吸收边为 528nm。两系列样品均有共性，即随着溅射电流的增加，薄膜厚度增大，光学带隙减小，吸收边出现红移。

镀 CuN 膜样品的紫外线防护性能显著提高，溅射电流增加使薄膜厚度增加，薄膜的吸光度增大，对可见光和紫外线的吸收均增加，从而表现出 UPF（紫外线防护系数）增大，同时 UVA（紫外线 A 波段）透射比下降，紫外线防护性能提高。4 个镀 CuN 膜样品的 UPF 平均值为 234.05，UVA 透射比平均为 4.27%，UPF 相对空白样提高 287.3%，表明它们具有极好的紫外线防护性能。而镀 TiN 膜样品的紫外线防护性能比空白样有所提高，但比镀 CuN 膜样品的差一点儿，UPF 平均值为 106.44，UVA 透射比平均为 9.01%。两系列镀膜样品的紫外线防护性能最终取决于薄膜的元素组成及其相对含量，也受薄膜厚度的影响。镀 CuN 膜样品的平均透气量比空白样下降 20.2%，镀 TiN 膜样品则下降 12.4%。空白涤纶样品的静电衰减很慢，容易产生静电问题。镀 CuN 膜样品和镀 TiN 膜样品的静电现象比空白样稍微增加，但静电消除很快。总结而言，在涤纶机织物上镀制铜或钛的氮化物薄膜，可使织物获得一定的金属颜色，同时具备一定的紫外线防护性能、抗静电等性能。

3.3 溅射沉积双层薄膜获得颜色

3.3.1 Ag/TiO_2 双层膜

银（Ag）具有优异的电学、光学和化学性质。已经证明，银（Ag）在宽带可见光和红外光吸收方面比其他已知材料具有更高的反射率；其反射率在宽带可见光谱范围内可达 95% 左右，在宽带红外光谱范围内可达 99% 左右。因此，Ag 可用作优良的通用反射基板[38]。而二氧化钛（TiO_2）具有高的光催化活性、良好的化学稳定性和环境友好性，有许多研究把这两种材料应用到纺织品上制备功能纺织品。二氧化钛纳米颗粒已被证明可用于紫外线防护；另外，在涂层材料中使用纳米二氧化钛作为添加剂，可以显著提高织物的强度和阻燃性。同样，基于薄膜生色原理，也有研究采用这两种材料在纺织品上镀制薄膜，以在纺织品上实现结构色。如 Daouda K Diop 等[39] 利用反应磁控溅射技术成功地在柔性白光纸和透明聚酯（PET）衬底上沉积 TiO_2/Ag/TiO_2 膜层，并在激光照射、可见光和紫外光（UV）交替照射后呈现显色变化（光致变色）。样品颜色取决于辐照条件，并且这些色度的变化是由在可见光照射着色样品后 Ag 纳米颗粒（NPs）的形态变化造成的。

2015 年，袁小红等[40] 结合直流磁控溅射和射频磁控反应溅射，以纯 Ag 和 Ti 为靶材，在涤纶织物上沉积了银 / 二氧化钛（基底 /Ag/TiO_2）复合薄膜，获得了一定颜色（图 3-7）。首先采用直流磁控溅射银靶在基布上制备银膜；然后采用射频磁控溅射钛靶，在银膜上沉积一层钛膜以保护银膜不被氧化；最后，在通氧情况下采用射频磁控反应溅射钛靶于钛膜表面沉积制备了不同厚度的二氧化钛薄膜。溅射沉积银膜的工艺条件是：溅射气体氩气的气体流速为 20mL/min，基压为 1.5×10^{-3}Pa，样品转速为 10r/min，工作气体压力为 0.8Pa，溅射功率为 70W，溅射时间为 10min。溅射沉积钛膜的条件是：氩气的气体流速为 50mL/min，溅射功率为 100W，而基压、样品转速、工作气体压力、溅射时间与沉积银膜相同。所有样品均在以上固定条件下分别沉积银膜和钛膜，但制备二氧化钛膜的条件不同。制备二氧化钛薄膜时，氩气（Ar）作为溅射气体和氧气（O_2）作为反应气体，两者流速分别为 20mL/min 和 10mL/min，基压、样品转速与工作气体压力不变，溅射功率分别为 476W、582W 和 627W，溅射时间分别为 30min、40min 和 60min。

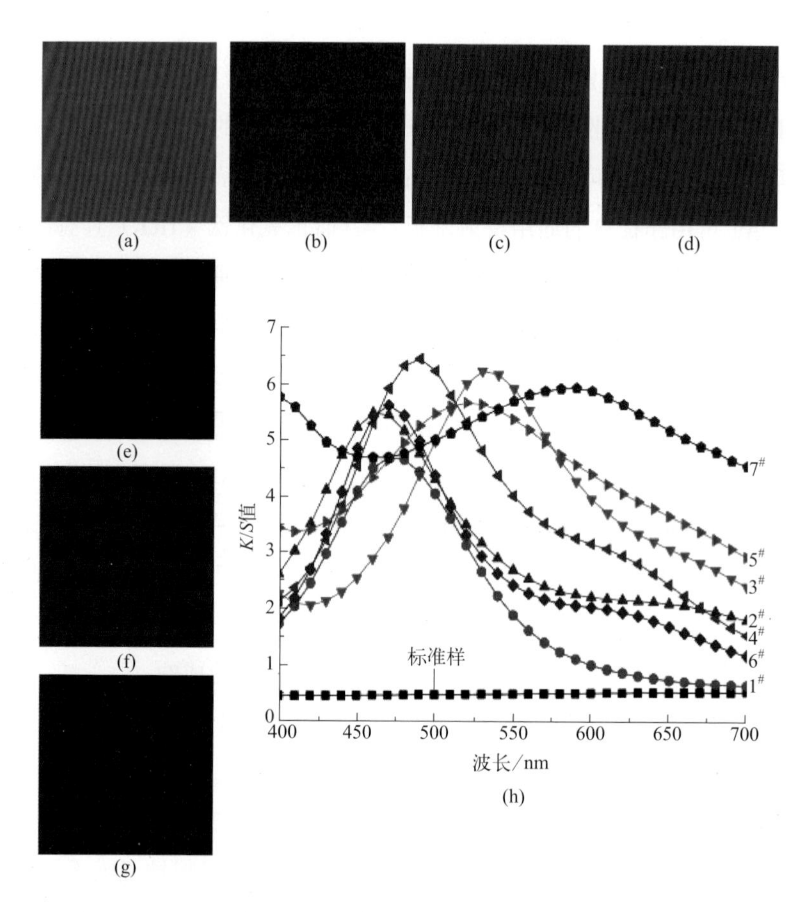

图 3-7 镀 Ag/TiO_2 复合薄膜涤纶机织布的颜色（沉积 TiO_2 膜时各样品工艺不同）及 *K/S* 值[（a）~（g）对应样品 1# ~ 7#][40]

（a）476W，30min；（b）476W，40min；（c）476W，60min；（d）582W，40min；（e）582W，60min；（f）627W，30min；（g）627W，60min；（h）以上 7 个样品的 *K/S* 值

分析发现，在纺织基底上沉积的 Ag/TiO_2 复合膜均匀致密。Ag/TiO_2 复合

膜中的 Ag 为单质银，而 Ag/TiO_2 复合膜中的 Ti 则被完全氧化，以 TiO_2 形式存在。沉积在纺织品基底上的 Ag 膜表面较为致密和均匀。银膜的平均粒径约为 57.6nm，表面平均粗糙度为 24.6nm。与 Ag 膜相比，1# 样品［图 3-7(a)］的 $Ag//TiO_2$ 复合膜表面相对粗糙和致密，复合膜平均粒径约为 32.8nm，表面平均粗糙度为 51.1nm。样品 1# ～ 7# 的颜色分别为深黄色、蓝色、墨绿色、黄色、深蓝色、红棕色和黑蓝色，对应吸收峰位置分别在 470nm、460nm、530nm、490nm、520nm、470nm 和 590nm 波长处（图 3-7）。与原始样品相比，沉积 Ag/TiO_2 复合膜织物的抗紫外线性能和抗静电性能均显著提高，抗静电性能远高于二氧化钛涂层织物，略低于银膜涂层织物。

2016 年，袁小红等[41]采用直流磁控溅射技术在涤纶（PET）机织物上制备银 / 二氧化钛（基底 /Ag/TiO_2）多层膜，同样利用金属薄膜的反射以及透明金属氧化物薄膜的透射和反射形成光程差制备纺织品结构色。有两种制备二氧化钛薄膜的方法：第一种是在通氧情况下利用射频磁控溅射钛靶在织物基板上反应溅射沉积二氧化钛薄膜；第二种是利用钛靶通过直流磁控溅射在基板上沉积钛膜，然后将样品在空气中放置一段时间，使 Ti 在空气中氧化为 TiO_2。本书选择了第二种方法，先用直流磁控溅射银靶在涤纶织物上沉积银膜，再用直流磁控溅射钛靶在银膜上沉积钛膜，最后将样品在空气中放置一段时间，直到织物样品的颜色保持稳定。溅射沉积银膜时，以氩气为溅射气体（流速为 20mL/min），基础底压为 1.5×10^{-3}Pa，基底转速为 10r/min，工作气体压力为 0.8Pa，溅射功率为 70W，溅射时间为 10min。溅射沉积钛膜（后期在空气中被氧化成 TiO_2）时，氩气流速为 50mL/min，溅射功率为 100W，以 8.2nm/min 的沉积速率对 5 个样品分别溅射 5min、8min、10min、12min 和 14min，其他工艺条件与沉积银膜时相同。对应以上溅射时间，5 个样品的颜色随 Ti 膜（或后期的 TiO_2）厚度的变化而变化，分别是紫色（42nm）、浅蓝色（65.6nm）、蓝色（82nm）、粉红色（98.4nm）和暗红色（114.8nm）（图 3-8）。结论是，通过改变 Ag/TiO_2 复合薄膜中 TiO_2 薄膜的厚度可调节和控制结构颜色；Ag/TiO_2 多层膜中的 TiO_2 为非晶态结构；Ag/TiO_2 多层膜涂层涤纶织物的耐洗性很好（可达 5 级），证明多层膜牢固，不易脱落。

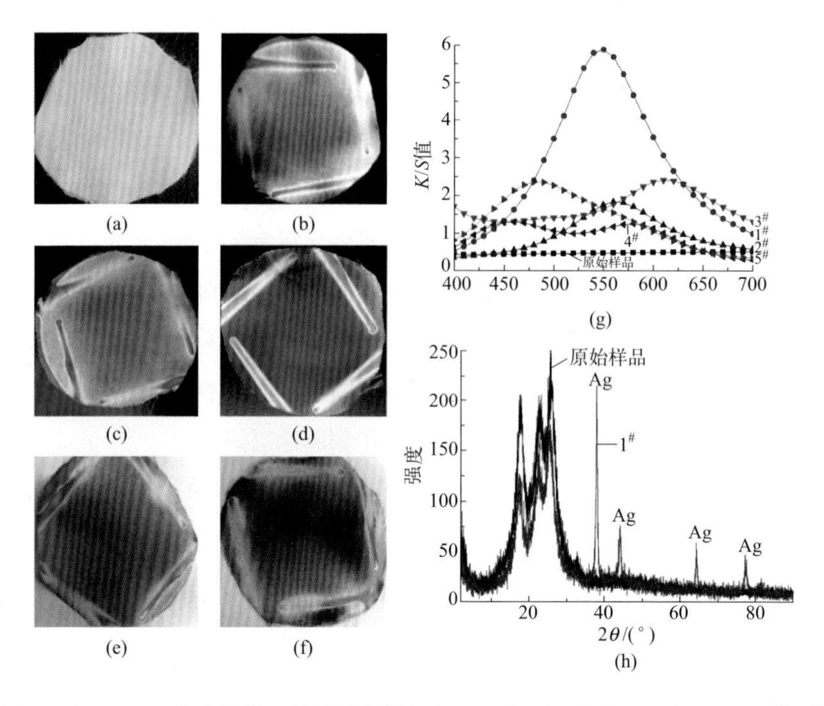

图 3-8 镀 Ag/TiO_2 复合薄膜涤纶机织布的颜色（TiO_2 膜厚度不同）、K/S 值及 XRD 谱图[41]

（a）原样；（b）42nm；（c）65.5nm；（d）82nm；（e）98.4nm；（f）114.8nm；（g）样品的 K/S 值；（h）1# 样品（42nm）与原样的 XRD 谱图对比

2017 年，袁小红等[42]在前面的研究基础上，进一步通过理论计算结果与实验结果进行比较，证明 Ag/TiO_2 多层膜涂层的结构颜色与理论计算得到的颜色是一致的。首先采用直流磁控溅射沉积银膜（氩气流速为 20mL/min，基压为 1.5×10^{-3}Pa，样品转速为 10r/min，工作气体压力为 0.8Pa，溅射功率为 64W，溅射时间为 10min）；然后采用直流磁控溅射沉积钛膜（氩气流速为 50mL/min，溅射功率 100W，沉积速率为 8.2nm/min，溅射时间为 5min），以钛膜覆盖银膜，以防银膜氧化；最后，采用射频磁控反应溅射钛靶，在钛膜上沉积了二氧化钛薄膜（Ar 和 O_2 的流量分别为 20mL/min 和 10mL/min，溅射功率为 300W，沉积速率为 3.3nm/min）。钛膜厚度约为 42nm，3 个样品的二氧化钛薄膜厚度（加上钛膜）分别为 45.3nm、51.9nm 和 55.2nm（反应溅射时间分别为 1min、3min 和 4min），样品颜色分别为蓝色（反射波长为 453nm）、绿色（519nm）和黄色（552nm）（图 3-9）。

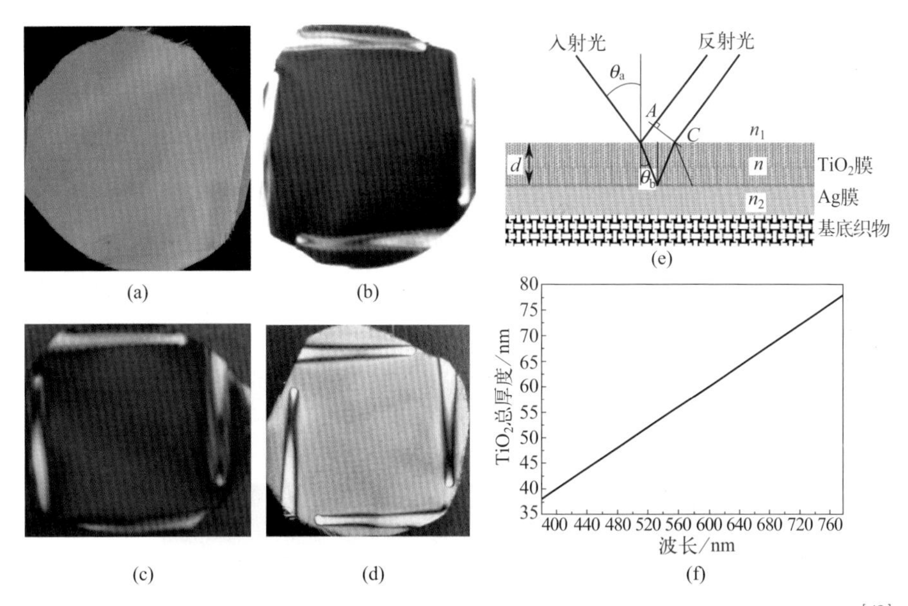

图 3-9　各样品结构色（TiO_2 总厚度不同）、薄膜结构、TiO_2 厚度与显色光波长的线性关系[42]

（a）原样；（b）45.3nm；（c）51.9nm；（d）55.2nm；（e）双层薄膜结构；

（f）TiO_2 总厚度与显色光波长的线性关系

实验证明，TiO_2 薄膜总厚度与结构色对应的波长呈线性关系，可以通过 Ag/TiO_2 复合薄膜中 TiO_2 薄膜的厚度来调节和控制结构色，符合薄膜干涉原理。然而，多层薄膜的厚度必须达到一定程度，以保证获得足够的反射率使颜色达到一定的亮度。Ag/TiO_2 复合膜在织物表面平整均匀，致密性好。此外，复合膜涂层织物具有良好的电学、光学和磁性能，可应用于服装、家居和工业织物。

2020 年，袁小红等[43]用连续自动化生产线磁控溅射设备，以聚酯织物为基材，分别用直流溅射法和直流 / 射频反应溅射法制备纳米 Ag/TiO_2 复合薄膜，同样可以获得结构色。使用金属 Ag 靶和 Ti 靶，基底真空度为 6.0×10^{-3}Pa，靶材与基底之间间隔为 10cm。第 1 个样品，先采用直流溅射法沉积 Ag 膜（电流为 10A、工作压力为 0.48Pa），再沉积 Ti 膜（电流与工作压力不变）；然后将 Ti 膜在空气中自然氧化，形成 TiO_2 膜。其中，Ag 膜厚度约为 100nm，Ti（或 TiO_2）膜厚度约为 60nm。第 2 个样品，首先用直流溅射沉积 Ag 膜（电流为 5A，工作压力为 0.48Pa），Ag 膜厚度约为 50nm；然后，在同样参数条件下采用直流溅射沉积 Ti 膜（厚度约为 30nm）；接着用射频反应溅射 Ti 靶沉积 TiO_2 膜（Ar 压力为 0.6Pa，O_2 压力为 0.46Pa，混合后气体压力为 0.5Pa，电流为 10A），TiO_2 薄膜厚度约为 4nm；重复溅射沉积 TiO_2 薄膜 8 次，加上原 Ti 膜（厚度约为 30nm）后 TiO_2 膜总厚度约为 62nm。两种方法制备的样品在可见光波长范围内的反射率曲线非常接近，表明两个样品的颜色非常接近，第 1 个样品是金黄色（最强反射波长为 580nm）；第 2 个样品是淡黄色（最强反射波长为 590nm）（图 3-10）。沉积在织物表面的 Ag/TiO_2 复合膜结构致密、均匀，复合膜的皂洗色牢度较好，经纬方向的皂洗色牢度均达 5 级；而摩擦色牢度较差，耐干摩擦色牢度为 2 ～ 3 级，湿摩擦色牢度仅为 2 级。说明薄膜经一定洗涤后还可保持颜色稳定性，但与外物摩擦则比较容易破坏薄膜色牢度。

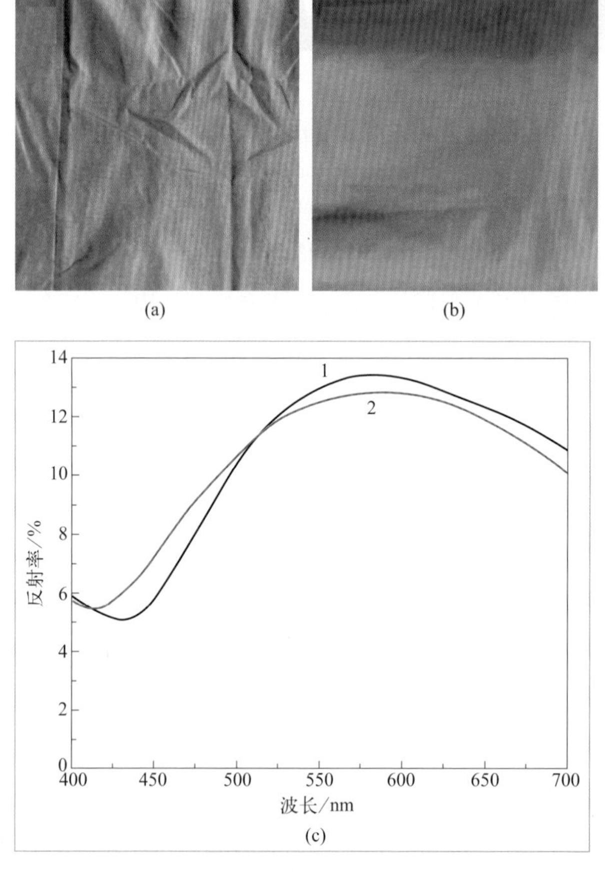

图 3-10 Ag/TiO_2 复合膜涂层织物的结构色彩及可见光反射曲线[43]

（a）TiO_2 膜厚约为 60nm；（b）TiO_2 膜厚约为 62nm；（c）两样品的反射率曲线

综上所述，无论是使用实验室磁控溅射设备还是利用连续自动化磁控溅射生产线，均可以在织物基底上沉积制备出纳米 Ag/TiO_2 复合薄膜，并产生结构色，而且结构着色规律（机理）与单层膜干涉原理一致。另外，有两种制备二氧化钛薄膜的方法：第一种是在通氧情况下利用射频磁控溅射钛靶在织物基板上反应溅射沉积二氧化钛薄膜；第二种是利用钛靶通过直流磁控溅射在基板上沉积钛膜，然后将样品在空气中放置一段时间，使 Ti 在空气中氧化为 TiO_2。这两种方法制备获得的 Ag/TiO_2 复合薄膜的颜色色相均与其中的 TiO_2 薄膜厚度相关，结果是一致的。

3.3.2 Al/TiO_2 双层膜

金属铝（Al）在自然界中很常见，其价格比金属 Ag 便宜。铝膜具有高紫外线反射率，对红外线可见，并具有如导电、防电磁屏蔽等许多优良的性能，应用较广。

2018 年，袁小红等[44]在涤纶（PET）机织物上制备 Al/TiO_2 双层膜。首先，采用射频磁控溅射技术沉积 Al 膜，基底压力为 1.5×10^{-3}Pa，工作气体（Ar）的压力为 0.8Pa，靶材与织物基板之间的距离为 70cm，样品的转速为 10r/min，Ar 流速为 20mL/min，溅射功率为 120W，溅射时间为 30min。然后，采用直流磁控溅射技术沉积钛膜，Ar 流速为 50mL/min，溅射功率为 100W，溅射时间为 10min。最后，采用射频反应溅射法制备 TiO_2 薄膜，溅射功率为 300W，Ar 和 O_2 的流速分别为 20mL/min 和 10mL/min；8 个样品溅射沉积 TiO_2 薄膜的时间分别设置为 10min、12min、18min、20min、26min、27min、30min 和 45min，编号标为 1 ～ 8。与前述的研究类似，同样利用金属铝薄膜的高反射率以及透明金属氧化物的透射和反射形成光程差，从而产生相长光干涉结构色。获得的颜色色调同样与外层金属氧化物薄膜的厚度有线性关系，通过改变这一层薄膜（TiO_2）的厚度可以调节颜色的色调。1 ～ 8 号样品对应的颜色分别是蓝紫色、蓝色、靛色、绿色、黄色、黄红色、橙色和蓝绿色（图 3-11）。

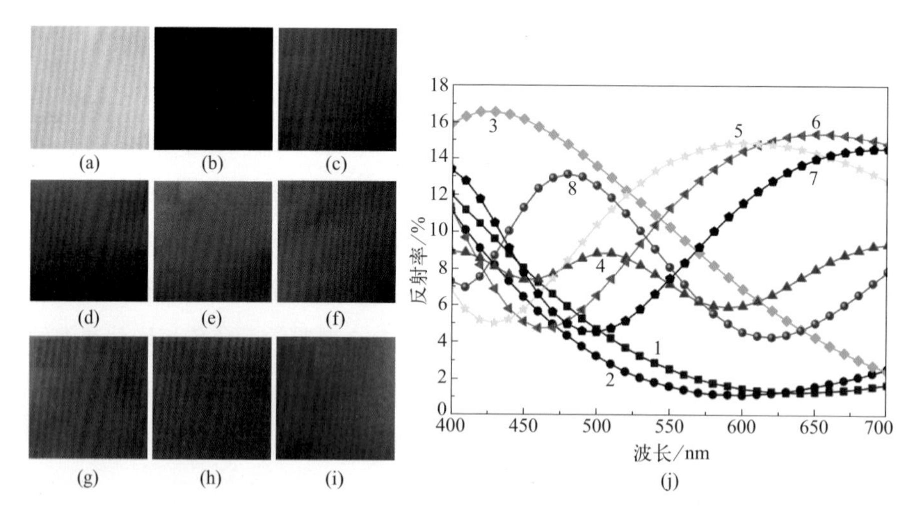

图 3-11 镀 Al/TiO_2 双层膜 PET 机织物的结构色（TiO_2 沉积时间不同）及反射率光谱图[44]

（a）未镀膜的原始样品；（b）10min；（c）12min；（d）18min；（e）20min；（f）26min；（g）27min；（h）30min；（i）45min；（j）8 个样品的反射率光谱图

通常情况下，金属元素容易形成晶体结构。但结果表明，Al 和 TiO_2 均为非晶态结构。原因可能是射频溅射 Al 的沉积速率很低，影响原子的有序排列；另外，由于涤纶织物基材不耐高温，溅射 Al 和 TiO_2 膜均在 200℃的温度下进行，导致 Al 和 TiO_2 均为非晶态结构。

与沉积 Ag/TiO_2 复合膜的聚酯织物相比，虽然本次实验的复合膜中的底层金属为 Al，但沉积 Al/TiO_2 复合膜织物的颜色规律与沉积 Ag/TiO_2 复合膜的织物是一样的，即颜色的相应波长与 TiO_2 薄膜的厚度成线性比例[42]。由于金属 Ag 和 Al 的折射率不同，可能在不同底层金属上沉积相同厚度的 TiO_2 薄膜的织物颜色不同。根据实验结果，沉积 Al/TiO_2 复合膜的聚酯织物的耐洗色牢度为 5 级，表示耐洗色牢度非常好，复合膜与涤纶织物结合紧密、牢固，不易脱落。另外，由于 Al/TiO_2 复合膜的作用，织物的抗紫外线性能较好，8 个镀膜样品的 UPF 均在 30 以上。

3.3.3 Ag/ZnO 双层膜

氧化锌是一种应用广泛的功能半导体材料，而纳米氧化锌由于其独特的表面效应、量子尺寸效应以及成本低、无毒性，通常作为光催化剂用于净化空气和水、回收贵金属、抑菌杀菌等。

2016 年，袁小红等[45]以纯银（Ag）和纯锌（Zn）为靶材，在涤纶（PET）机织物上沉积 Ag/ZnO 复合薄膜，实现相应结构色。先采用直流磁控溅射技术沉积 Ag 膜，本底真空度为 1.5×10^{-3}Pa，工作气压为 0.8Pa，Ar 流量为 20mL/min，溅射功率为 64W，溅射时间为 10min。然后采用射频反应溅射技术沉积 ZnO 膜，Ar 流量为 20mL/min，O_2 流量为 10mL/min，溅射功率为 300W，溅射时间为 10min。

以不同的溅射顺序或方法沉积薄膜后样品的外观颜色如图 3-12 所示。1# 样品因表面有银膜而呈银色，2# 和 3# 样品因表面银膜被氧化而略带黑色，4# 样品成功地获得 Ag/ZnO 复合薄膜而呈蓝绿色。Ag 膜在高真空氧环境下会被氧化成 Ag_2O 膜而对最终颜色有不良影响，因此，射频反应溅射沉积 ZnO 膜前，在银膜上沉积锌膜可以防止银膜氧化，可获得 Ag/ZnO 复合薄膜。此研究同样提到，在沉积 Ag 膜后需要防止其被氧化，可以采用再溅射沉积金属膜覆盖 Ag 膜的方法。

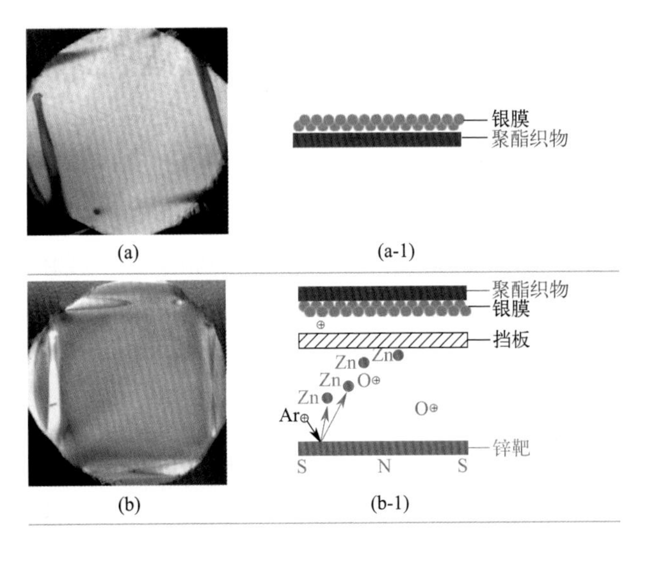

图 3-12

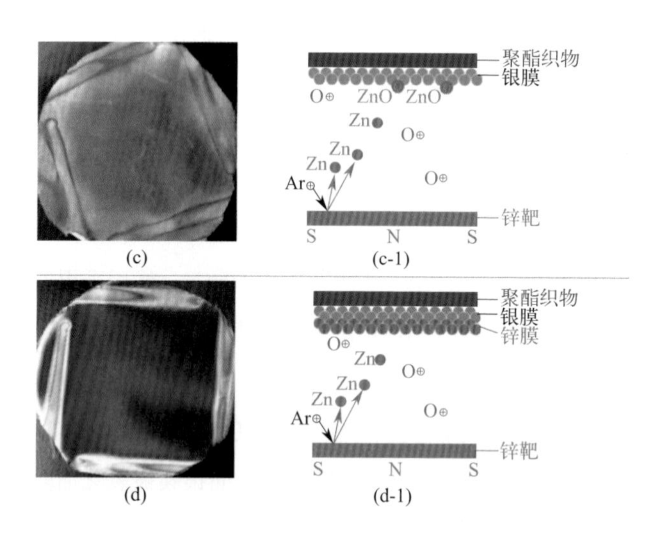

图 3-12 以不同的溅射方法沉积薄膜及样品的外观颜色[45]

（a）1# 样品，直流磁控溅射银靶镀银膜（a-1）；（b）2# 样品，先用直流磁控溅射技术沉积银靶，然后将挡板转到覆盖织物基材的位置，通氧以射频反应溅射将氧化锌溅射到挡板上（b-1）；（c）3# 样品，首先通过直流磁控溅射沉积银靶，然后通过射频反应溅射使用锌靶在镀有银膜的织物基材表面进一步沉积氧化锌薄膜（c-1）；（d）4# 样品，首先采用直流磁控溅射银靶在涤纶织物基材上沉积银膜，再采用射频磁控溅射锌靶在镀银织物表面进一步沉积锌膜形成氧化锌薄膜（d-1）

2019 年，袁小红等[46]在前面研究的基础上制备了 Ag/ZnO 复合薄膜，获得新的结构色。首先采用直流磁控溅射银靶在聚酯织物上沉积 Ag 膜，然后采用射频磁控溅射锌靶沉积 Zn 膜，再采用射频反应溅射沉积氧化锌薄膜。溅射的本底压力为 1.5×10^{-3}Pa，样品转速为 10r/min，工作气体压力为 0.8Pa。直流磁控溅射沉积银薄膜时，氩（Ar）流速为 20mL/min，溅射功率为 64W，溅射时间为 10min。射频磁控溅射沉积锌膜时，Ar 流速和溅射时间不变，溅射功率为 150W。采用锌靶射频反应溅射法制备氧化锌薄膜时，溅射功率为 300W，Ar 和 O_2 的流速分别为 20mL/min 和 10mL/min；4 个样品（编号为 1 ～ 4）设置溅射时间分别为 5min、8min、10min 和 14min ；对应的颜色分别为紫色（最大反射率对应波长为 390nm）、蓝色（420nm）、蓝绿色（540nm）和黄色（550 ～ 750nm）（图 3-13）。

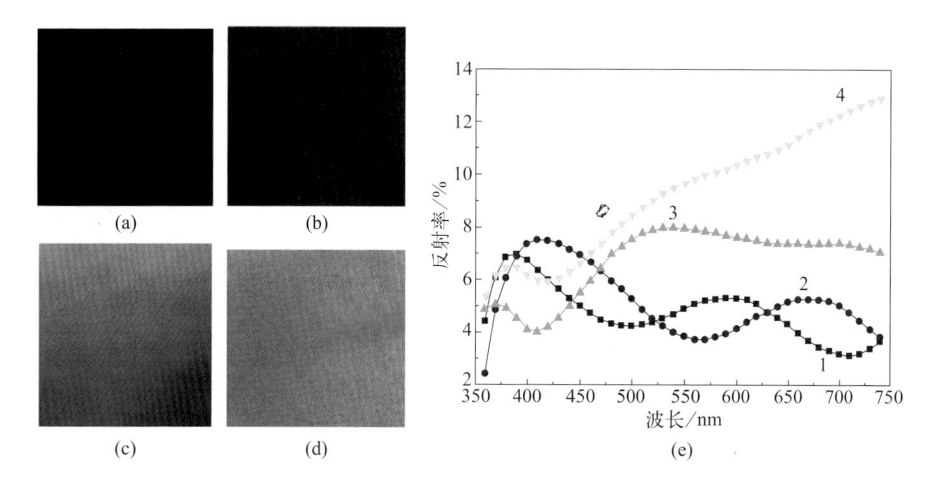

图 3-13　沉积 Ag/ZnO 复合膜的 PET 织物及其结构色[46]

（a）1# 样；（b）2# 样；（c）3# 样；（d）4# 样；（e）各样品的反射谱图

综上，Ag/ZnO 复合薄膜的颜色随 ZnO 薄膜的厚度而变化。另外，ZnO 膜下的 Ag 膜有利于提高 ZnO 膜的光催化活性，表面包覆 Ag/ZnO 复合膜的涤纶织物表现出优异的光催化性能，其甲醛降解率为 77.5%；对比仅包覆 ZnO 的薄膜（其下没有 Ag 膜）的织物，甲醛降解率为 69.9%。

3.3.4　Ag/Ag_2O 双层膜

氧化银（Ag_2O）是一种重要的半导体材料，在电学和光学领域具有应用价值。由于其较大的激发带隙（2.5 ～ 3.1eV），Ag_2O 在宽带红外和可见光谱中几乎是透明的，因而 Ag_2O 通常用作减反射涂层。

2020 年，苗大刚和宁新等[47]探究了磁控溅射技术在涤纶布表层沉积 Ag/Ag_2O 薄膜实现结构色（图 3-14）。首先在涤纶织物表面溅射厚度为 400nm 的 Ag 膜，接着在通氧情况下调节不同的溅射沉积时间以沉积不同厚度的 Ag_2O 薄膜（沉积速率约为 42nm/min）。需注意调节 O_2 与 Ar 的流量比，这有助生成纯 Ag_2O 膜而不是 AgO_x 膜。通过改变 Ag_2O 的沉积时间，控制 Ag_2O 薄膜的生长，得到不同形貌和厚度的 Ag（400nm）/Ag_2O 双层膜，样品显示了明亮的结构颜色，有黄色（Ag_2O 薄膜厚度为 10nm，1#）、紫色

（25nm，2#）、橙色（30nm，3#）、红棕色（35nm，4#）、靛蓝（42nm，5#）和绿色（105nm，6#）。

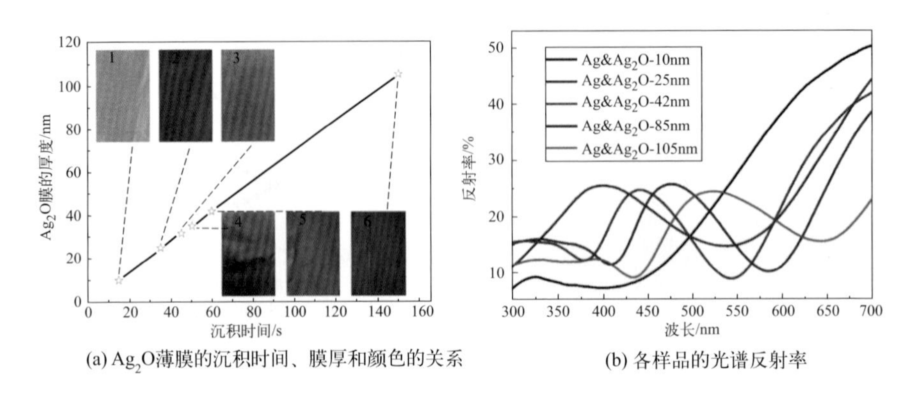

(a) Ag_2O薄膜的沉积时间、膜厚和颜色的关系　(b) 各样品的光谱反射率

图 3-14　不同结构色织物的光学性能[47]

与此同时，他们以纸板部分遮盖织物进行溅射沉积薄膜，以产生“IRINTT”图案。不同的溅射沉积时间产生不同的图案颜色（图 3-15），但文献没提及这些样品上薄膜的具体厚度。由于纤维表面的粗糙度和织物结构的复杂性，镀膜织物的结构色不仅来源于薄膜干涉，而且受漫反射和散射的影响。因此，镀膜织物的颜色没有角度依赖性。另外，制备的系列结构色织物的耐洗牢度不理想。

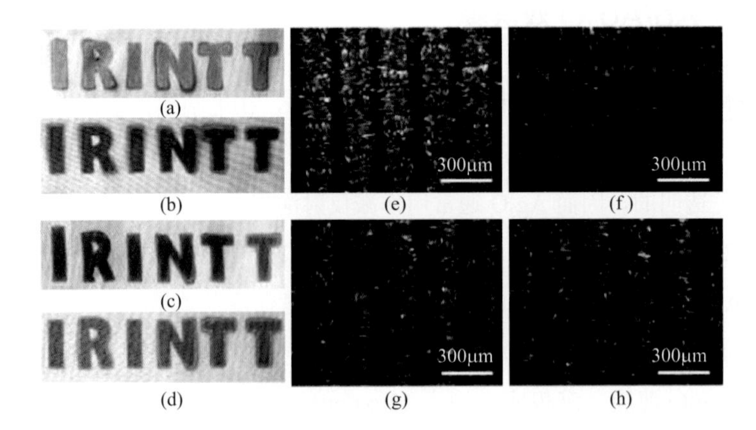

图 3-15　不同结构色 [（a）~（d），相机] 和表面形貌 [（e）~（h），在金相显微镜下] 的“IRINTT”图案[47]

3.3.5 Au/Ge 双层膜

传统染色获得的彩色纺织品因颜色为吸收色，对太阳光（包括紫外线、可见光及红外线）具有良好吸收特性，同时又具有高表面发射率（辐射热损失率），其热管理能力较差。制备具有加热或制冷能力的热管理彩色纺织品（特别是薄型或超薄的彩色纺织品）已成为研究热点。利用磁控溅射沉积薄膜以制备兼具热管理能力的结构色纺织品为此提供了一种可行的、创新的途径。

2019 年，李强等[48]将超薄金（Au）和锗（Ge）通过磁控溅射沉积到聚多巴胺（PDA）涂层纳米多孔聚乙烯（nanoPE，nPE）纺织品上，制造了彩色 Au（80nm）/Ge 光子结构纳米多孔 nPE 纺织品，其颜色随 Ge 的厚度（溅射时间从 80s 到 200s 不等）而变化，从橙色（8nm）到品红色（12nm）、紫色（16nm）再到蓝色（20nm）（图 3-16）。在沉积 Au 和 Ge 前，用 PDA 处理 nPE 是为了获得更好的润湿性，以使纺织品适合日常穿着。该彩色纳米光子结构织物（总厚度约 16μm）同时具有室外太阳能加热（太阳能吸收率约为 50%）和被动辐射加热（红外发射率约为 10%）的能力。与 2mm 厚的黑色运动衫相比，人工皮肤温度在室内和室外分别提高 3.8℃和 6.4℃，加热性能可媲美 5.2mm 厚的黑色运动衫。这种同时具备太阳能加热能力和被动式加热能力的超薄彩色纺织品，将有助于环境保护及减少能源消耗。

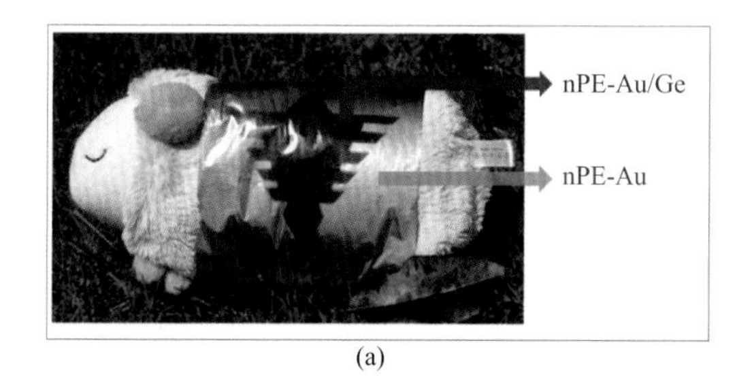

(a)

图 3-16

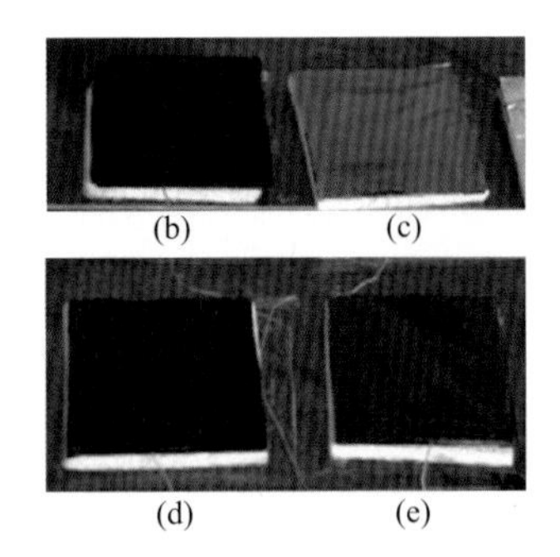

图 3-16 nPE-Au 和 nPE-Au/Ge 纺织品（a）与沉积不同厚度 Ge 膜的 nPE-Au/Ge 样品[（b）16nm；（c）8nm；（d）20nm；（e）12nm][48]

3.4 溅射沉积多层薄膜获得颜色

3.4.1 SiO_2/TiO_2 周期性多层膜

二氧化硅（SiO_2）光学薄膜具有性能稳定、透明波段宽、吸收损耗低、激光损伤阈值高等优点，是最常用的光学薄膜之一，常应用于眼镜、照相机和望远镜等光学系统中。对于在纺织品表面溅射沉积多层薄膜以制备结构色的研究，大多以 TiO_2 和 SiO_2 为薄膜材料。制备这个多层层叠结构的薄膜需要注意的有：一是选择不同的折射率材料（表 3-5[6]）；二是要考虑两种高低折射率薄膜的层叠顺序（涉及增反射还是减反射）。图 3-17 为一种常用的多层薄膜的层叠结构。

表 3-5 不同陶瓷材料应用为薄膜的比较[6]

靶材	颜色	折射率	应用领域
二氧化钛（TiO_2）	灰白色	2.55	光学薄膜、彩色干涉膜、增透膜等
氟化镁（MgF）	白色	1.38	光学透镜镀膜、荧光材料等
二氧化硅（SiO_2）	无色透明	1.45	多层膜、分光片、滤光片、增透膜等
氧化铝（AlO）	白色	1.5 ～ 1.6	干涉膜、多层膜、保护膜等
氧化锌（ZnO）	白色	2	导电膜
氮化硅（SiN）	黑色	2.1	耐热膜
氧化铟锡（ITO）	黄偏灰色	2	各种光学镀膜、触摸屏、液晶显示屏等
碳化硅（SiC）	浅黄色	2.65	原子能材料等

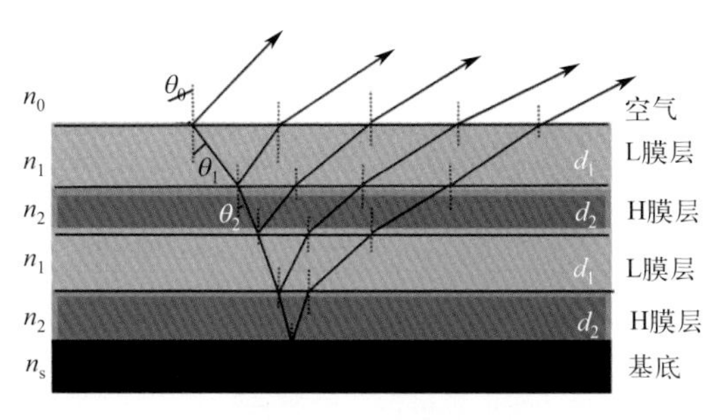

图3-17　一种常用的多层薄膜层叠结构

n—折射率；d—物理厚度

2016年，叶丽华等[49, 50]参考碧凤蝶翅膀多层结构，选用白色热轧纺粘非织造布和白色的100%桑蚕丝机织物为基底，利用磁控溅射沉积TiO_2/SiO_2多层薄膜，获得了虹彩效应的结构色。两种基底样品的溅射工艺参数相同，即靶基距为3cm，本底真空度为2×10^{-3}Pa，Ar流量为13mL/min，工作气压为5Pa，溅射功率为84W，均采用射频溅射方式。均先沉积TiO_2（n=2.55，溅射时间为2h），后沉积SiO_2（n=1.45，溅射时间为4h），并重复此层叠结构共3次［形成基底/$(TiO_2/SiO_2)^3$结构］。经多角度反射光谱和散射光谱表征与证明，制备的织物色彩是薄膜干涉和散射（两种薄膜均为非晶态）共同作用的结果，颜色具有角度依赖性，符合干涉结构色特征，随观察角度的变大，反射峰位（色相）蓝移。这两种覆膜织物由于基底不同，鲜艳度（纯度）不同，存在差异。

叶丽华[6]进一步以表3-6的溅射工艺在丝绸织物上沉积“基底/$(TiO_2/SiO_2)^n$”结构多层复合薄膜。研究发现，以先溅射TiO_2膜2h、后溅射SiO_2膜4h为1个周期，共溅射4个周期，获得的样品（B-5）颜色的饱和度、纯度较高，效果较好（图3-18）。较优的工艺条件是，靶基距为4mm，Ar流量为15mL/min，工作气压为5Pa，本底真空度为2×10^{-3}Pa，溅射功率为84W。

表3-6　溅射工艺参数[6]

样品编号	Ar流量/（mL/min）	工作气压/Pa	溅射功率/W	1个周期内溅射时间/h	溅射周期/个
B-1	13	2	50	先TiO_2 7h；后SiO_2 5h	9
B-2	13	5	84	先TiO_2 7h；后SiO_2 5h	4

续表

样品编号	Ar 流量 /（mL/min）	工作气压 /Pa	溅射功率 /W	1 个周期内溅射时间 /h	溅射周期 / 个
B-3	13	5	84	先 TiO_2 5h；后 SiO_2 7h	4
B-4	13	5	84	先 TiO_2 1h；后 SiO_2 3h	4
B-5	15	5	84	先 TiO_2 2h；后 SiO_2 4h	4

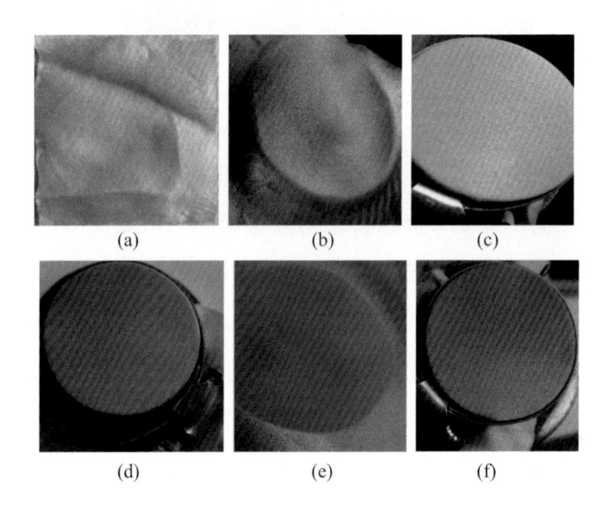

图 3-18 丝绸机织布原样与溅射沉积多层薄膜样品的外观颜色[6]

（a）丝绸机织布原样；（b）B-1 样；（c）B-2 样；（d）B-3 样；（e）B-4 样；（f）B-5 样

第 1 章内容已提到，多层薄膜干涉光强与薄膜各层的光学厚度（物理厚度 × 折射率）有关。制备薄膜干涉结构色纺织品，需要综合考虑薄膜折射率、基底纺织品自身的折射率以及是否使用减反射或增反射膜（涉及半波损失问题）的薄膜结构问题。根据前面光学原理的理解，这个多层膜［基底 /（TiO_2/SiO_2）^{n}］是增透膜的结构，因而制备的结构色的反射率不高，即颜色亮度不足，而且纯度不高（图 3-19）。

2021 年，黄美林[51]在叶丽华研究的基础上，调整了两层高低折射率薄膜的堆叠顺序，以丙纶非织造布为基底制备了增反射膜结构的［TiO_2/SiO_2］^{k} 复合结构（简称 TSk）薄膜（k=2，3，4，5），以及分别以丙纶非织造布（PP-ST3）和涤纶机织布（PET-ST3）为基底的［SiO_2/TiO_2］^{3} 复合结构薄膜（表 3-7[52]），讨论了层叠结构与循环周期对样品相关光学特性的影响（图 3-20）。

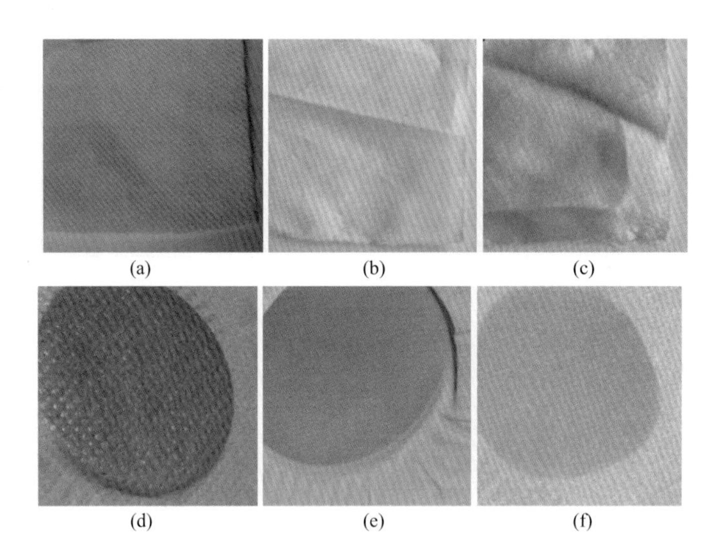

图 3-19　三种不同布料原样与沉积多层薄膜后样品的外观颜色[6]

（a）丙纶非织造布原样；（b）涤纶机织布原样；（c）丝绸机织布原样；（d）镀膜后丙纶非织造布；（e）镀膜后涤纶机织布；（f）镀膜后丝绸机织布（以上 3 种基底的溅射工艺相同：靶基距为 4mm，本底真空度为 2×10^{-3}Pa，Ar 流量为 15mL/min，工作气压为 5Pa，溅射功率为 84W ；先溅射 TiO_2 膜 2h、后溅射 SiO_2 膜 4h 为 1 个周期，共溅射 3 个周期）

表 3-7　溅射工艺参数及薄膜结构、厚度[52]

样品编号	薄膜结构	双层膜的循环周期数（k）	复合膜总厚度 /nm
PP-TS2	PP-NW/$[TiO_2/SiO_2]^2$	2	400
PP-TS3	PP-NW/$[TiO_2/SiO_2]^3$	3	600
PP-TS4	PP-NW/$[TiO_2/SiO_2]^4$	4	800
PP-TS5	PP-NW/$[TiO_2/SiO_2]^5$	5	1000
PP-ST3	PP-NW/$[SiO_2/TiO_2]^3$	3	600
PET-ST3	PET-W/$[SiO_2/TiO_2]^3$	3	600

制备的“丙纶非织造布基底 / $[TiO_2/SiO_2]^k$”结构薄膜随着双层膜循环周期数 k 数值（k=2，3，4，5）的增加，颜色发生变化，如图 3-20（a）[52]所示。可以看到，随着 k 数值的增加，可见光波长范围内出现的反射峰个数也依次增加，说明可见光范围内不同波长的光入射到不同循环周期数的多层膜时产

生相长干涉的强峰个数不一样，符合干涉结构色的反射曲线为一系列正弦式曲线[49]。而且，样品色彩随观察角度的变化而变化，确认是干涉结构色。

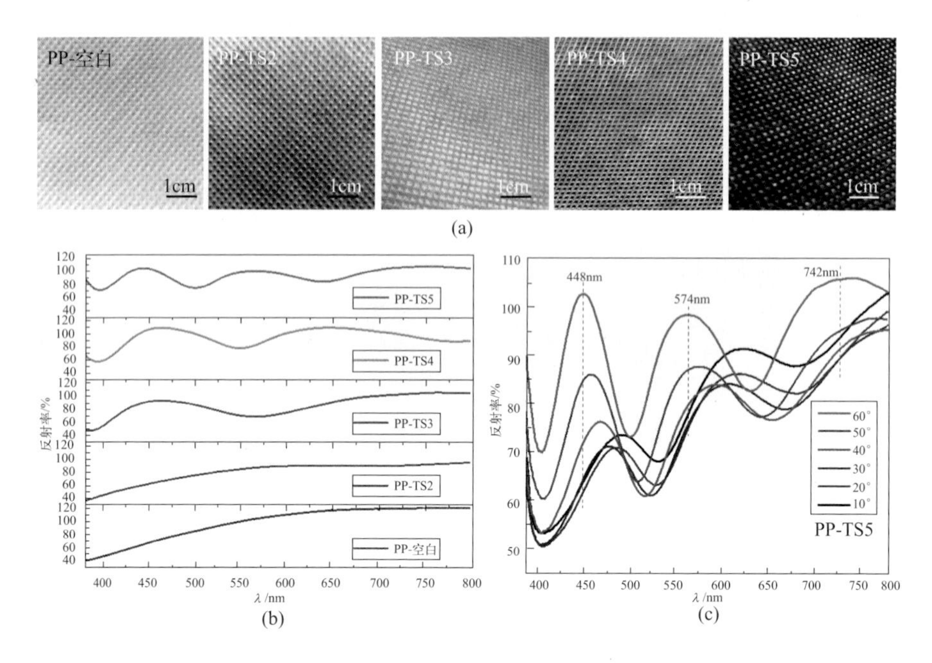

图 3-20 丙纶非织造布基底 / [TiO_2/SiO_2] ^{k} 结构薄膜颜色及其相对反射率（k=2，3，4，5）[52]

（a）各样品外观颜色；（b）各样品反射率谱图（入射角为 60°）；（c）PP-TS5 的多角度反射率谱图

镀膜后织物颜色的色调与膜厚（光学厚度）和入射角度（或观察角度）有关，膜厚的均匀性又直接影响色调或色泽的一致性，而薄膜的透明度则决定了色彩的纯度和亮度[53]。纳米薄膜的折射率和消光系数（或吸收率）密切影响显色效果。光学厚度（折射率 × 薄膜物理厚度）在一定范围内才能满足相长干涉的条件使反射率或亮度增大。而薄膜对可见光的吸收影响反射光的强度，吸收越小反射越大，干涉现象可能越明显，薄膜呈现出来的可能就是反射光相长干涉形成的结构色。因此，很大程度上要考虑薄膜对光的吸收来判断呈现的颜色是干涉结构色还是膜材与基底本征的吸收色。

图 3-20（b）中 PP-TS2 的反射率比 PP- 空白的低，因而外观颜色的亮度低一点。从图 3-20（a）中可以看到，样品呈现的结构色在同一张图片中不同

位置存在区别，这正是由于观察角度（亦是入射角度）不一致，表现出虹彩效应，亦符合结构色的规律。同时，［TiO_2/SiO_2］^{k} 结构薄膜似乎是透明的，影响颜色色彩的纯度和亮度。图 3-20（c）是 PP-TS5 样品的多角度反射率谱图，其双层膜的循环周期数为 5，而反射率曲线上出现了 3 个强峰，分别对应 448nm、574nm 和 742nm，即这三个波长的光入射到此多层薄膜后的反射光均产生了相长干涉。另外，PP-TS2 样品的最强反射峰位约为 625nm；PP-TS3 的约为 467nm 和 774nm；PP-TS4 的约为 464nm 和 647nm。

PP-ST3 样品和 PET-ST3 样品的反射率曲线的最强峰位均随着入射角的增大向波长短的方向移动，即发生蓝移。这同样说明样品色彩具有结构色特性之一的虹彩效应，因而这些颜色是干涉结构色。这种反射率曲线中最强反射峰和峰位随入射角度变大而蓝移的现象，符合式（3-1）的表述，当 θ 从 0° 增加到 60° 时，$\cos\theta$ 值变小（从 1 到 0.5），发生相长干涉的光波的波长变短，即反射率最大处对应的波长向短波长方向移动，即反射波峰发生蓝移。式中，d_A 和 d_B 分别是单层 SiO_2 膜和 TiO_2 膜的物理厚度；n_A、n_B 和 n_s 分别是 SiO_2 膜、TiO_2 膜和基底织物的折射率；θ 是可见光的入射角（或观察者的观察角）；k 是双层膜层叠周期数；λ 是结构色反射光的波长；m 为常数。

$$2k(n_A d_A + n_B d_B)\cos\theta + \frac{\lambda}{2} = m\lambda\ (n_s n_A < n_B,\ \theta=60°,\ m=1, 2\cdots) \tag{3-1}$$

对比“基底 /［TiO_2/SiO_2］^{k}”结构薄膜与“基底 /［SiO_2/TiO_2］^{k}”结构薄膜，基于增透膜结构的“基底 /［TiO_2/SiO_2］^{k}”复合薄膜的循环周期为 2 ～ 6 时，各样品的相对反射率最大在 110% 范围内（θ=60°）；而图 3-21 表明，基于增反膜结构的“基底 /［SiO_2/TiO_2］^{k}”复合薄膜在循环周期为 3 时，最大相对反射率已达到 270%（θ=60°）。通过理论计算，STk 膜的反射率大于 TSk 膜。PP-TS3 样品、PP-ST3 样品和 PET-ST3 样品的反射率分别为 81.73%、91.32% 和 91.9%，说明两种结构使可见光的反射率有区别，“基底 /［SiO_2/TiO_2］^{k}”复合薄膜能获得更高的反射率。针对这两种复合薄膜结构（2k 结构，而非 2k+1 结构），相同循环周期和相同基底的［SiO_2/TiO_2］^{k} 复合薄膜的反射率比［TiO_2/SiO_2］^{k} 复合薄膜的高，折射率较大的涤纶基底样品又比折射率较小的丙纶基底样品的反射率高。对于增反结构的 PP-ST3 样品和 PET-ST3 样品，后者涤纶基底的折射率比前者大，因而反射率也比较大。

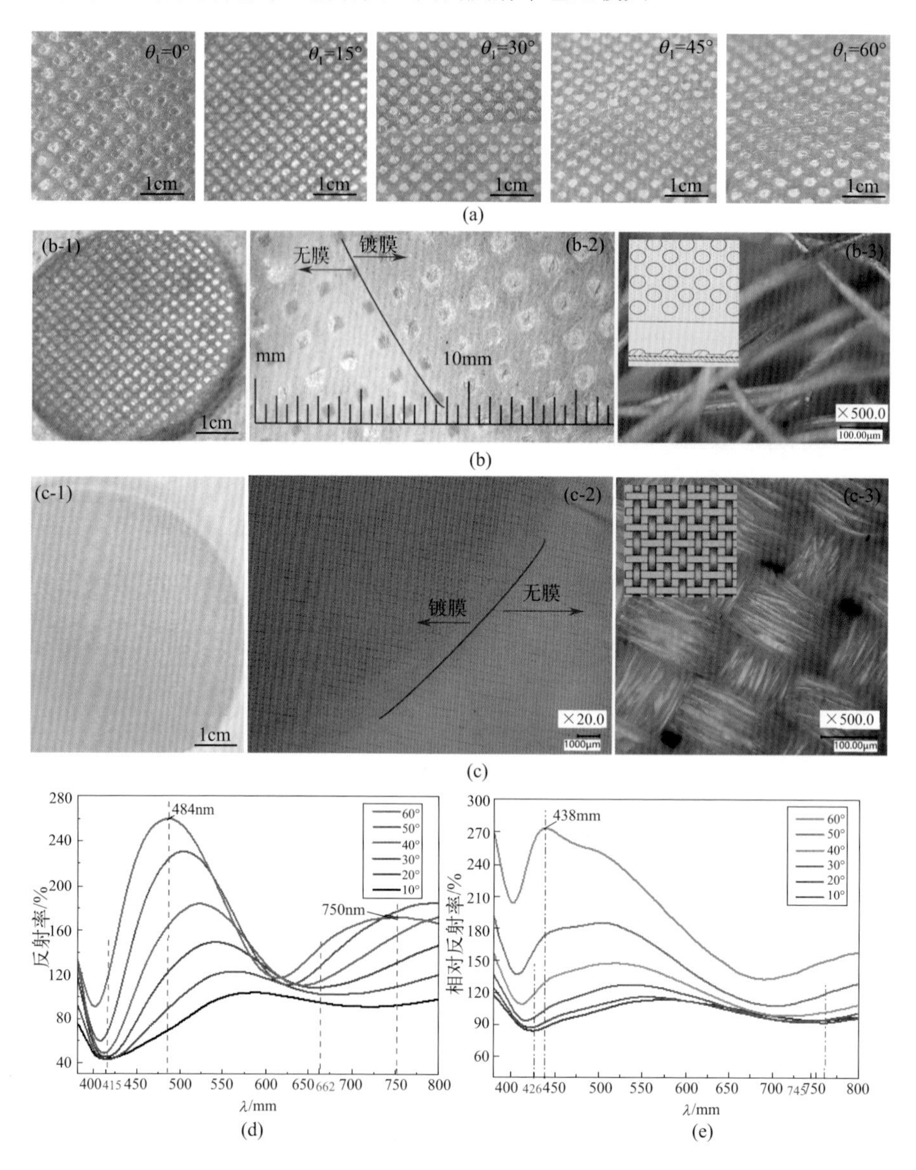

图 3-21 PP 非织造布和 PET 机织布基底 /［SiO_2/TiO_2］3 结构薄膜的结构色与多角度反射率光谱[52]

（a）PP 基底 /［SiO_2/TiO_2］3 结构薄膜不同角度下的结构色；（b）PP 基底 /［SiO_2/TiO_2］3 结构薄膜的结构色（分图 1 ～ 3 为不同倍数下的结构色）；（c）PET 基底 /［SiO_2/TiO_2］3 结构薄膜的结构色（分图 1 ～ 3 为不同倍数下的结构色）；（d）PP 基底 /［SiO_2/TiO_2］3 结构薄膜的多角度光谱；（e）PET 基底 /［SiO_2/TiO_2］3 结构薄膜的多角度光谱

另外，多层膜样品的紫外线防护性能随堆叠周期增加而增加，直接归因于对紫外线甚至可见光的反射率增加。PP 原始样品和 PET 原始样品的 UPF 分别为 9.84 和 51.60，PP-ST3 和 PET-ST3 的 UPF 分别为 746.96 和 1124（图 3-22）。具有结构色效应的增反膜使样品获得了优异的紫外线防护性能。这一研究为沉积多层复合薄膜制备结构色的物理结构调控、探讨溅射沉积工艺等研究积累了理论和实践经验。

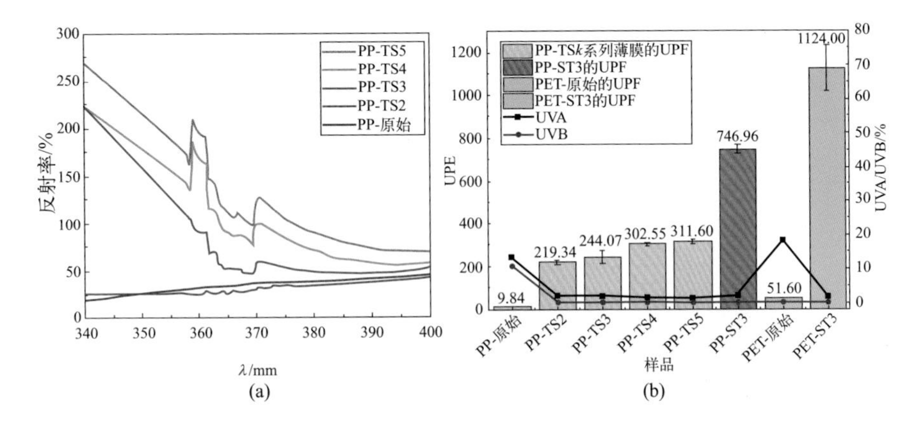

图 3-22　各 PP 非织造布样品在 340 ~ 400nm 波长范围内的反射率（a）和各 PP 非织造布、PET 机织物样品的紫外防护性能（b）[52]

3.4.2　TiO_2/Cu/TiO_2 复合薄膜

2018 年，姜绶祥等[54]采用磁控溅射技术沉积不同厚度的 Cu 膜制备了 TiO_2/Cu/TiO_2（TCT）三明治结构的彩色覆膜聚酯织物。底层和面层的 TiO_2 膜的溅射工艺参数是：溅射功率为 150W，Ar 和 O_2 的流量分别为 250mL/min 和 110mL/min，工作气压为 0.6Pa，溅射时间为 120min。沉积 Cu 膜时，溅射功率为 100W，Ar 的流量为 110mL/min，工作气压为 0.24Pa。4 个样品的溅射时间分别为 5min、10min、20min 和 30min，依次标记为 TCT-5、TCT-10、TCT-20 和 TCT-30。其他工艺相同，包括本底真空度为 5×10^{-4}Pa、靶基距为 10cm。

底层和面层的 TiO_2 膜厚度均为50nm，4个样品的Cu膜因溅射时间不等其厚度为55～200nm。由于Cu膜厚度（溅射时间）不同，TCT-5、TCT10、TCT-20和TCT-30分别为黄绿色、黄色、黄红色和黄紫色（图3-23）。不同的颜色可能是由聚酯织物上TCT涂层中激发的局部表面等离子体共振以及 TiO_2 和Cu薄膜的干涉引起的。

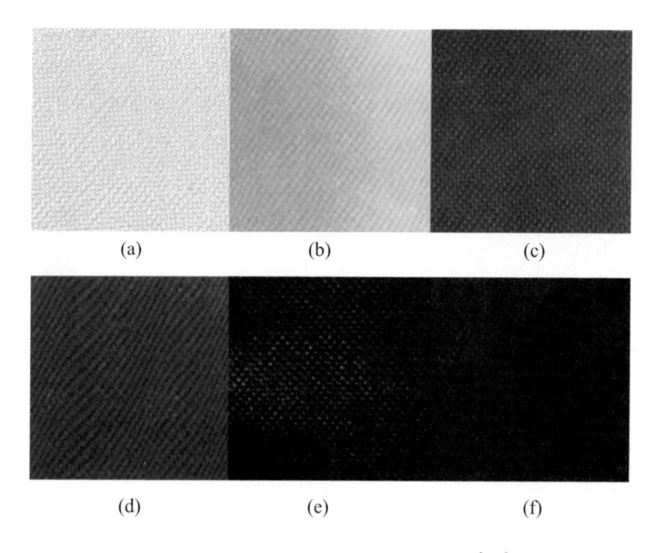

图3-23　聚酯织物覆膜前后的颜色[54]

（a）原始聚酯织物；（b）TiO_2 覆膜织物；（c）TCT-5；（d）TCT-10；（e）TCT-20；（f）TCT-30

另外，将织物样品放置在手臂的皮肤表面［充当红外线（IR）源］进行红外防护功能测试。未经处理的织物的温度接近人体的温度，TCT覆膜织物的温度远低于人体的温度而更接近环境的温度。这意味着未经处理的织物不能阻挡从人体发出的IR，而TCT涂层织物能够更有效地阻挡IR。实验表明，织物的温度随着Cu涂覆时间的增加而降低。其中，黄紫色样品［TCT-30，TiO_2（50nm）/Cu（200nm）/TiO_2（50nm）］表现出较高的红外（主要为8～14μm）反射率（约30%），而未处理织物的红外反射率为5%～10%，表明TCT-30样品具有非常好的红外防护和隐身性能（图3-24）。与未经处理的织物相比，TCT涂层织物的UV透射率降低了30%，表现出优异的紫外线防护性能、良好的附着力和柔软性。这种 TiO_2/Cu/TiO_2 覆膜织物可应用于具有红外隐身、日光管理和户外防护等功能的纺织品中。

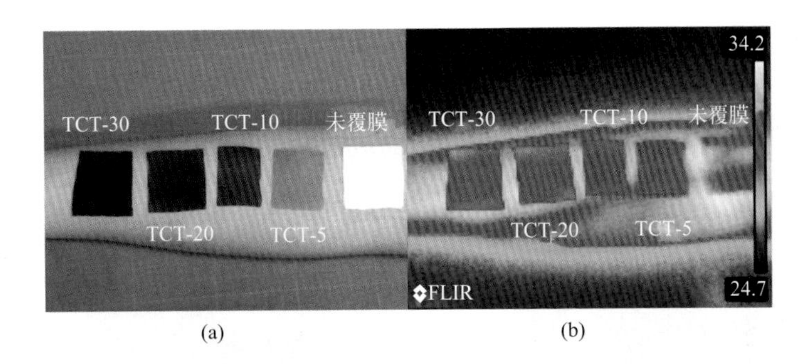

图3-24　TCT覆膜织物的数字图像（a）和红外热成像（b）[54]

3.5　工业化磁控溅射设备制备结构色纺织品的情况

有部分专利涉及利用磁控溅射法在纱线或织物表面进行镀膜实现结构色，如“应用于纺织品彩色渐变磁控溅射卷绕镀覆的方法”[55-58]。王银川借助磁控溅射将各种金属原子沉积在聚酰亚胺纤维表层，纤维外层形成丰富的颜色；苏喜林则用磁控溅射技术在纺织基材上镀上各种合金，得到橙色、蓝色、紫色等结构色，以及纯色之间的渐变色；姜绶祥在磁控溅射法的基础上采用卷绕镀膜方法使织物产生渐变色彩。

利用磁控溅射方法实现纺织品结构色的产业化应用很少。广东欣丰科技有限公司正在尝试工业化应用和研究，推出的“纳米生色技术”就是利用大型真空镀膜设备将金属材料（如钛、锌、铁、银、镁等）或/及金属氧化物、半导体材料（或陶瓷）、非金属材料转化为复合纳米粒子，溅射沉积到织物表面，利用光干涉和散射形成金属色、结构色或相关图案[59]。广东欣丰科技有限公司已建成世界上首条在多孔隙柔性基材（主要为纺织品）上可实现大面积复杂膜层均匀沉积的生产线，达到小批量生产水平[60]。北京斐摩科技有限公司已实现独特的金属色、渐变色、炫彩色、角度色等结构色纺织品的制备，为时尚界提供全新的设计灵感和独特的审美视角（部分产品见图3-25和

图3-26)。

图3-25 北京斐摩科技有限公司利用"纳米生色技术"制造的产品[60]

图3-26 利用磁控溅射覆膜技术制备的结构色纺织品[60]

总体来说，磁控溅射具有基体温度低（不损伤纺织基材）、溅射沉积效率高、成膜质量纯、适合大面积生产的特点。虽然已有部分企业将磁控溅射法制备结构色纺织品实现批量生产和工业化应用，但设备要求高、靶材价格高导致加工成本高，还有部分核心技术问题有待解决，导致产业化应用推进缓慢。

3.6 本章小结

磁控溅射覆膜法创新性地利用真空沉积技术将可控纳米膜层结构生色技术应用于纺织品的着色，根据纳米膜层对光线的干涉和吸收差异实现不同的颜色。相较于传统以水为媒介的色素材料染色的着色方法，磁控溅射技术在沉积薄膜制备纺织品结构色方面具有易于调控、沉积效率高、制备过程绿色环保等显著优点，改变了传统染整色素色着色机理，避免了传统染色对化工染料和化学试剂的大量需求，着色过程不产生污水、污泥和废气，是一种无水、节能、无污染及零排放的绿色纺织染整技术，为染整行业升级提供了全新的出路。

单层薄膜方面，获得的颜色可能是吸收色（包括金属色）或结构色，亦可能是这两者综合后的效果。通过沉积单层材料（如金属、半导体或陶瓷等）产生的大多数颜色都是具有金属效果的吸收色，尽管它们也表现出薄膜结构色的一些特征。不同的溅射程序会影响膜的厚度、成分、相对含量和涂层后的颜色。基材织物的种类、结构和基色，以及薄膜的表面形态和结晶度都会影响最终的颜色。

双层薄膜方面，先在织物基底上溅射沉积一层金属作反射层，然后再溅射沉积金属氧化物介质作为光学干涉/吸收层，利用金属薄膜的反射以及透明金属氧化物薄膜的透射和反射形成光程差产生干涉结构色。外层膜的厚度影响样品的色调，符合薄膜干涉原理；薄膜材料对可见光的吸收（吸收色）、薄膜（织物）表面的散射等对最终颜色也有影响。

多层薄膜方面，根据各层薄膜材料的折射率选择合适的聚合物、金属或金属化合物成分的薄膜，有足够的层叠数量，并且精确计算和控制每层的厚度，就可以得到一定的颜色。多层膜的干涉光强度与每层的光学厚度有关，并且需考虑使用减反射或增反射的薄膜结构。前述内容已提到，干涉结构色具有虹彩效应，一方面是因为薄膜厚度的变化，使同一入射方向的可见光因薄膜厚度不同产生的光程差不同，产生相长干涉的光线波长发生变化，从而使颜色色调变化；另一方面是因为薄膜厚度不变，可见光的入射角度发生变化（或者是观察者观察的角度变化），因而反射光的光程差也发生变化，相长干涉的光线波长也发生变化，从而显现颜色变化。从多层结构的干涉现象来理解，调节结构色的三种机制因素是薄膜的特性（厚度与折射率）、周期性薄膜结构和入射光角度。还有就是，改变两种膜材的折射率之比或膜层堆叠的层数，以提高反射率即光强，提高颜色的亮度或鲜艳度。最终，只要正确选择一定折射率的基底和薄膜材料，设计一定的多层结构，仔细控制每一膜层的光学厚度，使每一层都能产生相长干涉，最终就能获得相应的结构色。

总而言之，采用磁控溅射法利用薄膜干涉获得的不同的结构色织物，具有丰富、绚丽、时尚的色彩，在兼顾与普通织物相当的透气性和透湿性的同时，还能够兼具如防静电、防紫外线辐射、防水和抗菌等性能，可应用于纺织服装、家装及装饰、智能可穿戴品、智慧医疗产品、航天材料等领域。但是，制备色调明亮的、结构稳定的结构色纺织品仍然具有挑战性。大多数研究还处于实验室阶段，离工业化还有一定的距离。大批量的织物结构着色的工业应用及相关生产设备和技术仍需进一步研究，还有诸如具体的溅射工艺与薄膜结构设计、生色显色机理、色彩调控规律、色彩稳定性以及相关功能性等关键科学问题和技术需进一步深入探讨，相关评价标准、生产标准还有待完善。简言之，研究人员仍面临许多挑战。现综合可能的不足，提出今后可能的发展方向，详述如下。

① 生色着色机理、色彩调控机制尚未研究透彻，还未能做到颜色的精准调控。由柔性聚合物（高分子）制成的纺织品的粗糙表面区别于玻璃、刚性金属五金件等的平整表面，现有的基于刚性材料表面的光学薄膜的理论模型不完全适用。纺织材料粗糙不平整表面的结构生色还受到如粗糙度、孔隙率、表面形态等的影响，这些因素使纺织品结构生色更具挑战性。还需要进一步研究来揭示复杂的着色机理，探讨薄膜结构、元素组分及相对含量与颜色、特性之间的关系问题。有必要讨论基底纺织品的原始颜色的影响，以及可见光对镀膜纺织品颜色的吸收、透射和反射等对最终颜色的影响。

② 现有的研究缺乏对薄膜结构的系统设计，还需要通过大量的实验来确定单层、双层或多层结构薄膜的颜色的显色边界条件，或通过建立光学模型进行模拟仿真，找到颜色的影响规律，并确定薄膜结构。目前的研究还不能

根据市场对特定颜色的需求制作出对应的结构色，还需确定精确的生产工艺和控制程序针对性地去调整这些薄膜结构，以实现颜色的精准调控（色相、亮度和纯度的精准控制）和颜色色调的层次、体系的优化，实现广泛的色彩空间，做到颜色可定制。

③ 薄膜与基底纺织物的结合牢度、显色微纳结构的持久性等还需进一步研究改进，以提高织物金属色或结构色的稳定性，并保持原织物的服用性能。因基底纺织材料不耐热，在溅射沉积薄膜时不能让衬底温度太高，因而沉积的膜可能不具有适当的牢度。应对更多的样品在摩擦（干湿摩擦、汗渍、皂洗等）牢度、日晒（或气候）牢度等方面进行深入研究，探讨镀膜前工艺和后整理工艺来加强颜色的稳定性与耐久性。另外，大多数金属形成的膜层会和空气中氧气发生化学反应，导致结构色发生变化，还需要科研人员进一步研究以提高结构色的稳定性。

④ 在实现织物的结构色的同时，还应考虑各种功能特性，如抗紫外、防红外（加热或屏蔽）、抗静电、导电、抗菌、电磁屏蔽、服用舒适性等，甚至还有湿敏、温控、压力响应、过滤、吸波吸声等特殊功能，扩大结构色纺织物在服装、装饰及产业中的应用范围。

⑤ 探讨更环保、更安全的制备工艺，应尽可能少用或不用可能会对人体造成危害的重金属（如铜）作为薄膜材料，采用更广泛的合适的靶材，如采用环保可降解的纤维素[61]、聚乳酸（PLA）等作为薄膜材料。

⑥ 目前大多数的研究以化学纤维如涤纶织物或者丝绸织物为基底制备结构色，这些纤维表面光滑，截面多为圆形，光学性能较优，较容易产生干涉结构色。还应扩大不同材质（如更常用的棉、毛、麻等截面不规则的天然纤维）、不同织造方法［如机织、针织（纬经、经编）、非织造］、不同组织结构的纺织物作为基底材料进行结构色制备的适应性，并根据不同基底纺织品选择合适的溅射生色工艺。

⑦ 目前的制备工艺较为复杂，如要求干涉效果足够好或反射率足够高，则需溅射多层薄膜，制备比较困难。应寻找更方便、效率更高的镀膜沉积工艺，简化或缩短整个加工流程，提高生产效率、降低加工成本。

⑧ 进一步研究和开发大批量、大面积、连续性的织物结构着色的工业化

应用方案以及相关生产设备和技术。一般实验用真空溅射设备不适合用于大卷装大幅宽的纺织布料的加工，需要订制或改造现有设备，加大真空室，以实现纺织布料大面积溅射薄膜的连续式生产。另外，新型的磁控溅射技术，像高功率脉冲、自溅射、高速溅射技术等有待进一步应用到纺织品结构生色中。

⑨ 进一步研究制定和完善金属或结构色纺织品的生产标准、产品标准及评价标准，全面考虑相关产品的安全性。

⑩ 溅射覆膜法结构着色是绕过传统染料染色的一种创新方式，但它可能无法取代传统染色工艺，应考虑将结构着色与传统有机染料染色相结合。一方面，尽量减少传统染色方法的使用，以节约能源、减少碳排放和减少污染；另一方面，应充分利用和发挥溅射覆膜法结构着色的优点，解决传统染色工艺难以着色的某些问题，如芳纶、碳纤维的着色，还有在传统染色基础上对颜色增深、消色等[62]。

参考文献

［1］Qadir M，Li Y，Wen C. Ion-substituted calcium phosphate coatings by physical vapor deposition magnetron sputtering for biomedical applications : A review［J］. Acta Biomater，2019，89：14-32.

［2］Huang Meilin，Cai Zhen，Wu Ying zhu，et al. Metallic coloration on polyester fabric with sputtered copper and copper oxides films［J］. Vacuum，2020，178：109489.

［3］黄美林，鲁圣国，杜文琴，等 . 磁控溅射法制备柔性纺织面料基纳米薄膜的研究与进展［J］. 真空科学与技术学报，2017，37（12）：1194-1200.

［4］黄美林，任永聪，梁竞鹏，等 . 磁控溅射工艺对沉积丙纶无纺布基底金属薄膜的影响［J］. 真空科学与技术学报，2019，39（1）：1-7.

［5］Xie Yifeng，Liu Junying，Li Yuhang.Manufacture and application of optical functional films［M］. Chemical Industry Press（China），2012.

［6］叶丽华 . 磁控溅射织物结构色的研究［D］. 江门：五邑大学，2015.

［7］戴达煌，代明江，侯惠君 . 功能薄膜及其沉积制备技术［M］. 北京：冶金工业出版社，2013.

［8］Wei Cui. Overview of the metallic color trend has been set off in the four major international fashion weeks since the 21st century［J］. Popular color，2014（10）：36-41.

［9］Huang Xinmin，Meng Lingling，Wei Qufu，et al. Morphology and properties of nanoscale copper films deposited on polyester substrates [J] . International Journal of Clothing Science and Technology, 2014, 26 (5): 367-376.

[10] Huang Hong, Li Hua, Wang Aijun, et al. Green synthesis of peptide-templated fluorescent copper nanoclusters for temperature sensing and cellular imaging [J] . The Analyst, 2014, 139 (24): 6536-6541.

[11] Ching W Y, Xu Y N, Wong K W. Ground-state and optical properties of Cu_2O and CuO crystals [J] . Phys Rev B Condens Matter, 1989, 40 (11): 7684-7695.

[12] Ali M, Gobinner C R, Kekuda D. Role of oxygen flow rate on the structural and optical properties of copper oxide thin films grown by reactive magnetron sputtering [J] . Indian J Phys, 2015, 90 (2): 219-224.

[13] Xia Changlei, Ren Han, Shi Sheldon Q, et al. Natural fiber composites with EMI shielding function fabricated using VARTM and Cu film magnetron sputtering [J] . Appl Surf Sci, 2016, 362: 335-340.

[14] Lv Pengfei, Wei Anfang, Wang Yiwen, et al. Copper nanoparticles-sputtered bacterial cellulose nanocomposites displaying enhanced electromagnetic shielding, thermal, conduction, and mechanical properties [J] . Cellulose, 2016, 23 (5): 3117-3127.

[15] Yip Joanne, Jiang Shouqiang, Wong Chris. Characterization of metallic textiles deposited by magnetron sputtering and traditional metallic treatments [J]. Surf Coat Technol, 2009, 204 (3): 380-385.

[16] Miao Dagang, Jiang Shouxiang, Liu Jie, et al. Fabrication of copper and titanium coated textiles for sunlight management [J] . Journal of Materials Science Materials in Electronics, 2017, 28 (13): 9852-9858.

[17] Perelshtein I, Applerot G, Perkas N, et al. CuO–cotton nanocomposite : Formation, morphology, and antibacterial activity [J] . Surf Coat Technol, 2009, 204 (1): 54-57.

[18] Anita S, Ramachandran T, Rajendran R, et al. A study of the antimicrobial property of encapsulated copper oxide nanoparticles on cotton fabric [J] . Text Res J, 2011, 81 (10): 1081-1088.

[19] Rani K Vinisha, Sarma Bornali, Sarma Arun. Plasma sputtering process of copper on polyester/silk blended fabrics for preparation of multifunctional properties [J] . Vacuum, 2017, 146: 206-215.

[20] Scholz J, Nocke G, Hollstein F, et al. Investigations on fabrics coated with precious metals using the magnetron sputter technique with regard to their anti-microbial properties [J] . Surf Coat Technol, 2005, 192 (2): 252-256.

[21] Topp Kristin, Haase Hajo, Degen Christoph, et al. Coatings with metallic effect pigments for antimicrobial and conductive coating of textiles with electromagnetic shielding properties [J] . Journal of Coatings Technology&Research, 2014, 11 (6): 943-957.

[22] Giannossa Lorena Carla, Longano Daniela, Ditaranto Nicoletta, et al. Metal nanoantimicrobials for textile applications [J] . Nanotechnology Reviews, 2013, 2 (3): 307-331.

[23] Full metal jacket [EB/OL] . https : //www.vollebak.com/product/full-metal-jacket-black/. 2021-2-19.

[24] Zhen Cai. Preparation and color fastness of magnetron sputtering colored fabrics [D] .

Jiangmen : Wuyi University，2018.

［25］Huang Meilin，Lu Shengguo，Zhou Junjian，et al. Metallic coloration with Cu/CuO coating on polypropylene nonwoven fabric via a physical vapor deposition method and its multifunctional properties［J］. J Text I，2021，113（7）：1345-1354.

［26］Nosaka Toshikazu，Yoshitake Masaaki，Okamoto Akio，et al. Copper nitride thin films prepared by reactive radio-frequency magnetron sputtering［J］. Thin Solid Films，1999，348（1-2）：8-13.

［27］赵杨华. 磁控溅射制备 3D 过渡金属掺杂氮化铜薄膜及其应用研究［D］. 南京：南京邮电大学，2016.

［28］杨建波. 3D 过渡金属掺杂氮化铜薄膜的制备及应用研究［D］. 南京：南京邮电大学，2015.

［29］Yuan Zuobin，Zuo Anyou，Li Xingao. Study on the Al doped Cu_3N films prepared by magnetron sputtering［J］. Jorunal of Functional Materials，2017，48（5）：5180-5184.

［30］Sang Ok Chwa，Keun Soo Kim，Kwang Ho Kim. Synthesis and properties of CuN_x thin film for Cu/ceramics bonding［J］. The Korean Journal of Ceramics，1998，4（3）：222-226.

［31］Monzer Maarouf，Muhammad Baseer Haider，Mohammed Fayyad Al-Kuhaili，et al. Negative magnetoresistance in iron doped TiN thin films prepared by reactive magnetron sputtering［J］. J Magn Magn Mater，2020，514：167235.

［32］Lu Guiyun，Yu Lihua，Ju Hongbo，et al. Influence of nitrogen content on the thermal diffusivity of TiN films prepared by magnetron sputtering［J］. Surf Eng，2020，36（2）：1-7.

［33］Wu Kai，Zhang Junfang，Yang Chao. Preparation and properties of oxygen-doped colored TiN film［C］. proceedings of the National College Student Innovation Forum，Nanjing，China，2009:182-185.

［34］何菲. 磁控溅射制备改性 TiO_2 薄膜及其光催化还原性能的研究［D］. 南京：东南大学，2016.

［35］Kuo Yulin. Study on the photocatalytic activity and hydrogen production efficiency of visible light $TiON_x$ photocatalyst film ; proceedings of the The 10th Cross-Strait Thin Film Technology Symposium，F 2014-10-30.

［36］何峰，周国方，谢锋，等. 一种 TiON 薄膜压力传感器及其制备方法［P］. 中国，CN201810538101.2［P/OL］. 2018-11-13.

［37］Huang Meilin，Wu Yingzhu，Liu Zhikai，et al. Metallic coloration and multifunctional preparation on fabrics via nitriding reactive sputtering with copper and titanium targets［J］. Vacuum，2022，202：111177.

［38］Nezhad Elham Haratian，Haratizadeh Hamid，Kari Behrouz Mohammad. Influence of Ag mid-layer in the optical and thermal properties of ZnO/Ag/ZnO thin films on the glass used in Buildings as insulating glass unit（IGU）［J］. Ceram Int，2019，45（8）：9950-9954.

［39］Daouda K Diop，Lionel Simonot，Juan Martínez-García，et al. Spectral and color changes of Ag/TiO_2 photochromic films deposited on diffusing paper and transparent flexible plastic substrates［J］. Appl Spectrosc，2016，71（6）：1271-1279.

［40］Yuan Xiaohong，Wei Qufu，Chen Dongsheng，et al. Electrical and optical properties of polyester fabric coated with Ag/TiO_2 composite films by magnetron sputtering［J］. Text Res J，2015，86（8）：887-894.

[41] Yuan X H，Xu W，Huang F，et al. Structural colour of polyester fabric coated with Ag/TiO_2 multilayer films [J]. Surf Eng，2016，33（3）：231-236.
[42] Yuan Xiaohong，Xu Wenzheng，Huang Fenglin，et al. Structural colors of fabric from Ag/TiO_2 composite films prepared by magnetron sputtering deposition [J]. International Journal of Clothing Science and Technology，2017，29（3）：427-435.
[43] Yuan Xiaohong，Yin Wei，Ke Huizhen，et al. Properties and application of multi-functional and structurally colored textile prepared by magnetron sputtering [J]. J Ind Text，2020，51（8）：1295-1311.
[44] Yuan X H，Ye Y，Lian M，et al. Structural coloration of polyester fabrics coated with Al/TiO_2 composite films and their anti-ultraviolet properties [J]. Materials（Basel），2018，11（6）：1011.
[45] Yuan Xiaohong，Xu Wenzheng，Huang Fenglin，et al. Polyester fabric coated with Ag/ZnO composite film by magnetron sputtering [J]. Appl Surf Sci，2016，390：863-869.
[46] Yuan Xiaohong，Wei Qufu，Ke Huizhen，et al. Structural color and photocatalytic property of polyester fabrics coated with Ag/ZnO composite films [J]. International Journal of Clothing Science and Technology，2019，31（4）：487-494.
[47] Zhang X，Jiang S，Cai M，et al. Magnetron sputtering deposition of Ag/Ag_2O bilayer films for highly efficient color generation on fabrics [J]. Ceram Int，2020，46（9）：13342-13349.
[48] Luo Hao，Li Qiang，Du Kaikai，et al. An ultra-thin colored textile with simultaneous solar and passive heating abilities [J]. Nano Energy，2019，65：103998.
[49] 叶丽华，杜文琴. 结构色织物的光学性能 [J]. 纺织学报，2016，37（8）：83-88.
[50] 叶丽华，杜文琴. 磁控溅射工艺参数对涤纶织物结构色出色效果的影响 [J]. 五邑大学学报（自然科学版），2015，29（3）：16-22.
[51] 黄美林. 磁控溅射沉积法在纺织布料上制备金属色和结构色纳米薄膜以及相关特性的研究 [D]. 广州：广东工业大学，2021.
[52] Huang Meilin，Wu Yingzhu，Lu Shengguo. Structural coloration and ultraviolet protective fabrication on fabrics coated with SiO_2/TiO_2 multilayer films via a magnetron sputtering method [J]. J Ind Text，2022，52：15280837221114636.
[53] Ren Yongchong，Huang Meilin，Wang Xiaoru，et al. Influence of sputtering pressure of radio frequency magnetron sputtering on the surface coating of polyester fabric [J]. Journal of Wuyi University（Natural Science Edition），2017（4）：66-69.
[54] Peng Linghui，Jiang Shouxiang，Guo Ronghui，et al. IR protection property and color performance of TiO_2/Cu/TiO_2 coated polyester fabrics [J]. Journal of Materials Science：Materials in Electronics，2018，29（19）：16188-16198.
[55] 王银川，余荣沾，张欣，等. 一种纺纱线的生态着色方法：CN108316012A [P/OL]. 2018-02-05.
[56] 王银川，余荣沾，刘琼溪，等. 一种生态着色的聚酰亚胺：CN108193488A [P/OL]. 2018-02-05.
[57] 王银川，余荣沾，刘琼溪，等. 一种能使聚酰亚胺着色的方法：CN108048808A [P/OL]. 2018-01-16.
[58] 姜绶祥，江红，余荣沾. 应用于纺织品彩色渐变磁控溅射卷绕镀覆的方法：CN104389158A

［P/OL］. 2014-11-28.
［59］刘琼溪，张欣，余荣沾 . 纳米生色技术的原理与优势［J］. 染整技术，2019，41（2）：3-6.
［60］广东粤港澳大湾区国家纳米科技创新研究院 . 纳米表面处理项目［EB/OL］.
［61］Xu Chenglong，Huang Chongxing，Huang Haohe. Recent advances in structural color display of cellulose nanocrystal materials［J］. Appl Mater Today，2021，22：100912.
［62］宋心远 . 纺织品涂料印染技术的现状和发展（二）［J］. 上海染料，2012，40（3）：6.

第 4 章

压印光刻及其应用于纺织品结构生色

4.1　引言

采用微纳加工技术在金属材料表面制备形成纳米结构（如介质 - 金属纳米结构亚微米光栅），通过入射光波与该纳米结构相互作用，激发近场光学效应可形成结构色。光栅结构色是典型的一种微纳加工技术形成的结构色，通过调控亚微米光栅周期、角度（取向）、深度、占空比等参数，以及金属颗粒大小、材料折射率等参数，实现对光的衍射、散射作用，可以形成（呈现）不同色彩效果的结构色。俗称“镭射”或“激光全息”的结构色就是光栅结构色，通常采用全息干涉曝光的方法制作，因曝光采用的光源是激光（laser）从而叫“镭射”结构色。镭射膜一般采用计算机点阵光刻技术把具有特定图像文字的信息转移到 PET（涤纶）、BOPP（双向拉伸聚丙烯）、PVC（聚氯乙烯）或带涂层的基材上，然后利用复合、烫印、转移等方式使商品包装表面获得某种激光镭射效果。

相比光子晶体、多层薄膜等结构，光栅微纳结构可以制成一个模具，方便实现批量生产。同时，可制作出一些光栅结构的图文，并产生一些动态或立体（3D）效果（图 4-1）。基于此，光栅结构色产出效率高、成本低，可以很方便地做图形化设计，因而光栅结构色成了市场上流行的主要结构色，尤其在印刷包装领域。采用镭射包装整饰膜的商品包装盒、袋，在白光的照射下从不同的角度观看时，可显现出绚丽多彩的商品标志图像、文字以及背景图案，对消费者产生强烈的视觉冲击。随着科学技术的进步，可采用激光（电子束）直写、全息干涉、离子 / 电子束光刻、半导体投影光刻、超高精度

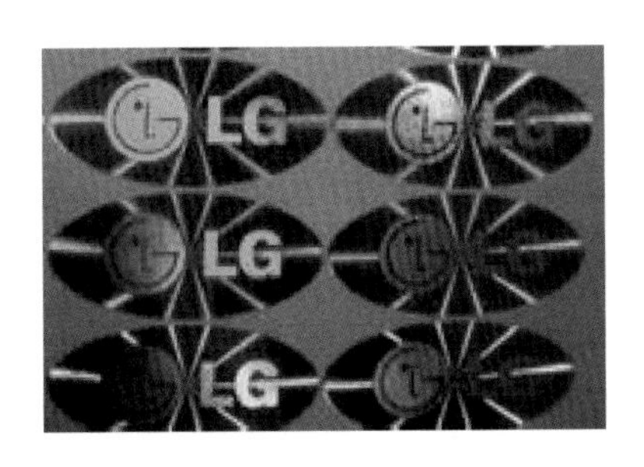

图 4-1　某图案的光栅结构色（镭射防伪膜）

数控加工、3D 打印等加工方法制备获得光栅微纳结构。如 3D 微纳打印技术可制作带有光滑倾角变化的菲涅尔光栅透镜（俗称猫眼），用灰度曝光等方法实现带有浮雕立体感（3D）的“变异菲涅尔”光栅结构色。

近年来，基于微纳光子学的微纳结构化技术也逐渐地应用于纺织品的结构着色中。与传统的光子晶体材料相比，这种长程无序而短程有序的微纳结构构成的非晶光子晶体材料可实现各个角度上的光学同性，光在介质中各个方向被均匀散射，从而产生色泽柔和、生动明亮且不具有虹彩效应的结构色[1-3]。这里有两类制备方法：第一类是以机械或物理的制备技术为主的自上而下的微纳表面结构化方法，如机械钻孔、激光加工、离子蚀刻[4]和纳米压印光刻[5-8]等，可在大块材料（通常是平整的金属、塑料等）基板上引入周期性微纳结构，利用这些周期性微纳结构对特定波长的光产生干涉、衍射、散射、吸收等综合作用，实现一定色彩效果的宏观结构色。第二类是自下而上的结构生色方法，如热转印、喷墨打印或印刷[9, 10]、直接手写[11]等，基于光栅衍射或干涉的原理在织物表面获得结构色。例如，将纳米二氧化钛（TiO_2）作为主要成分制成打印油墨，通过打印机直接打印喷涂在织物上，通过调整液滴的体积和薄膜的厚度来调节光的干涉强度与波长的选择性，从而实现不同的颜色[12]。又如，在静电纺丝过程中添加胶体纳米颗粒使其形成多孔非晶光子晶体结构，通过控制所选聚合物的折射率实现纤维的结构着色[13]；或者通过静电纺丝制备非晶态结构色纤维膜层，实现柔和的蓝色光泽效果[2]。另外，反光、珍珠色、透明和闪光等结构彩色印刷技术，也可以用于纺织品结构生色[14, 15]。

纳米压印（nanoimprint lithography，NIL）是一种新型的、以模板为基础的纳米结构化制造技术。首先，通过接触式压印完成图形转移（类似于曝光和显影工艺），然后通过等离子刻蚀完成结构转移。纳米压印作为一种自上而下的微纳图形制备工艺，结合现代微电子工艺和材料技术，克服了光学曝光中由衍射现象引起的分辨率极限等问题，具有超高分辨率、高产量、低成本等适合工业化生产的独特优点，被广泛应用于科学研究和工业生产中。由于 NIL 基于直接机械变形原理，其分辨率可以不受传统纳米光刻方法中光衍射极限的限制[16]，将这一优势应用于纤维纺织品结构生色中可得到更加艳丽的色彩。

纳米压印快速发展，主要根据抗蚀剂固化方式和压印接触方式分类。抗蚀剂固化方式有热固化和紫外线（UV）固化两个类型；而压印接触方式有板对板（plate to plate，P2P）接触、辊对板（roll to plate，R2P）接触和辊对辊（roll to roll，R2R）接触三种类型。

4.2 紫外固化方式纳米压印制备结构色

紫外线（UV）固化制备工艺如图 4-2 所示。在基底上旋涂一层液态光致聚合物抗蚀剂，然后进行图案化压印，并通过 UV 曝光进行交联固化。经过这一过程，UV 光响应聚合物树脂发生交联，从而使抗蚀剂硬化[17]。除了在固化机制上有区别以外，UV 固化的其余压印机制与热固化压印工艺类似。

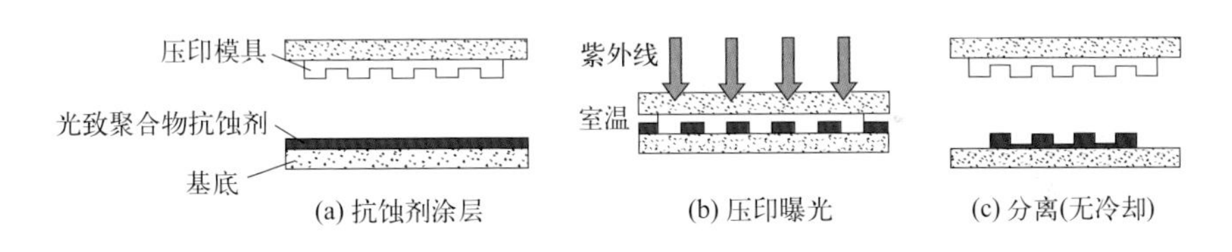

图 4-2 紫外固化制备工艺

与热固化工艺相比，UV 固化有如下优势：在工艺条件上，UV 工艺具备室温固化的能力，该压印过程无需高温条件[18, 19]，这样可以有效避免模具、衬底和抗蚀剂三者之间因为热膨胀系数不同而引发的问题；在原材料上，与高黏度的热固化树脂相比，UV 压印工艺所使用的液态光致抗蚀剂黏度低，因此可在较低的压印压力下进行；从生产效率来看，具备低黏度特性的 UV 抗蚀剂可以让树脂在短时间内充满整个模具型腔，并且无需设备的升降温过程，从而大大提高了工艺生产效率。

Morpho 蝴蝶蓝（图 4-3[20]）是一种典型的纳米结构色。基于 UV 固化聚合物进行纳米铸造印刷技术（NCL）可以较低成本地进行 Morpho 蝴蝶蓝的仿制。利用高分子聚合物复刻出类似于 Morpho 蝴蝶蓝的阶梯状纳米结构，再通过沉积工艺提高结构的耐热性。

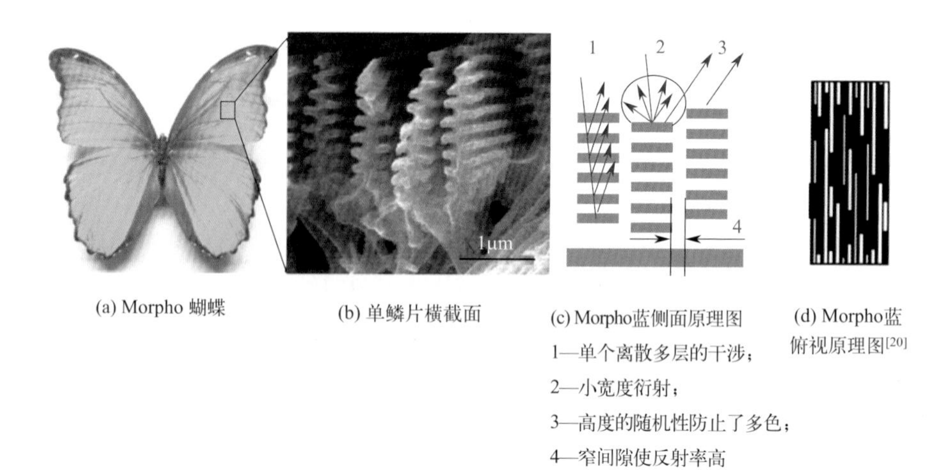

(a) Morpho 蝴蝶

(b) 单鳞片横截面

(c) Morpho蓝侧面原理图
1—单个离散多层的干涉；
2—小宽度衍射；
3—高度的随机性防止了多色；
4—窄间隙使反射率高

(d) Morpho蓝俯视原理图[20]

图 4-3 Morpho 蝴蝶微观结构及结构色原理示意图

首先采用 NCL 工艺在基底上制备阶梯状聚合物结构，再以该聚合物为模板，利用真空电子束沉积技术以交替沉积的方式制备 TiO_2 和 SiO_2 复合多层膜，得到与 Morpho 蝴蝶翅膀相似的微纳结构，见图 4-4[20]、图 4-5[20]。

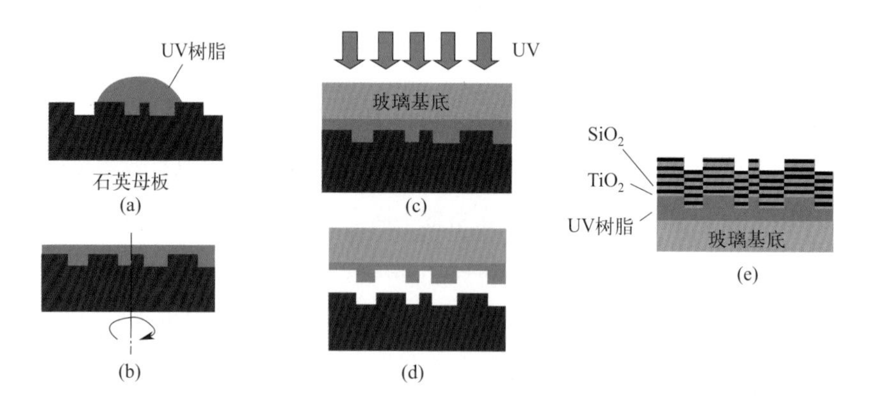

图 4-4 Morpho 蝴蝶蓝纳米结构仿制工艺[20]

（a）滴加 UV 树脂；（b）旋涂；（c）放置玻璃板 UV 曝光；（d）释放母板；（e）在复制的树脂板上沉积多层薄膜[6]

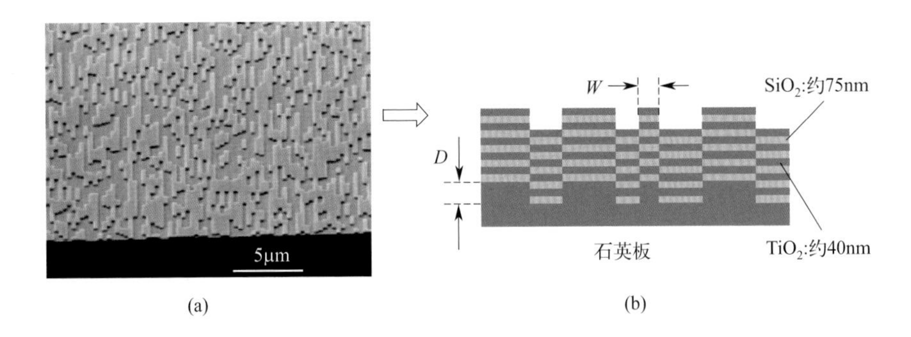

图 4-5　仿制 Morpho 蝴蝶蓝的紫外固化光刻沉积顺序

（a）传统电子束光刻石英衬底表面准一维图形的扫描电镜图像；（b）改进模拟结构，在传统结构上沉积 TiO_2 和 SiO_2 层[20]

通过光学分析和研究表明，该人工多层膜结构展现的反射特性与天然 Morpho 蝴蝶蓝几乎相同，从空间分布和着色两方面都较好地重现了 Morpho 蝴蝶蓝，如图 4-6 所示。

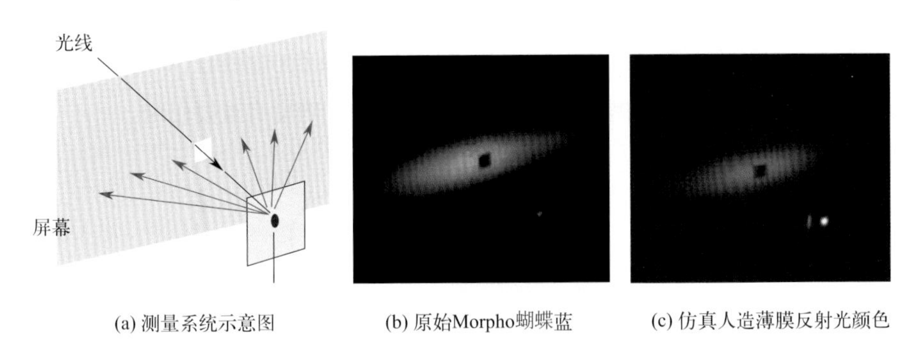

图 4-6　Morpho 蝴蝶蓝和人造平板的反射图案对比

4.3　辊对辊接触方式纳米压印制备结构色

压印接触方式主要分为三种类型，即板对板（P2P）接触、辊对板（R2P）接触和辊对辊（R2R）接触。其中，R2R 技术由于具备高通量和大面积图案化能力，在大规模工业生产中展现了广阔的应用前景。

Ahn 和 Guo 等[21, 22]科研小组开发了可同时采用热固化与 UV 固化的 R2R 连续压印生产工艺，如图 4-7 所示。R2R 工艺主要由以下几个阶段组成；首先，将约 10mm 宽的聚对苯二甲酸乙二醇酯（PET）基底薄膜送入涂覆系统，该系统采用一定的方式（刮涂、滴涂、喷涂等）在基底薄膜上涂覆一层薄薄的抗蚀剂（热固化、UV 抗蚀剂），如采用刮刀计量涂布辊，将聚二甲基硅氧烷（PDMS）热固化抗蚀剂（用于热纳米压印）或低黏度液态环氧硅油（用于 UV 纳米压印）连续涂覆在 PET 薄膜上。然后，通过传送系统将涂覆有抗蚀剂的薄膜送入压印系统，利用压印辊上的预制模具将薄膜上涂覆的抗蚀剂模压形成图案。在该过程中，压印辊的压力可将多余的抗蚀剂回流到型腔中。接着，通过加热或紫外线曝光（取决于使用的抗蚀剂类型）固化抗蚀剂形成目标图案。最后，从压印辊取出产品或传入其他工艺系统。有研究报道表明，利用紫外光 R2R 工艺制备实现了 70nm 线宽的光栅，其压印速度高达 1400mm/min，这对压印技术在微纳结构工业化快速生产中的应用有重要意义。Mäkelä 及其团队[23]改进了热 R2R-NIL 工艺，将图案化凹版印辊应用于抗蚀剂涂层的涂覆（图 4-8），可以更加有效地沉积抗蚀剂，并且将涂层厚度降低至 160nm，这对提高微纳结构的精细度和准确度有重要作用。

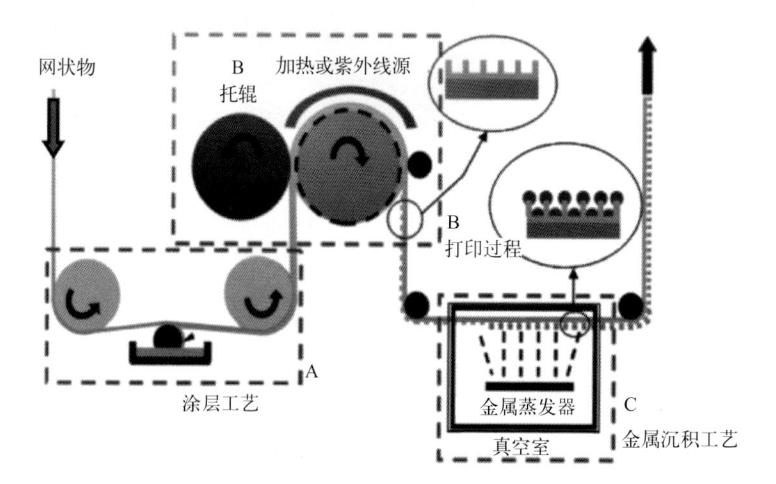

图 4-7 连续 R2R 示意图[22]

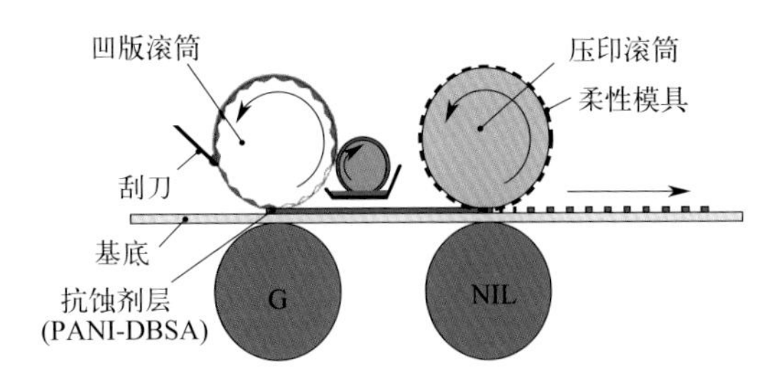

图 4-8　凹版抗蚀剂涂布热 R2R 无光工艺[23]

热固型 R2R-NIL 生产工艺中，温度、压力和传送速度是关键的工艺参数[24-26]。在一定压力条件下，平衡调控温度和传送速度的关系，以保证一定的图案转印的光学特性、图案的保真度和重复性。如图 4-9 所示，采用带有积分球的 UV-Vis 分光光度计对纳米印迹样品进行了光学表征，经过纳米压印工艺带结构的 PMMA 膜的透过率提高。另外，在更高的温度条件下通过纳米印迹获得的蛾眼状纳米结构具有更好的光学性能，提高了光学膜层的透过率。研究表明，在 T_g（玻璃化转变温度）下对 PMMA 进行纳米压印处理，不仅可以有效提高薄膜的光学透过率（提高 3%），还可以保持材料的强度。

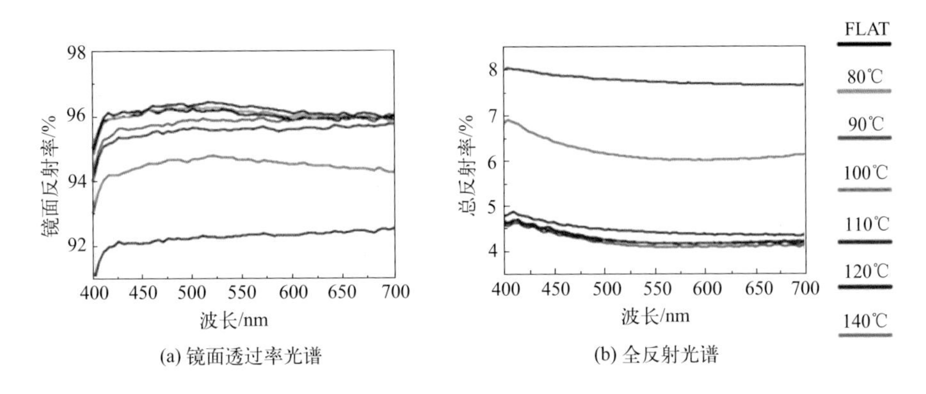

图 4-9　不同印迹膜的光学性能

将 R2R 压印和传统紫外光刻半导体制备技术相结合，在大面积柔性结构色薄膜制备技术中具有良好的应用前景。纳米压印图案化技术代替传统光刻胶图案化工艺，将固化后的图案化抗蚀剂经过后续的沉积过程可进行金属化或者形成其他材料图案。这种采用纳米压印结合传统半导体技术的工艺，可实现大面积制备，有效降低设备成本以及物料成本。Akira 团队[27]采用新型的柔性模具和简单的脱模系统，开发了一套新工艺实现微纳结构的彩色薄膜的制备。这种彩色薄膜的制作分以下三个步骤。

第一步，柔性模具的制备。大面积的柔性模具是压印工艺实现微纳米图案重要的部件，能够精确地复制图案，具有高强度、稳定、通用的特点。聚二甲基硅氧烷（PDMS）是一种比较常用的柔性模具制作材料。如图 4-10 所示，将模具上的目标大面积纳米图案转移到 PDMS 膜层上形成图案复制品，该复制品在后续的工艺中作为柔性模具。利用 PDMS 的回弹性和柔性可避免模具与复制品产生形变，通过减小脱模面积和脱模力，将弯曲状态下的 PDMS 复制品逐渐从原始模具上分离出来。除此之外，该柔性模具还能应用于滚轧加工的圆柱形模具，这是一种典型的高通量辊对辊工业生产系统。但是柔性模具制备存在一定的问题，由于 PDMS 自身黏度、表面能以及几何周期结构小等原因，液态的 PDMS 无法完全填充到纳米图案的空隙中，这可能限制 PDMS 填充到纳米图案中的深度以及图案的还原度，从而影响模具的精确度。

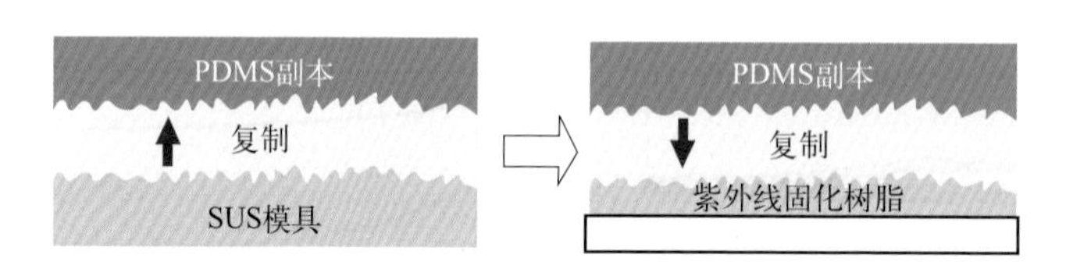

图 4-10　复制过程示意图[27]

为了解决这一问题，N.Koo 等[28]用甲苯将 PDMS 稀释到 60%（质量分数），再进行成膜，利用真空干燥的方式去除 PDMS 前驱体薄膜中的甲苯，在 80℃条件下加热固化 1h，制备得到厚度约 0.5mm 的 PDMS 柔性模具。通过原子显微镜证明在 PDMS 柔性薄膜上更好地实现了 SUS 模具上纳米图案的精确转移（图 4-11）。

第二步，结构色柔性薄膜的制备。在常规纳米压印技术中，采用石英模具对 UV 固化树脂进行图案化。但是由于玻璃的表面张力大，需要采用氟化聚合物对其表面进行处理。

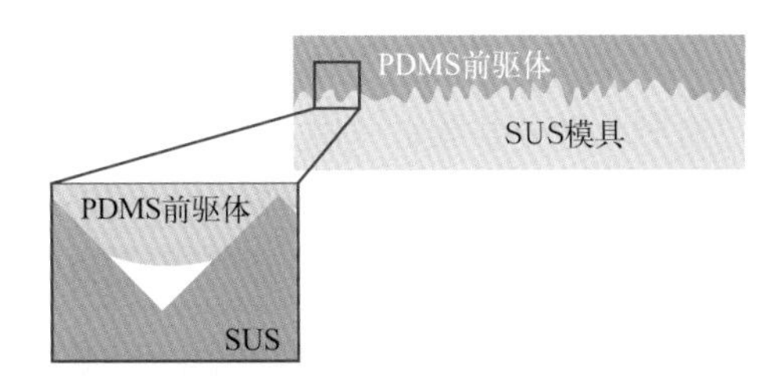

图 4-11　从 SUS 模具复制到 PDMS 前驱体[27]

相比而言，现有技术中柔性 PDMS 模具在脱模过程中不会残留树脂，也不会破坏基底上的固化树脂。将 UV 固化树脂注入 PDMS 柔性模具中，再经过 UV 照射固化以后，可以有效地将 SUS 模具上的微纳图案转移到 UV 树脂上，这就是典型的 UV- 纳米压印工艺（图 4-12）。由于结构色不仅跟微纳结构相关，而且也与材料的本征光学特性（复合折射率、介电常数等）相关，因此，要得到更加纯净的结构色，需要对结构中材料进行调整得到合理的等效折射率。例如，要想实现纯净的 Morpho 蝴蝶蓝结构色，首先在树脂层沉积一层缓冲层材料（如类金刚石材料）提高对比度，再沉积多层结构材料（如 TiO_2 与 SiO_2 的多层膜结构），得到结构色薄膜（图 4-13）。

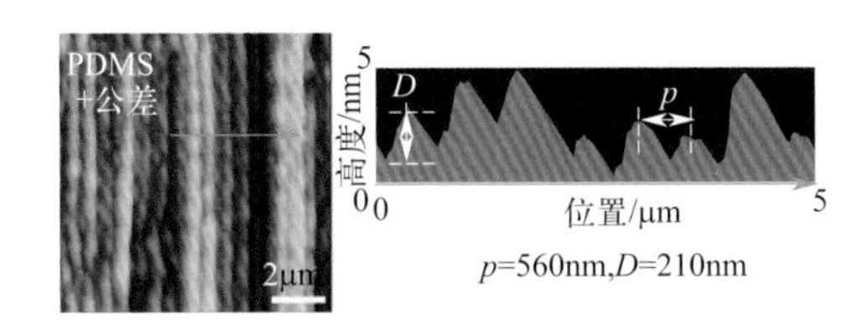

图 4-12　PDMS 复制品

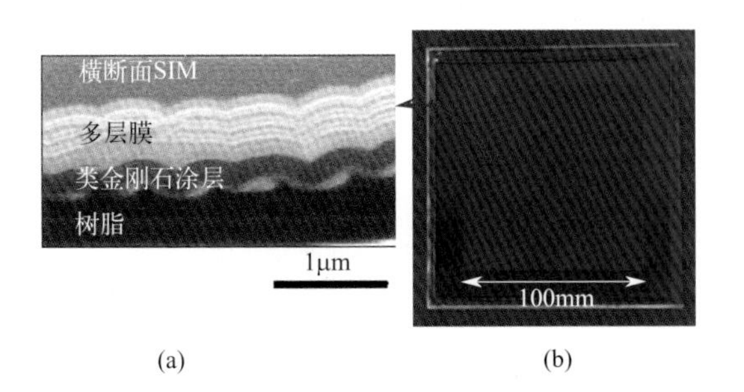

图 4-13　结构色薄膜的结构示意图

值得注意的是，在结构色柔性薄膜转移之前，需要涂覆上柔性的 PDMS 层作为结构保护膜，有利于转移和验证（图 4-14）。

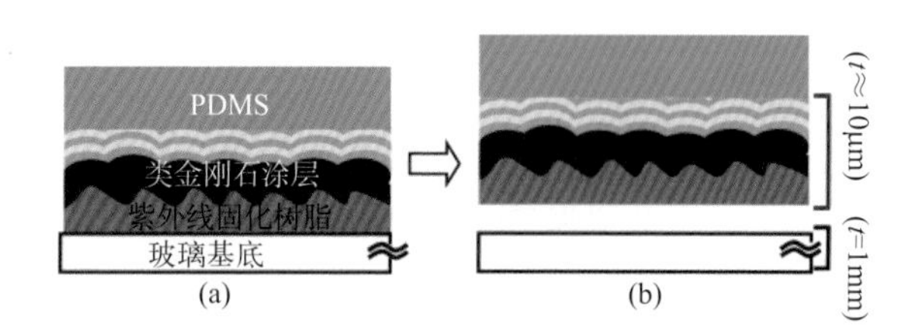

图 4-14 图解薄膜制作过程中用 PDMS 涂覆的柔性形态彩膜进行保护

第三步，人工结构色的验证。通过人工色与天然色的角度依赖性反射光谱（图 4-15）对比，发现人工柔性结构色薄膜具有很低的角度依赖性，维持了与 Morpho 蝴蝶蓝色相似的光学特性。人工结构色在一定角度（如 48° @ λ=460nm）存在明显的光学干涉峰，这是由于随机人工结构之间存在相互影响。另外，柔性薄膜的人工结构色没有典型的镜面反射尖峰（0° 反射峰），得益于转移过程中薄膜的完整性以及不受 PDMS 涂层镜面反射的影响。这种纳米压印技术结合 UV 固化的生产工艺，可以利用较小面积的 SUS 模具开发出大规模的柔性结构色薄膜，对于大规模生产有重要的意义，尤其是纺织纤维结构色的开发。

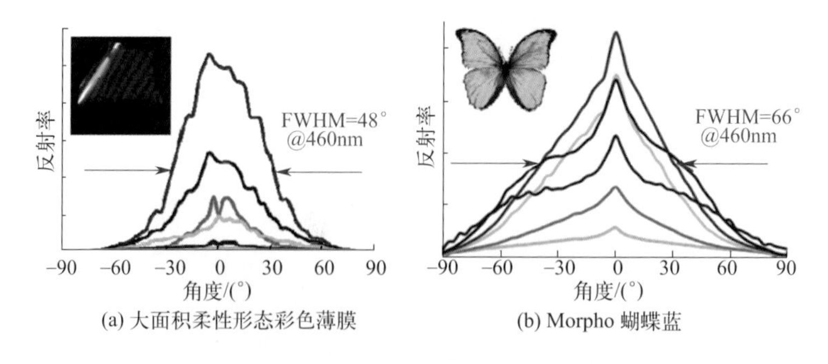

图 4-15 不同波长下的反射角依赖关系

如何实现颜色动态调谐成为近年来压印光刻结构色的研究热点。基于波导模式的 Si_3N_4 谐振光栅动态调色、自由空间有效折射率改变以及基于自发光与人工微纳结构光散射的钙钛矿纳米结构的光耦合等，可有效实现结构色的动态调控[29, 30]。

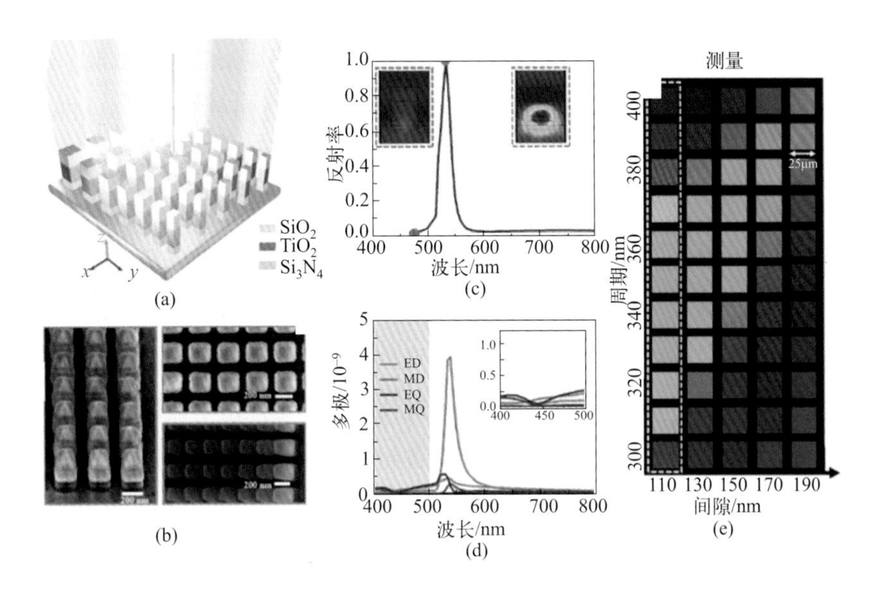

图 4-16　多介质纳米结构示意图

（a）层叠的 SiO_2、TiO_2 和 Si_3N_4 纳米盘在反射模式下形成的多介质纳米结构的构型；
（b）扫描电镜图像；（c）反射光谱；（d）结构散射截面的多极分解（插图呈现磁场分布）；
（e）随间隙和周期变化的全电介质纳米结构产生的颜色

如图 4-16 所示，南开大学的田建国团队，设计了一种由 SiO_2、TiO_2 和 Si_3N_4 三层介质膜层构成的堆叠光学超表面纳米结构，通过调控不同微纳结构的结构参数（结构尺寸、周期等）实现高效率、超高饱和度，以及反射模式的 R、G、B 三原色[31]。这种多层介质结构的设计理念是，SiO_2 和 Si_3N_4 层可以有效抑制短波长的 TiO_2 与空气及基底之间的多阶模式，从而有效调谐米氏散射的模式，提高结构色的纯度和饱和度。该结构色的饱和度达到了 171% 的 sRGB 色空间以及 127% 的 Adobe RGB 色空间。但是，该结构色是基于电子束图案化 - 沉积的方式制备而成的，这种方式对于大规模生产来说效率低、成本极高，不利于结构色的推广。随着纳米压印技术的成熟，结合 UV 光固化的过程，有利于大规模、高效率地生产高色饱和度的微纳结构。因此，由电子束 - 镀膜技术制备小面积的母模板出发，基于单纤维的纳米压印技术进行大批量连续生产高品质结构色纤维，并用于纺织产品的开发，这对结构色在纺织行业的应用有重要意义。

哈尔滨工业大学肖淑敏课题组开发了一种基于米氏散射的结构色微纳结构与钙钛矿自发光相耦合的动态调节机制，利用光子掺杂的方式实现了结构色的适时调谐[32, 33]。如图 4-17 所示，将甲基铵卤化铅钙钛矿（$MAPbBr_3$，$MA=CH_3NH_3^+$）通过“自上而下”的电子束图案化 - 刻蚀技术在导电 ITO 玻璃上制备出微纳结构色图案。由于经过图案化后的钙钛矿薄膜经过激光泵浦后可产生随机激光，微纳结构在自然光或者外接光源下散射出特定波长的散射光，从而散射光的结构色与自发光之间混合产生一种新的颜色。根据格拉斯曼定律，通过改变泵浦激光的强度对这种混合色实现有效的动态调谐。值得注意的是，这种动态调谐具备完全可逆性，其稳定性由本征钙钛矿材料的稳定性所决定；同时，混合色的调谐具备超快响应的特点，其快速响应来源于钙钛矿的激光发射，取决于薄膜中谐振模式产生的随机激光的出射时间，可达到纳秒量级。但是这也存在一定的不足，即这种调谐需要引入两个光源，一个是外接散射白光，另一个是泵浦激光（一般是飞秒激光），在对织物颜色动态调节的便捷性方面存在较大问题。

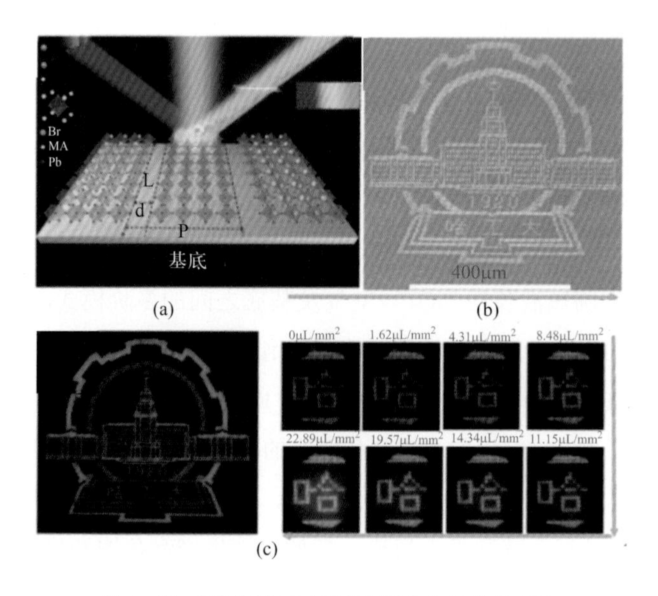

图 4-17 光子掺杂来实现情景结构色的动态可调

经过结构设计与高精尖的半导体工艺，基于不同的光物理作用机制，可对结构色实现高效调谐。但是，这种微纳结构制备技术存在一定的不足，即电子束图案化的结构制备效率极低、成本高，不利于大面积生产和产业化推广。因此，开发一种高效率、大面积图案化的技术很有必要。经过前面的介绍，纳米压印是一种具备高通量生产的微纳图案化技术，具有大规模生产的应用潜力。例如，Wang 等[34]利用反向纳米压印技术制备了具备角度敏感的纳米光栅型光子晶体，如图 4-18 所示。

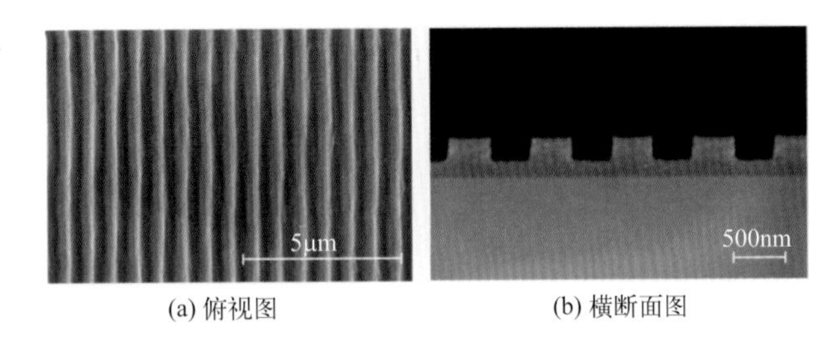

(a) 俯视图　　(b) 横断面图

图 4-18　制备的光子晶体薄膜的扫描电镜图像[34]

从 SEM 图中可以看出，采用辊对辊压印的方式可以将模具上的图案快速、高效地转移到薄膜表面。在这种结构色中，各向异性的光栅型结构的光子晶体具备高度的角度敏感性，其结构展现出来的颜色与观察角度相关，机理如图 4-19 所示。

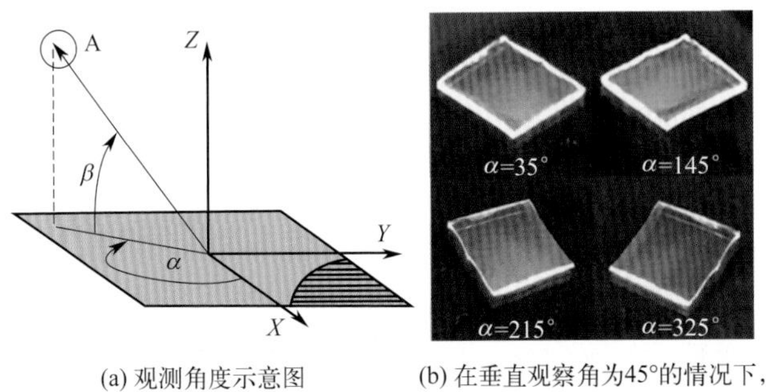

(a) 观测角度示意图　　(b) 在垂直观察角为45°的情况下，水平观察角为35°、145°、215°和325°的光子晶体结构颜色

图 4-19　结构颜色与观察角度的关系[34]

因此，可以通过角度调整实现对颜色的有效调控（图 4-20）。在 45° 垂直观察角下，随着水平观察角的增加，结构色由红色明显转变为深蓝色。当水平观察角从 30° 变化到 65° 时，反射峰波长可以实现从 615nm 到 465nm 的调控。

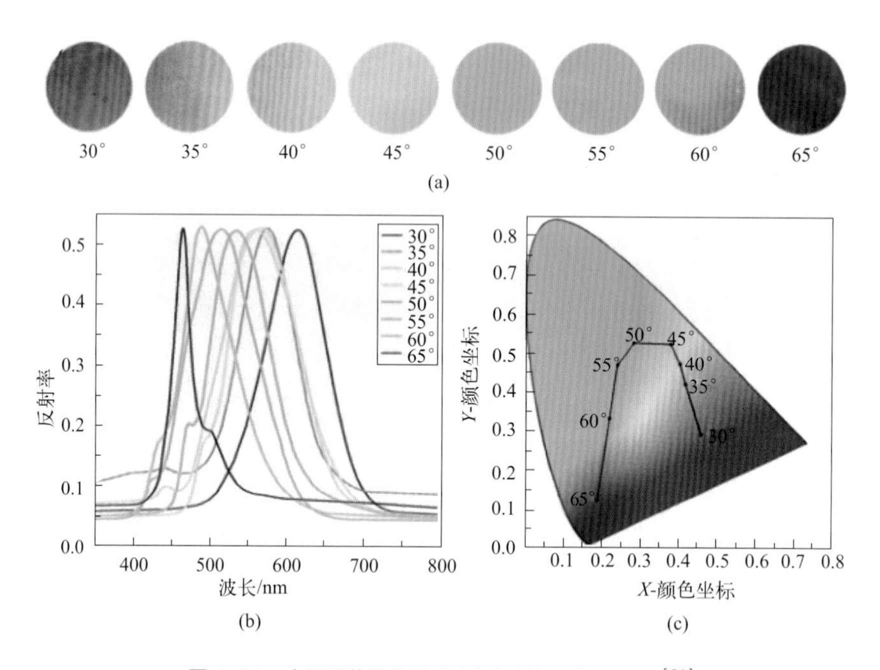

图 4-20 光子晶体的水平观察角与结构颜色的关系[34]

（a）光子晶体的颜色随水平观察角的增大而变化；（b）30° ~ 65° 水平观察角下光子晶体的白光反射光谱；（c）CIE 1931 XY 色度图中反射光谱的测量峰

4.4 本章小结

本章主要介绍基于紫外固化的纳米压印技术及其在结构色上的应用。综上所述，利用纳米压印微纳结构的工艺，可以有效实现结构色。通过各种工艺相结合（纳米压印与光固化、薄膜沉积、热固化、电子束图案化等），能克服现有微纳加工工艺的不足，对结构色在工业生产上的推广有极大的促进意义。在纺织行业，利用纳米压印的方式在纺织纤维、纺织品着色等方面进行探索，不仅在未来纺织品、智能纺织品等技术领域有广阔的前景，同时也为柔性可穿戴器件和设备带来新思路与新功能。

然而，这些方法大部分处于研究阶段，工业上大规模应用于制备结构色纺织品的还比较少，需要进一步研究现有的结构色纺织品的制备工艺，以及降低生产成本。

参考文献

[1] Shi L，Zhang Y，Dong B Q. Amorphous photonic crystals with only short-range order [J]. Adv Mater，2013，25: 5314.

[2] 曾琦，李青松，袁伟，等. 非晶无序光子晶体结构色机理及其应用 [J]. 材料导报，2017，31（1）: 43-55.

[3] Li Y，Chai L，Wang X，et al. Facile fabrication of amorphous photonic structures with non-iridescent and highly-stable structural color on textile substrates [J]. Materials（Basel），2018，11（12）: 2500.

[4] Salapare H S，Darmanin T，Guittard F. Reactive-ion etching of nylon fabric meshes using oxygen plasma for creating surface nanostructures [J]. Appl Surf Sci，2015，356：408-415.

[5] Dumanli A G，Savin T. Recent advances in the biomimicry of structural colours [J]. Chem Soc Rev，2016，45（24）：6698-6724.

[6] Kooy N，Mohamed K，Pin L T，et al. A review of roll-to-roll nanoimprint lithography [J]. Nanoscale Res Lett，2014，9（1）：320.

[7] Mäkelä Tapio，Haatainen Tomi，Ahopelto Jouni. Roll-to-roll printed gratings in cellulose acetate web using novel nanoimprinting device [J]. Microelectron Eng，2011，88（8）：2045-2047.

[8] Landis S，Brianceau P，Reboud V，et al. Metallic colour filtering arrays manufactured by NanoImprint lithography [J]. Microelectron Eng，2013，111：193-198.

[9] Nam H，Song K，Ha D，et al. Inkjet printing based mono-layered photonic crystal patterning for anti-counterfeiting structural colors [J]. Sci Rep，2016，6（1）：30885.

[10] Jones Celina，Wortmann Franz J，Gleeson Helen F，et al. Textile materials inspired by structural colour in nature [J]. RSC Advances，2020，10（41）：24362-24367.

[11] Su X，Jiang Y，Sun X. Fabrication of tough photonic crystal patterns with vivid structural colors by direct handwriting [J]. Nanoscale，2017，9（45）：17877-17883.

[12] Yakovlev Aleksandr V，Vinogradov Vladimir V，Milichko Valentin A，et al. Inkjet color printing by interference nanostructures [J]. Acs Nano，2016：3078.

[13] Yu J，Kan C. Review on fabrication of structurally colored fibers by electrospinning [J]. Fibers and Polymers，2018，6（4）：70.

[14] 宋心远. 结构生色和染整加工 [J]. 印染，2005，31（17）：46-48.

[15] 宋心远. 结构生色和染整加工（四）[J]. 印染，2005（20）：37-42.

[16] Guo L J. Nanoimprint lithography：Methods and material requirements [J]. Adv Mater，2007，19（4）：495-513.

[17] Colburn Matthew，Johnson Stephen，Stewart Michael，et al. Step and flash imprint lithography：A new approach to high-resolution patterning [M]. SPIE，1999.

[18] Alkaisi Maan M，Mohamed Khairudin. Three-dimensional patterning using ultraviolet curable nanoimprint lithography [M] //Rijeka，W M. InTech. 2010：571-595.

[19] Vogler M，Wiedenberg S，Mühlberger M，et al.Development of a novel，low-viscosity UV-curable polymer system for UV-nanoimprint lithography [J]. Microelectron Eng，2007，84（5-8）：984-988.

[20] Saito A，Miyamura Y，Nakajima M，et al. Reproduction of the Morpho blue by nanocasting lithography [J]. Journal of vacuum science & technology B，2006，24（6）：3248-3251.

[21] Ahn Se Hyun，Guo L Jay. High-speed roll-to-roll nanoimprint lithography on flexible plastic substrates [J]. Adv Mater，2008，20（11）：2044-2049.

[22] Guo L J，Ahn S H. Roll to roll nanoimprint lithography [P]. United State，US 20080100363.

[23] Mäkelä T，Haatainen T，Majander P，et al. Continuous roll to roll nanoimprinting of inherently conducting polyaniline [J]. Microelectron Eng，2007，84（5-8）：877-879.

[24] Sohn K J，Park J H，Lee D E，et al. W Effects of the process temperature and rolling speed on the thermal roll-to-roll imprint lithography of flexible polycarbonate film [J]. Journal of Micromechanics & Microengineering，2013，23（3）：035024.

[25] Retolaza A，Juarros A，Ramiro J，et al. Thermal roll to roll nanoimprint lithography for micropillars fabrication on thermoplastics [J]. Microelectron Eng，2018，193（JUN.）：54-61.

[26] Noriyuki Unno，Tapio Mäkelä，Jun Taniguchi. Thermal roll-to-roll imprinted nanogratings on plastic film [J]. Journal of vacuum science and technology，2014，32（6）：06FG03.

[27] Saito A，Ishibashi K，Ohga J，et al. Fabrication process of large-area morpho-color flexible film via flexible nano-imprint mold [J]. J Photopolym Sci Technol，2018，31（1）：113-119.

[28] Koo Namil，Bender Markus，Plachetka Ulrich，et al. Improved mold fabrication for the definition of high quality nanopatterns by Soft UV-Nanoimprint lithography using diluted PDMS material [J]. Microelectron Eng，2007，84（5-8）：904-908.

[29] Gholipour，B，Adamo，G，Cortecchia，D，et al. Organometallic perovskites：Organometallic perovskite metasurfaces [J]. Adv Mater，2017，29（9）：1604268.

[30] Zhang W，Anaya M，Lozano G，et al. Highly efficient perovskite solar cells with tunable structural color [J]. Nano Lett，2015，15（3）：1698-1702.

[31] Yang B，Liu W，Li Z，et al. Ultrahighly saturated structural colors enhanced by multipolar-modulated metasurfaces [J]. Nano Lett，2019，19（7）：4221-4228.

[32] Stranks S D，Snaith H J. Metal-halide perovskites for photovoltaic and light-emitting devices [J]. Nat Nanotechnol，2015，10（5）：391-402.

[33] Sutherland B R，Sargent E H. Perovskite photonic sources [J]. Nat Photonics，2016，10（5）：295-302.

[34] Zheng X，Wang Q，Luan J，et al. Angle-dependent structural colors in a nanoscale-grating photonic crystal fabricated by reverse nanoimprint technology [J]. Beilstein J Nanotechnol，2019，10（1）：1211-1216.

第 5 章

结构色材料及结构色纺织品的应用

5.1 引言

色彩丰富了世界，它也是一种语言，传达信息、表达情感。早在公元前 4 万多年前，祖先们就开始研磨有色矿石制成五颜六色的颜料，用于绘制壁画（图 5-1）。染料和颜料的化学成分能吸收自然光（包括可见光）某个特定波段（或波长）的光，然后反射出互补色光，形成颜色。这种颜色属于吸收色（化学色），色彩丰富、纯度高、没有虹彩效应（即颜色不具有角度依赖性）。但是，由于有机染料（或颜料）的化学性质并不稳定，在潮湿环境、日光（或较强的紫外线）照射下，吸收色会变色甚至褪色，影响颜色稳定性。

图 5-1 颜料制成的壁画（莫高窟第 249 窟）

众所周知，传统的以染料进行染色获得颜色的方法需要大量的水、化学染料及化学助剂，染色过程耗水耗能、排污排废，对环境造成严重的影响。而人工微纳结构色的出现为发展绿色印染提供了一个新思路。通过微纳技术改变物体表面结构，控制光的表现形式得到微纳结构色，催生了新的颜色调控方法，可以使物体变得绚丽多彩，减少各种如染料、颜料、涂料、油墨等化学色素材料、化学溶剂和助剂的使用，减少碳排放，是更环保、安全且独具特色的生色着色方法。

结构色是人工微纳结构与入射光发生相互作用，形成的绚丽多彩的颜色。结构色材料除了应用于纺织品外，还广泛应用于工业产品各方面。通过精细调控光波（电磁波）的相位（波长）、频率、振幅、偏振、自旋和轨道角动量等，结构色材料或器件的应用是多样化的（图 5-2），正在应用及可能的应用[1, 2]有：结构色油墨、涂料、颜料，用于化妆品、无油墨喷涂、印刷、打印等；结构色纺织品或服装；工业品外包装或纹理装饰；电子消费品的多彩显示、特殊显示（三维成像、头盔式显示、虚拟增强和虚拟现实），或用于夜间交通信号反光标牌或广告牌；光学信息处理（显示、加密、信息存储），用于安全防伪等；化学或物理传感器，用于生物医学检测及人工智能、可穿戴产品；因受激辐射、热处理、波导等特性，用于照明、太阳能电池等；作为隐身、伪装等材料用于国防和军事领域。总之，结构色材料的应用潜力巨大，具有广阔的应用前景。本章主要介绍非光源性结构色材料与结构色纺织品，以及它们的应用。

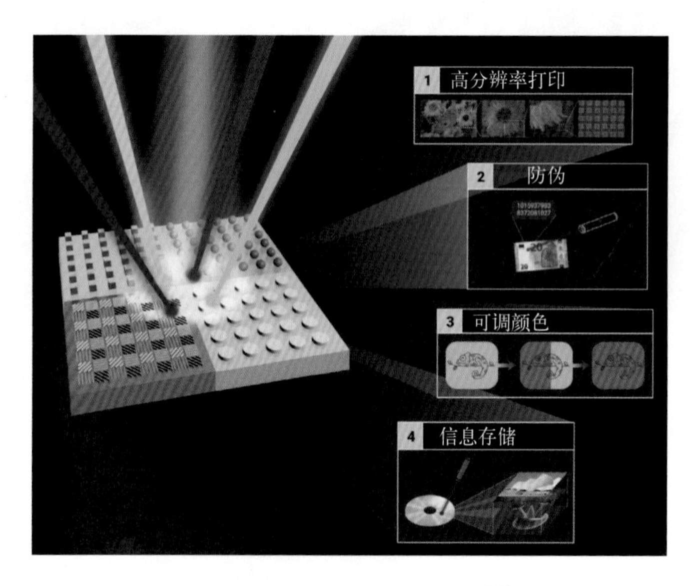

图 5-2 人工结构色及部分应用[3]

5.2 水印纸（膜）、镭射膜、3D 全息膜与纳米膜

典型的结构色应用是各种包装和装饰用膜材，从制造工艺上分包括水印

膜、镭射膜、3D 全息膜与纳米膜；按用途分有包装用膜、装饰用膜、标识用膜。包装用膜作为包装原材料（基材）用于生产防伪包装，如激光全息透明膜、激光全息镀铝膜、激光全息镀铝透射膜、激光全息透明介质膜、激光全息荧光膜；装饰用膜以纸、复合材料等为基材作为包装用辅料，如激光全息烫金膜、激光全息转移膜；标识用膜是用于制作防伪标识的专用膜，如原子核加密膜、光学干涉变色膜、光学逆回归反射膜、揭显镂空膜、核微孔膜等。

这些膜材品种多样，应用非常广泛，可作为油墨、涂料、颜料和化妆品的原材料，包装与装饰材料，服装、服饰、箱包材料，光学显示材料如产品的防伪标签等。需要说明的是，这些膜材的颜色一方面是薄膜干涉、衍射或光子晶体产生的结构色，另一方面也有使用色素色材料（染料、涂料或颜料等）进行染色获得的颜色，大多数是色素色与结构色两者综合后获得的颜色效果。

与此同时，与这些复合膜相关的制造工艺与表面装饰技术不断发展，出现许多相关概念，如 IMD（In-Mold/Insert Mold Decoration，模内装饰技术）、IML（In-Molding Label，模内镶件注塑）、IMR（In-Molding Roller，模内转印）、IMF（In-Molding Film，模内镶件注塑并贴膜）等，在此不再详述，但后续内容会有所涉及。

5.2.1 水印纸（膜）

水印纸是一种具有浮雕形状、可透视、可触摸的图像（俗称水印）或条形码的纸张（图 5-3），目测时产生明暗有别的预定图案，有一定工艺复杂性，可作为一种较简单、直观的防伪方法。如带有水印的钞票就是一种水印纸（产品）。传统（常规）水印纸使用水印油墨通过印刷形成，加上是纸质基材因而叫水印纸。但不是仅仅有“水印”（一种简单的印刷，用于防止盗用图片等）就叫水印纸。“水印纸”是一种通俗的叫法，与各种防伪应用的膜材的称呼容易混淆，后面介绍的镭射膜因生产工艺上需要结合印刷（主要是模压 + 印刷），也有叫“水印纸”的，因此需要甄别。

图 5-3 常见水印纸例子

水印纸的制造包括设计、雕模、制网、抄纸等过程。市场上根据制造工艺不同，水印纸分为传统（常规）水印纸、化学水印纸、电子水印纸等。传统（常规）水印纸主要通过有特殊图案（标识、图案、文字等）的水印辊或圆网笼，在纸页刚交织成形时进行压印，使湿纸页上的部分纤维变形从而形成需要的特殊图案（水印图案）；或采用特殊化学树脂渗透纸张以改变纸张透光率，形成图案。化学水印纸是将化学物质印在纸张上制成的水印纸。电子水印纸利用混沌理论把数据编成密码加进文件中，只能通过扫描机检查，而印刷设备无法复制、复印，应用于货币、股票等的水印、图像背景中。另外，数字水印是使用数字技术将静态图像（计算机图像）、动态图像（电影、电视、互联网、视频等电子媒体的图像）直接隐藏起来或嵌入隐蔽的标记（文字、产品代码、二维图像、视听音频信息、随机序列等），分为可见和不可见两种。可见水印只能用于图像的固定部位，用于鉴别作品的所有权；而不可见水印则只有通过专用的检测器或阅读器才能提取，用于区分作品的所有权和追踪作品的来源，主要用于版权保护、身份鉴定、拷贝保护和媒体跟踪，亦用于保密通信、多语言电影系统、网络访问权限制及附加信息等。

水印纸的基材是纸质材料，有以下分类：第一，磁性水印纸，将磁粉加入纸浆中或在涂布时添加，使纸张具有磁性，制作的防伪商标、防伪磁性账卡和高档包装上的电脑识别磁性防伪标签可通过金属识别器或磁感应设备进行识别。第二，防复印纸，可分为利用底色花纹印刷隐藏文字、花纹、图案的防复印纸，利用着色特性的防复印纸，含有光变色材料的防复印纸，含有热变色材料的防复印纸，含有光致发光材料的防复印纸，含有荧光物质的防复印纸，利用光漫反射原理的防复印纸和利用偏振光的防复印纸。第三，热敏水印纸，主要是将热敏物质涂布于纸基上而得到，利用热敏物质的热可逆变色特性来鉴别真伪。具有加热显色、冷却褪色和多次重复显示的特点。第四，光致变色水印纸，一类是紫外光致变色防伪纸，在紫外灯下可以看到特定部位显示防伪标记，离开紫外光源就不显示；另一类是自然光致变色防伪纸，这种纸变色的光源是自然光，这种防伪纸的应用更方便，但目前还有待完善。第五，添加纤维丝、彩点的水印纸（或叫色谱信息功能纸），可加入彩色纤维或荧光纤维，或金属丝、表面镀金属薄膜的塑料丝、带荧光的金属丝、镀有光学致变材料的薄膜或磁性材料，或彩点（光变塑料薄膜或金属薄片）制成。

有些应用水印纸做成的防伪标签表面有一层膜，市场上也把这种水印膜标签简称为水印膜。揭开这个膜后，底部标签纸（可以是各种不同材质、尺寸、颜色、厚度的纸张）上印刷的内容不变，而膜被撕下后无法重复使用，因而有防伪作用。此类水印膜标签比较薄，色彩还原度高、清晰度高、有光泽，常用作化妆品、茶叶、保健品等产品封口处的防伪标签。热转移印花膜（可以是镭射膜、全息膜等俗称的镭射转移纸）也是比较典型的应用，在制备过程中将图案、文字等信息印刷到这个膜中，制成热转移印花水印膜；使用时将带有这些图案、文字等信息的膜经与基材剥离后贴到承印物（如瓷砖、陶瓷品）表面，适当加热后，撕掉最外层的透明薄膜后，这些图案、文字转印并固定保留在承印物表面。

水印纸广泛应用于各种证件、证券、证书、票据、商标等的防伪标签，以及军事、公安、国防等相关行业的水印纸、保密纸等方面，起到防伪、防改的作用。水印纸局限使用在纸类产品中，使用面较狭窄，而且传统水印纸的技术通用，容易被复制，所以防伪材料向镭射膜、3D全息膜与纳米变色膜发展。严格来说，水印纸大多应用色素色染料印刷技术制作，只是某些水印纸（如添加纤维丝、金属丝、彩点的水印纸）或水印膜同时应用了薄膜结构色，部分归属于结构色材料（或膜材）。

5.2.2 镭射膜

镭射膜（或称丝印烫金烫银包装膜、激光镭射膜、镭射镀铝膜）是采用计算机点阵光刻（衍射光栅等）技术以及平版、凹版、柔版等各种印刷技术把特定图像、文字等信息转移到PET（涤纶）、BOPP（双向拉伸聚丙烯）、PVC（聚氯乙烯）、CPP（流延聚丙烯）等薄膜（片）基材上，然后经复合（或粘贴）、烫印等转移到商品包装表面。以不同角度观看，这些图像、文字因不同的衍射角而显现出绚丽多彩的效果（图5-4），给消费者带来强烈的视觉冲击。镀铝镭射膜按用途分为包装膜、转移膜、烫印膜、彩色膜、镂空膜等，按基底材质又分为BOPP镀铝膜、CPP镀铝膜、PET镀铝膜等，广泛用于软包装、手提袋、包装纸、礼品盒、复合装潢、玩具、气球、纺织金银线、不干胶等产品或应用中。

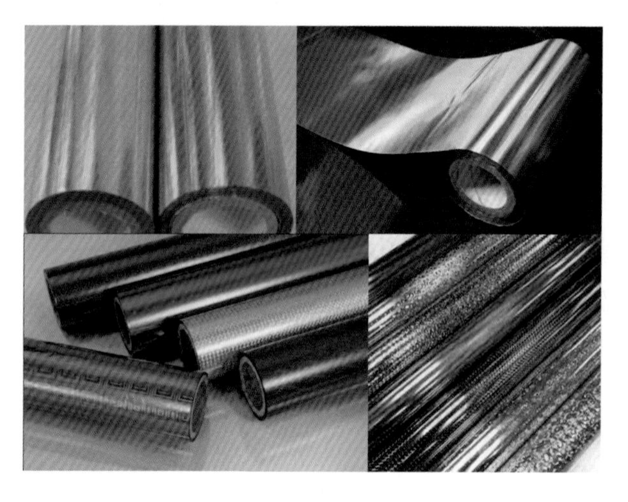

图5-4 各种丝印烫金烫银包装膜（激光镭射膜、镭射镀铝膜）

更确切地来说，在工艺上应用了镭射（光刻）技术的、具有结构色效应的膜才称为镭射膜。一般的镀铝膜（或称复合镀铝膜，如VMPET、VMBOPP、VMCPP或VMPE，其中VMPET、VMCPP最为常用）则是透明塑料（以上材质）薄膜上镀铝（复合）后形成的一种带有“铝光泽”的具有良好阻隔性的软包装（复合薄膜）材料，严格来说不属于结构色产品，其主要应用于食品（尤其是干燥、膨化食品）、保健品、医药、化妆品的外包装上。而金银色（幻彩色）的金葱丝（金银线），就是利用上述镭射膜（多是PET基底）剪切成纤维条状形成的，作为一种结构色材料用于纺织服装附件或装饰。金葱丝再切粉成颗粒状就成了金葱粉，用作油墨、涂料、颜料、化妆品的原料或其他装饰材料使用。

镭射膜一般由三层薄膜构成，从表面向下，分别是树脂保护层、纳米沟槽加工层（通常是镀铝层）和黏胶（PSA）层。镭射膜生产工艺（传统的工艺也叫模压法）过程（图 5-5）大概是：制镭射模压版→压镭射图文→涂布→分切→转印→熟化等。首先制镭射模压版（简称模版或母版），镭射模压版用特殊金属薄片经专门电铸而成，铸造质量要求非常苛刻；接着在 PET（或其他材质）基材（薄膜片）上涂覆专用涂料（这个工艺过程也叫涂布）；然后再在高温下将镭射模压版直接压在薄膜基材（可以涂覆或未涂覆专用涂料）上，这个过程就是压镭射图文（图 5-5 中是压轧出浮雕式花纹或纹路），以形成光栅结构（虹彩色的关键来源，亦是所谓的激光镭射称呼的来源）；压镭射图文后，如果要实现金属效果，还需要在压好的镭射图文上以真空蒸发镀一层金属（如铝、铬、镍、铜、铁等）箔，形成镭射膜，此环节可以镀出亚光素面、亮光镜面等效果（与所使用的金属材料有关）。制备好的已有镭射图文的镭射膜最后用黏合剂与衬纸（最底层纸质基材）黏合在一起，最终制成卷材成品。

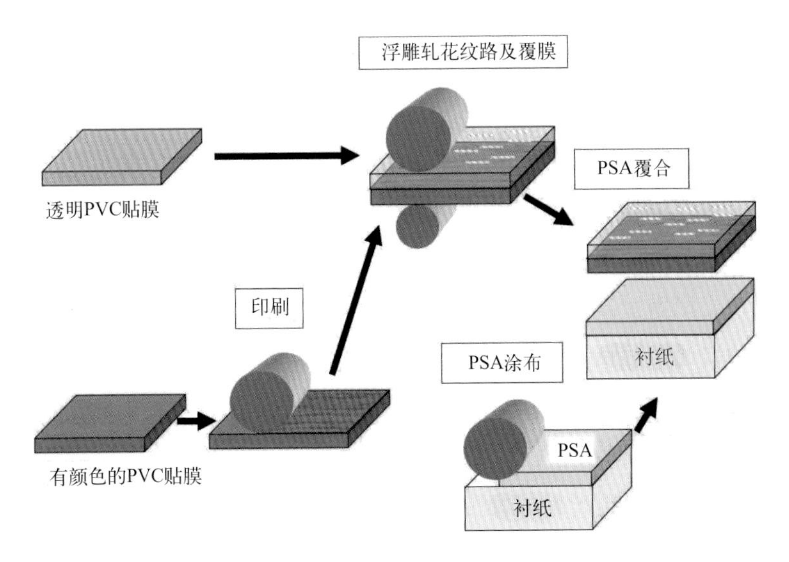

图 5-5　3M 装饰膜的生产流程

根据基底基材（薄膜片）的材质与种类不同，可以配合使用各类印刷技术（平版、凹版、柔版等）以印制有关的图文信息。利用这种模压方法可以像印刷一样大批量快速复制（生产）镭射膜，工艺比较成熟、成本较低。随着技术的发展，以普通镭射膜作防伪标签因技术成熟、可复制等原因，已失去技术和市场的优势。目前，基于光线干涉、衍射的3D全息膜和基于纳米技术的纳米膜是主要发展方向。

5.2.3 3D全息膜

全息膜（或称激光全息膜）是指利用全息（综合衍射）技术（包括全息摄像、显影、成像、显示等）制造的一种应用于防伪、装饰等方面的复合膜。全息技术是应用光的干涉和衍射原理，将物体发出的光波（振幅和相位信息）以干涉条纹的形式记录下来成为“全息图”，并在一定的条件下再现出和原物逼真的三维衍射成像的技术。全息膜显示的图案信息由空间频率编码（数码采集实物立体信息），再由三维激光制版系统制作而成，光栅结构产生五光十色的衍射效果，并使图片具有二维、三维空间感。立体图像信息量大，在普通光源下是模糊的（或隐藏的），只有在适当光源下才能够再现栩栩如生的立体影像；如果图像记录了事物的动态变化过程，再现出来的图像也会出现动态变化。

全息膜（常见应用于贴纸或标签）可能是结构色（光）最成功、最常见的应用。全息膜将全息图像技术与烫印、模压等印刷装饰技术结合在一起，图像展示了色彩斑斓、闪光、立体的效果，如应用于包装则提高了产品的装饰装潢性，应用于防伪标签则加强了防伪功能。传统的全息膜实际上就是前面介绍的普通镭射膜（图5-6[4]），其结构及生产工艺在前面已介绍。由传统全息膜经技术改良的是3D（动态）全息膜，此外，还有荧光全息防伪膜、柔性透明全息防伪膜、原子核机密防伪全息膜等。

传统全息膜采用光刻制版法制成，其点阵全息图是利用光刻机将计算机生成的图形刻制在光刻胶版上，在光刻胶版上曝光的衍射光栅点形成浮雕全息图（包括彩色全息图），全息光刻系统又叫作数码全息制版系统。全息用

图 5-6　传统（镭射）全息膜（贴纸、标签）及结构[4]

的衍射光栅主要有狭缝光栅、柱镜光栅和点阵式立体光栅（又称为圆点光栅、点阵光栅、全息光栅、阵列光栅、微凸透镜阵列光栅等）。传统的点阵（光栅）全息防伪标识技术简单，容易被仿制。为了克服这一局限性，近年来在结构色材料中引入了足够的复杂性和刺激响应能力。如点阵全息与照相全息、全息加密、全息缩微等技术结合起来，技术含量更高、仿制难度更大、防伪功能更强。随着微纳加工技术水平的提高，大量的折射型装饰材料也不断涌现，于是出现了微透镜集成立体成像（3D）全息膜。

3D（动态）全息膜体现了传统全息技术的进步，多采用立体光栅技术。立体光栅是由无数个相对独立的圆点排列组成，每一个圆点是一个微型的凸形放大镜。这类光栅制作的 3D 立体画可以 360° 观看，画面旋转到任何方向，上、下、左、右都能看到 3D 立体效果（亦即 3D 成像显示）。3D 全息膜应用于投影方面的投影膜（户外大型广告、家居装饰画、广告灯箱、展板）、标牌、艺术婚纱照、儿童照、海报、影视广告、产品包装、纪念卡、名片、小礼品等方面；也适用于防伪标签、包装、模内注塑（IMD/IML）等行业。需要特别说明的是，“全息”与“3D 显示”两者不是包含关系（图 5-7），全息可以应用为一种 3D 显示（成像）技术，还有其他如测量、存储、加密、防伪等应用或功能；另一方面，除了全息成像外还有其他的3D显示方法。

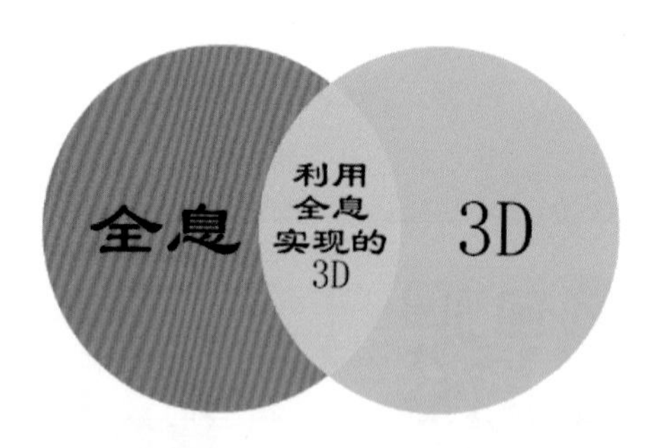

图5-7　全息与3D成像的关系

3D全息膜（图5-8）不同于以往采用柱透镜技术实现平面显示的普通3D产品，按生产制备方法可分为微透镜阵列类型与非微透镜阵列类型。如采用微透镜阵列（光栅）技术，并结合静态微缩图文（阵列图像或文字），将微观图像放大，动态效果明显，肉眼直观可见，无需借助二次仪器辅助观察，生产制造技术门槛和仿制难度极高，在技术上是一大提升和改进，部分取代了水印纸和传统激光（镭射）膜。动态3D全息防伪是最难仿冒的防伪技术之一，同时它又具有神奇的视觉效果，有图像下沉（景深）、上浮等3D效果，有平行、垂直滑动等移动效果，采用独特的紫外线涂布软膜技术可对其微结构进行大规模复制，产品动态防伪效果直观。

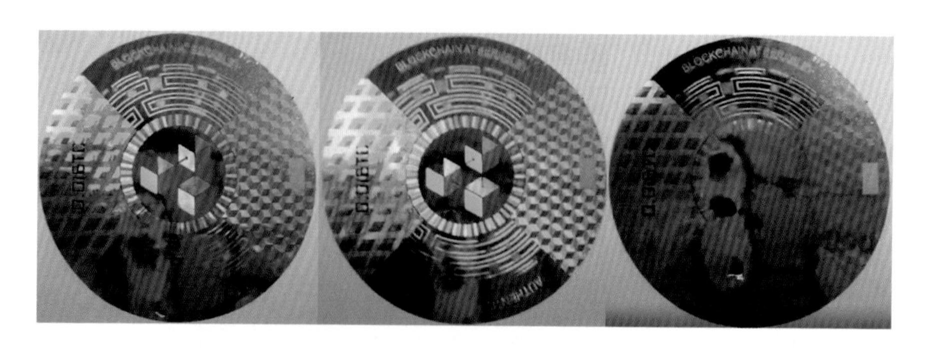

图5-8　某3D全息防伪标签于不同观察角度下看到的图片

3D全息膜按产品类型分主要有4类：a.直显类动态3D防伪膜（总厚度为27～150μm），可用作包装、标签的基材，也可用作香烟金属拉线、防伪安全线。b.滴水显示类动态3D防伪膜（50～150μm），要在滴水后才会出现动态显示效果，擦去水后动态效果消失，再次滴水后又会重现。除用于防伪产品外，还可用于漏液检测表征。c.表面处理类动态3D防伪膜（60～200μm），产品的表面微结构裸露在外，但别人得到该产品也无法进行复制、仿制，适用于IMD/IMR工艺。d.曲线图文类动态3D防伪膜，利用动态图文组成各种形状（如标签、铭牌），也适用于IMD/IMR工艺。

3D全息膜一般为4层或5层结构（图5-9），是在光学级PET基材两面经UV涂布而成，再经着色、涂布背胶、复合离型等，最终完成3D全息防伪产品卷材的制造。为降低成本，3D全息膜可使用背胶直接与原有标签等局部定位贴合，既有利于降低成本，又提升了标签、包装的防伪等级。

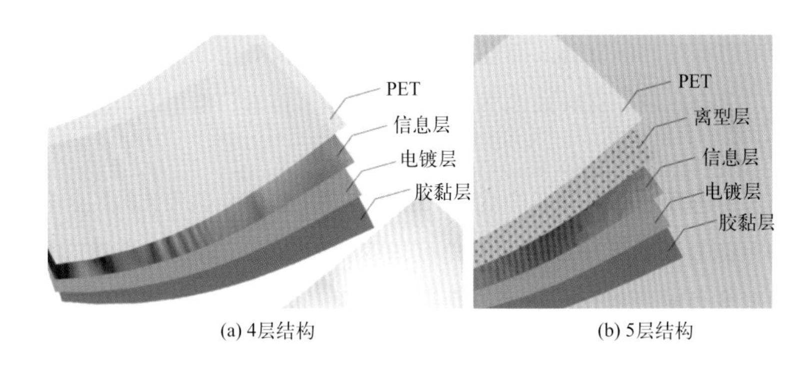

(a) 4层结构　　(b) 5层结构

图5-9　4层结构或5层结构的复合膜

3D全息膜不怕开水及酸、盐、醇等，可长期保存；通过其验证商品真伪时，无需借助二次设备或物质，随时随地肉眼观察即可，验证手段简单直白，便于普通消费者识别。3D防伪产品兼具防伪、装饰与品牌塑造功能，运用高亮度、高饱和度和偏振可控特点，全息彩印防伪提高了证件防伪性能。3D全息膜可广泛用于证卡、票据、商标、标识或商品包装、护照、铭牌、标签、签证、钞票、邮票、票券、通行证、防伪纸张等上，涵盖电子、食品、饮料等行业产品。

5.2.4 纳米变色膜

纳米变色膜（或纳米光学变色膜）是应用纳米技术，使用晶粒尺寸为0.1 ～ 100nm 的单晶或多晶材料与其他包装材料复合制成的可应用于包装、装饰、印刷、防伪的一种复合膜。材料在纳米级时其多项物理性能都会发生奇异的变化，而纳米变色膜就是基于这些性能（特别是光学性能）而应用于包装、装饰、印刷、防伪等领域。纳米复合材料由于纳米尺寸小，可达到分子水平相容，因而纳米膜的复合材料较纯、透明性好。纳米膜可应用于如包装、装饰、变色油墨（颜料、涂料）、防伪（商标和标签贴纸、不干胶贴纸、银行卡等）、变色防伪纸（如人民币）等。

纳米变色膜在原理上应用了综合表面等离激元共振、等离子体波导效应、薄膜干涉和衍射等多种光学效应，实现肉眼明显可见的偏振变色反射、透射和衍射，变色范围灵活可调；在检测方式上，因偏振变色特性，通过光源照射变色即可判断真伪，而且准确度高，极大地简化了光学防伪产品的检测，易于大众应用。这种技术下的产品在制作上技术门槛更高，且防伪性能更强。

纳米变色薄膜通常为多层结构，由于多层光学薄膜的干涉效应，薄膜反射光颜色随着入射光角度或观察角度的变化而变化，表现虹彩效应变色效果。根据变色响应机理，纳米变色膜可分为磁敏变色、光致变色、湿敏变色、可逆变色、温敏变色、电致变色、形变变色等类型；而根据复合的薄膜的材质不同，纳米变色膜分为全介质膜和金属 - 介质复合膜。全介质膜的力学性能和化学性能都较好，但需经过多次镀膜工序（多层堆叠或高低折射率的两种薄膜重复堆叠一定循环次数，如前面章节所述的 SiO_2/TiO_2 多层膜）才能达到预期的效果，而且颜色纯度稍差，制作效率低、成本高，所以不适合面积大的产品和大规模生产（如 Angelina 和 Morphotex 结构色纤维与服装也是同样的机理，也是因为类似的原因而停产，虽然相关产品不是应用于防伪方面）。而金属介质膜（如金属反射层 + 介质层的结构，前面章节也有所介绍）结构比较简单，仅几层金属介质相间，薄膜就能达到预期效果，膜系的变色效果很好，而且可大面积批量制备，成本低、效率高，在光学应用

（如防伪）方面有良好的预期效果。如以 Al 或 Ag 作为底层反射层、中间为 Al_2O_3 或者 SiO_2、外层为半透半反的铬层（如 $A1/SiO_2/Cr$），通过改变观察角度得到不同反射光谱，得到变色效果。另外，该膜层经粉碎后可形成变色颜料（opry ally variable pigment），变色颜料按一定的比例掺进普通印刷用油墨中可应用于普通的印刷工艺。

珠海光驭科技将一定大小的纳米微球光子晶体材料以一定配比制成复合膜，通过控制纳米微球的配比和成膜工艺，复合膜呈现丰富的变色性，可应用于温敏变色、电压变色、应变变色、视角变色等特性的薄膜防伪产品中（图 5-10）。

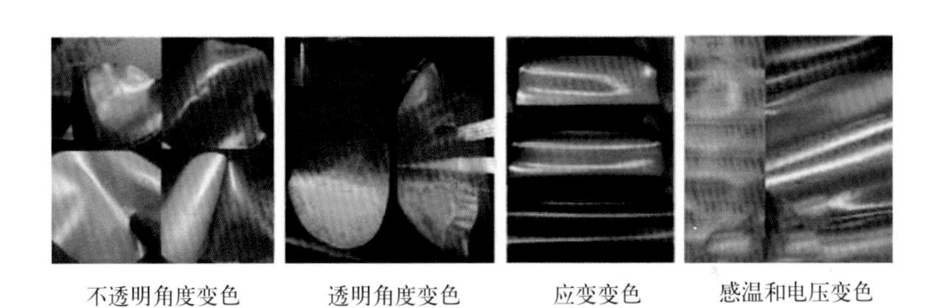

图 5-10　受激可变色的结构色纳米膜

5.3　油墨、涂料、颜料和化妆品

传统印刷用油墨、颜料等常含有乙醇、甲苯、二甲苯等有机溶剂，在生产及应用过程中一般都伴随着空气和水等环境污染、水资源浪费、能源消耗、褪色等问题。开发新一代染料、颜料，有利于减少传统的染料或颜料用量，或简化、缩短染整加工工艺和流程，达到减少污染、省水节能的目的。而光子晶体结构色颜料（简称光子晶体颜料或光子颜料）就是一种绿色、无污染的新型结构色颜料。光子颜料（或叫光变涂料、油墨、变色颜料），即微米级光子晶体颗粒，是一种结构稳定的可以与光发生作用产生结构色的“绿色”颜料。

从生色机理上看，光子颜料主要有两种形成结构色的方法[5]：一种是自上而下和自下而上相结合的方法，在自然组装的情况下，晶态光子薄膜内部存在大量的裂纹，利用裂纹将晶态光子薄膜分解，得到各种颜色的光子颜料，还可再将已得到的几种光子颜料按比例混合，最终得到一系列其他的颜色；另一种是在一定的条件下进行自组装，完全自下而上地合成对应尺寸的光子颜料，将其分散于水中，再使用打印、喷雾等方法使其自组装到基布上形成光子晶体结构色。在生产制备上，多是采用真空镀膜、喷涂等方法制备的复合多层纳米薄膜结构色材料经粉碎后形成。例如前面已介绍过的镭射膜、全息膜可以制备成金葱粉（或称闪光粉 / 片、金银粉 / 片），首先由镭射膜、全息膜剪切成有虹彩效应的超细闪光纤维（也叫彩虹丝、金葱丝、镭射丝等），再经切粉后制成。其加工工艺大概是：PET 透明膜经真空气相沉积多层薄膜（或称虹彩膜、高温镭射膜、全息膜等）→分切→涂布上色（印刷）→烘烤→切粉成形→网纱过滤→过秤包装→出货。

这种将结构色材料作为印刷（或打印）油墨应用于印刷，而不使用化学颜料的印刷，称为无墨印刷，是结构色材料的一种典型应用。光子颜料在可见光下形成强烈的干涉结构色，表现出动态的颜色及金属光泽，可按一定比例掺进普通油墨中使用，达到反光、闪光和珠光等效果。同一化学结构的颜料，由于晶型、颗粒大小和形状不同，它们的折射率、散射率等也不同，从而引起色调、明度和纯度不同的结构色。因此，一方面利用结构色机理改善色素涂料（或颜料）的着色性能，另一方面将结构色材料用作油墨、涂料、颜料和化妆品（如唇彩和口红）材料（图 5-11）。光子颜料有三种类型，包括具有取向依赖性的有序光子颜料、非取向依赖性的玻璃颜料以及偏光依赖性的胶体液晶颜料。

第一种，具有取向依赖性的有序光子颜料，通常为典型的具有虹彩效应的光子晶体结构色颜料。在光子晶体中，由于布拉格衍射，结构色有明显的角度依赖性，颜色会随着观察角度的变化而变化，即彩虹色。基于重力沉降、垂直沉积等方法的胶体微球自组装有助于形成规则光子晶体，获得虹彩色光子颜料。

图 5-11　光变（结构色）颜料（a）及应用于脸上的妆容（b）（来源于厦门曦恩科技）

Zhou 等[6]通过 Stöber 法（溶胶 - 凝胶法），制备出一系列单分散的二氧化硅（SiO_2）微球，研究了重力沉降的不同组装条件对光子晶体质量的影响。如图 5-12（a）所示，将 301nm 的 SiO_2 沉积到聚酯织物表面，当观察角度从 0°变为 90°时，颜色从橙色逐渐转变为青色。Lee 等[7]利用垂直沉积法将光固化胶体悬浮液沉积到基材表面制备了光子晶体颜料，并且通过紫外光刻平版印刷技术使晶体结构图案化。图 5-12（b）表明，在垂直入射光下，当观察角度从 10°增加到 55°时，图案颜色从亮绿色转变为紫色，颜色具有明显的虹彩效应。图 5-12（c）为涂覆在玻璃表面的彩色颜料，颜色同样具有角度依赖性。

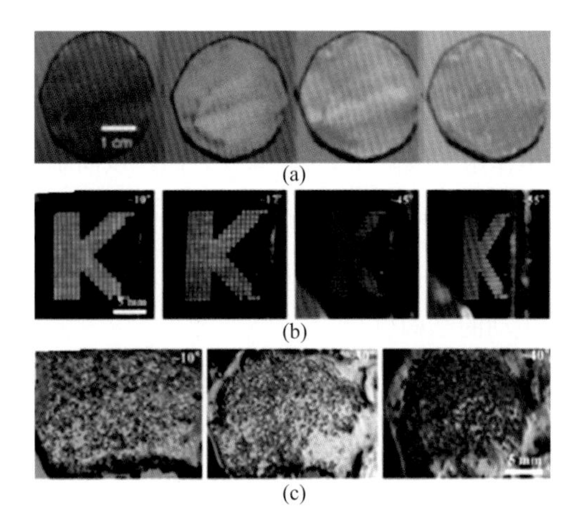

图 5-12　不同观察角度下聚酯织物表面的 SiO_2 光子晶体颜料[6]（a），“K”字图像的光子晶体颜料（b）及涂覆在玻璃表面的彩色颜料（c）

第二种，非取向依赖性的玻璃颜料以及偏光依赖性的胶体液晶颜料，如非晶光子晶体制备的光子颜料。在非晶光子晶体中，光子经过材料晶体缺陷的多重散射，在干涉的作用下形成了各向同性的带隙，这种带隙使结构色具有非角度依赖性，颜色不会随观察角度的变化而变化，即非虹彩色。一般，通过引入高挥发性的溶剂或利用喷涂法将单一粒径的纳米颗粒进行自组装，比较容易获得短程有序、长程无序的非晶光子晶体。除此之外，将不同粒径的纳米颗粒混合或使微球表面粗糙化，同样也有助于非虹彩色光子颜料的制备。

Zhang 等[8]对聚苯乙烯（PS）微球和油墨的混合物进行自组装，制备了鲜艳的非虹彩光子晶体颜料。由于油墨颗粒的非球形形状以及与 PS 微球的尺寸差异，PS 微球形成的长程有序结构被破坏，另外油墨颗粒的加入大大提高了颜料的饱和度。Li 等[9]在 SiO_2 胶体纳米颗粒中加入 PVA 添加剂，采用雾化沉积法制备出具有鲜明非虹彩结构色的非晶光子晶体结构色颜料。此法可以将颜料雾化沉积到各种不规则或者高弯曲表面（如纸张、树脂、金属板、陶瓷和柔韧的丝织物等）形成结构色。吴钰等[10]使用数控墨水分配系统，以黑色活性染料和 P（St-MAA）微球为复合型墨水，在白色蚕丝织物上一步实现了结构生色。在自组装时，真丝织物上最终的结构色定格之前会经历一系列的颜色变化，染料上染白色织物过程和胶体微球自组装构筑光子晶体过程同步进行。

周岚等[11]为了改善纺织领域中光子晶体对低色彩饱和度的限制性，使黑色活性染料在静电作用下吸附在 PS 微球外表面，从而制备了活性染料 @PS 微球结构单元，通过喷墨打印自组装的方法在白色棉织物上制备了光子晶体。由于黑色活性染料具有较强的光吸收能力，它使光子带隙光不受杂散光的影响，从而得到明亮生动的结构色。

Zhou 等[12]将聚丙烯酸酯、炭黑与聚苯乙烯微球混合配制印花色浆，通过丝网印花的方式在白色涤纶织物上制备了色彩鲜艳、非虹彩效应的结构色，炭黑的加入提高了结构色的饱和度，聚丙烯酸酯（黏合剂）的添加大幅提高了结构色的稳定性。

光子颜料可以是以流体介质的结构色油墨形式存在，也能以更硬的微胶囊制备的可干燥的颜料形式存在。Park 等[13]通过微流控制法制备出了由含有核-壳型胶体颗粒致密非晶填料的微胶囊组成的光子颜料，如图 5-13（a）和（b）所示。微胶囊的设计有助于抑制非相干和多次散射，使颜料具有非虹彩效应的结构色。

Josephson 等[14]采用模板法制备出由不同大小的聚合物胶体粒子组成的反蛋白石结构，再将其研磨制备出蓝色、绿色和红色光子颜料［图 5-13(c)］。与薄膜和颜料颗粒相比，观察到的结构颜色几乎保持不变。此外，这三种不同颜色的颜料可以根据添加剂混合规则混合成一系列其他的颜色［图 5-13(d)］。Liu 等[15]将不同粒径的聚苯乙烯-甲基丙烯酸［P（St-MAA）］微球制成光子晶体墨水，用喷墨打印的方法，在织物表面制备出色彩鲜艳的光子晶体结构色图案，如图 5-13（e）所示。

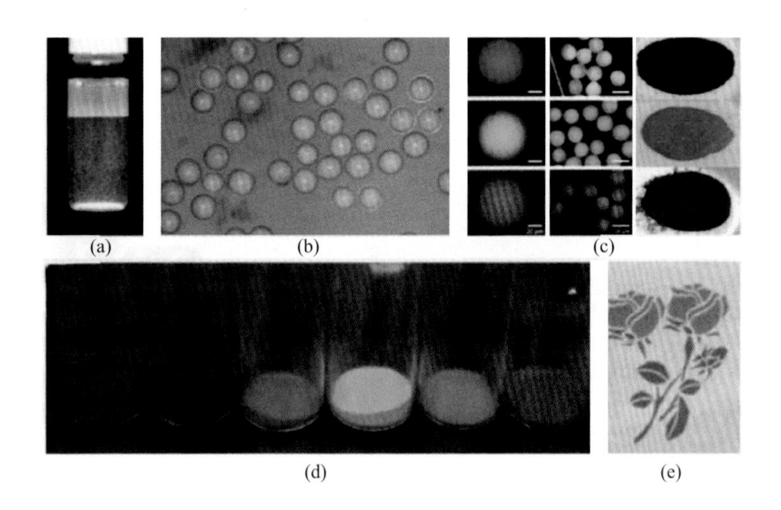

图 5-13 非虹彩色光子晶体结构色颜料

（a）经紫外线固化后在水中的光子颜料[13]；（b）不同壳层厚度的核-壳粒子制备的蓝色、绿色和红色结构色颜料[13]；（c）不同尺寸的模板粒子制备的蓝色、绿色、红色结构色颜料[14]；（d）将（c）中颜料按比例混合的一系列颜料[14]；（e）结构色颜料在织物上的图案[15]

Gu 等[16]首先使用微流体技术制备疏水性颗粒，利用该颗粒将胶体晶体溶液封装起来，形成特殊的“核-壳结构”，待其结构稳定后用紫外线和超声波处理去除表面的疏水性颗粒，使得胶体晶体表面形成半球形的凹陷，表面凹陷增强了入射光的散射，导致了光子晶体颜料的低角度依赖性。Kawamura等[17]制备了PSt@PDA颗粒，通过调节PSt@PDA的表面粗糙度来控制颗粒的排列，当外壳PDA厚度较小时，PSt@PDA表面平滑，产生光子晶体材料；当PDA厚度较大时，PSt@PDA表面粗糙，产生非晶光子晶体。

Wang等[18]采用均相沉积法和煅烧法制备了碳修饰核-壳纳米球ZnS@SiO_2的非虹彩色的结构色颜料。与传统方法相比，制备的颜料颜色饱和度高，稳定性强，角度依赖性小。由颜料和乙醇组成的典型涂料可以不受限制地喷涂在任何基材上。该课题组[19]又制备出具有核-壳结构的CdS@SiO_2纳米微球，配成10%（质量分数）悬浮液，通过垂直沉积法构建CdS@SiO_2非晶光子晶体。

在应用上，华阳光学采用真空镀膜、精细化工、纳米技术等多种制造工艺所开发的变色颜料OCEP®［图5-14（a）和（b）］，是一种具有特定光谱性能、可随角度变色的多层干涉型薄膜颜料，可以应用在包装［图5-14（c）］、防伪［图5-14（d）］、印花［图5-14（e）］等领域。

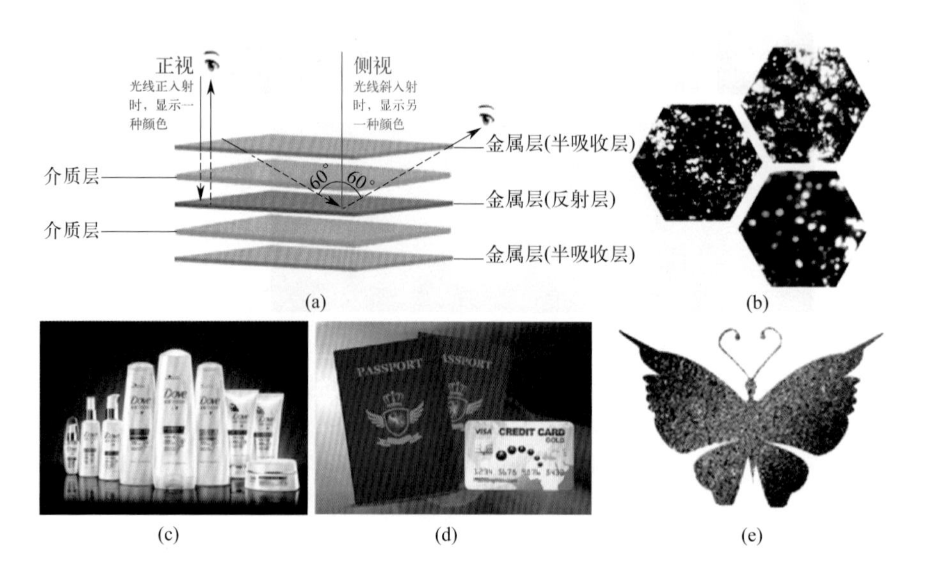

图5-14　变色颜料OCEP®结构（a）、变色颜料（b）以及应用于包装（c）、防伪（d）和印花（e）等领域

宁波融光纳米科技有限公司主要从事光学纳米结构技术环保颜料的研

发、应用开发、生产及销售。该公司以纳米结构色真空镀膜生产及卷对卷纳米压印为技术核心，研发出全色系的颜料产品 - 融米 1 号色粉［图 5-15（a）］，可以应用于手机数码和汽车涂装［图 5-15（b）］、印花［图 5-15（c）］、皮具服饰［图 5-15（d）］、彩妆等表面处理所需的颜料、色浆、油墨、油漆中，具有绿色环保、色彩艳丽、耐候耐高温、颜色丰富易调等优异特性。

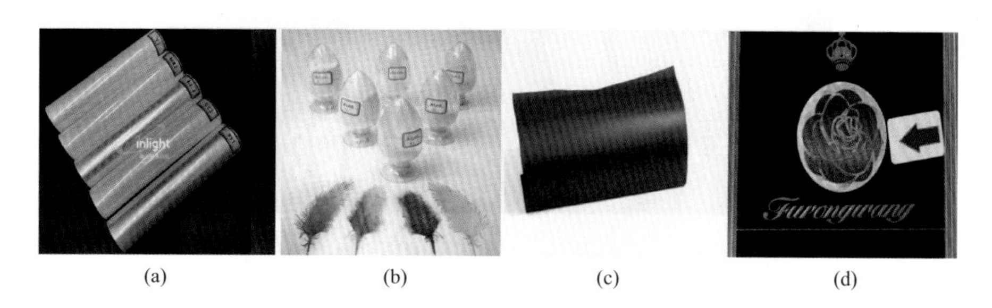

(a)　(b)　(c)　(d)

图 5-15　融米 1 号纳米晶颜料色粉（a），融光纳米晶颜料做成的色浆材料（b），融光纳米晶颜料制成的光学变色油墨所形成的印花（c）以及用于皮具的表面装饰（d）

惠州华阳光学技术有限公司研发了一种结构色颜料[20]，该结构色颜料包括依次层叠设置的第一介质层、吸收层、第二介质层和反射层，第一介质层和第二介质层在可见光波段的折射率或者等效折射率大于 1.8，结构色颜料在垂直视角到与垂直视角呈 70° 夹角的范围内，其反射光相位变化小于 30nm。这种结构色颜料具有低角度依赖性，色彩饱和度高，颜色全面，可覆盖全可见光色域，有较强的实用性。

苏州印象镭射科技有限公司研发了一种微纳结构磁性光学镭射粉（结构色粉）（图 5-16），显现出不同色彩和 3D 效果，适合于印刷、喷涂、涂布，应用于化妆品、印刷、装饰建材、汽配装饰等领域。其粒径在 25 ～ 75μm，粉体厚度 2μm 左右。这种磁性光学镭射粉在材质、厚度、粒径上基本与光学镭射粉相似，但是生产工艺相对更复杂，应用更广泛，效果更好。

这些结构色颜料也可用于织物或服装印花，在印花浆中加入，使花位呈现出特别靓丽的金银色，是一种十分理想的印花装饰工艺。如晶体包覆材料的金光印花浆，以特殊的晶体为核心，包覆增光层、钛膜层和金属光泽沉积层，长期暴露在空气中不会发暗，具有很好的耐候性和耐高温性，色样持久、不褪色。用云母包覆体的银光印花浆，与云母钛珠光印花浆相似，印到织物上后，钛膜层包覆的厚度不同能衍射出不同色泽的银光，而且各项牢度都很好。

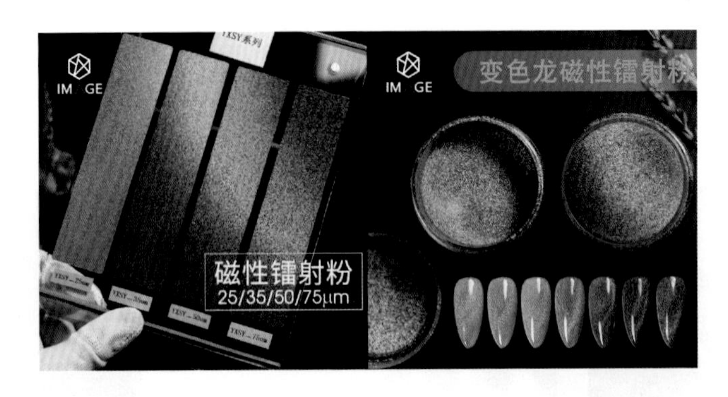

图 5-16 苏州印象研发的磁性光学镭射粉及有关应用

5.4 服装、服饰、箱包及可穿戴产品

光子晶体结构色薄膜［图 5-17（d）］可通过与不同基材相结合，以及不同的加工工艺，形成具有防伪、传感、指示和防护、识别、伪装、装饰等作用的薄膜材料产品，可应用于消费电子、穿戴［图 5-17（a）和（b）］、建筑、交通、汽车［图 5-17（c）］、军事、美妆等行业和领域。这些产品避免了现阶段各种消费电子、穿戴市场大量使用的电镀、喷涂、染色工艺以及因此造成的环境污染与健康牺牲，具有极强的社会意义与价值。

(a)

(b)

(c)

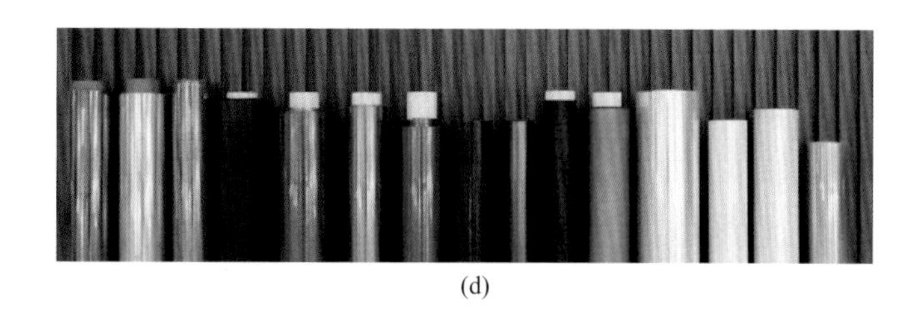

(d)

图 5-17 采用光子晶体做成的背包（a），采用光子晶体做成的穿戴物品（b），采用光子晶体做成的汽车涂层（c）及光子晶体薄膜产品（d）

2001 年以来，服装时尚界开始流行金色、重金属色、银光色和幻彩等金属色、结构色，这些颜色效果大多是在纺织面料上通过真空气相沉积薄膜或湿法自组装光子晶体等形成的结构色。多年来，国内外各大品牌亦相继推出了结构色系列产品，包括结构色服装、手提包、鞋子及箱包等产品（图 5-18）。

图 5-18 各种结构色服装服饰及鞋子、手提包

这种应用于服装服饰的视觉结构色，满足人们对不同色泽（色调与光泽）、形态、花纹、材质的视觉追求。除日常服装服饰应用外，还应用于舞台表演荧光服、夜间反光服、军用迷彩作战服等。结构色服装的颜色由自身微纳光学结构对光的作用产生结构色。同时，酸碱性、湿度、温度、外应力等外界环境因素会对结构色纺织品中特殊的周期性物理结构产生一定的调控作用，因此结构色纺织品的颜色或花型随这些因素的变化而变化，由常规的“静态色”变为若隐若现的“动态色”，在纺织服装业得到了飞快发展及良好应用。

需注意的是，这些结构色面料或服装如果是湿法自组装光子晶体形成的结构色，其基底面料及制成的结构色面料的通透性（透气、透湿等）较差，甚至大多数产品是以不透气（汽）的表面平整的PET透明薄膜（片）为基底制成的，以获得具有足够亮度、纯度和鲜艳度的虹彩效应、幻彩的结构色。而以常见的棉、毛、麻或新型的纤维素纤维（黏胶、莫代尔、莱赛尔等纤维）织造的面料（布料）为基底制备的结构色纺织品或服装则很少，因为以这些材质为基底制备结构色的技术还有待加强。因此，结构色纺织品（包括服装）还有更广泛的技术空间和应用空间。

广东欣丰科技有限公司采用自主研发的专用设备和拥有知识产权的“纳米生色”技术，将金属材料及其氧化物、半导体材料或非金属材料镀覆在织物表面形成复合纳米膜层，产生色彩和图案或达到各种各样的功能性效果（图5-19）。在纳米生色过程中，不需要使用水和蒸汽，不改变织物和其他基材的原有质感及属性。独特的着色方法甚至可以使传统印染无法上色的织物例如香云纱、芳纶、玻璃纤维、石棉纤维、碳纤维等产生颜色。流光溢彩的结构色面料和服装为服装业、时尚界提供了新选择。

结构色服装还可以兼具各种功能性，应用为功能性服装。结构色薄膜等结构色材料通常属于多层微孔结构，通过精细设计可使其具有优良的保温和透气性能，以提高穿着舒适性。同时，可在军服、伪装材料表面引入疏水或疏油颗粒，制造出兼具伪装能力和防水防油能力的功能性服装服饰。广东欣丰科技有限公司利用“纳米生色”技术可制备各种渐变色、角度色、双面色、金属色等结构色服装，同时具有防水、抗菌、防晒、抗氧化、耐酸碱和导电屏蔽功能，扩展了结构色纺织品的应用。

图 5-19　真空溅射镀膜法制备的结构色织物

此外，结构色结合特定功能的纺织品还可用于生物医学检测及人工智能、可穿戴产品等领域。利用结构色材料对外界环境因素（如酸碱性、湿度、温度、光强、电压、应力等）的响应机制，为湿度、温度、酸碱度传感器等的发展提供了新的思路。同时，基于生物传感材料的可穿戴设备可持续监测人体的多项健康指标，如变色材料制成的传感器应用于可穿戴设备中进行健康监测，将其在外部刺激（机械力、湿度、光、电压及温度等）下产生的肉眼可见的颜色变化通过传感元件转化成表皮生理信号，实现监测功能。类似的应用还有，如通过比色法检测乳酸和 HRP（人血清白蛋白）活性变化[21]；“裸眼”色度传感器[22]；可拉伸交互式变色传感器[23]等。可穿戴材料、器件或产品集成了包括电化学、微流体、柔性电子、纺织、高分子等技术或材料，可穿戴相关技术不断成熟，其应用越来越广，还有很大的发展空间。

5.5　包装与装饰

包装常常会运用造型、色彩、图形、文字、材质等视觉元素以突出商品、品牌的文化内涵和信息，其中色彩图案或纹理对于一个产品外包装或外形非常重要。结构色的物理稳定性和化学稳定性都比传统色素色高，风吹日晒永不褪色，更适合作装饰类应用。基于微纳结构色的表面微纳纹理（或称微纳结构纹理、光学纹理）可以用来表达图像文字的色彩、反差、动态、立体等信息，手机、箱包、服装、鞋帽、眼镜、化妆品等产品的外观包装均用到结构色工艺或材料。相比传统的油墨（染料、涂料）装饰，结构色应用于包装装饰上集触感、色感、光感等于一身，不但可以表现颜色，还可以表达动态变化和空间三维立体效果，整体视觉更加惊艳，效果更好，颜色更新奇。比如拉丝纹、水波纹状的彩虹色、幻彩色等（图 5-20），而普通的颜料及染料应用达不到这样的效果。

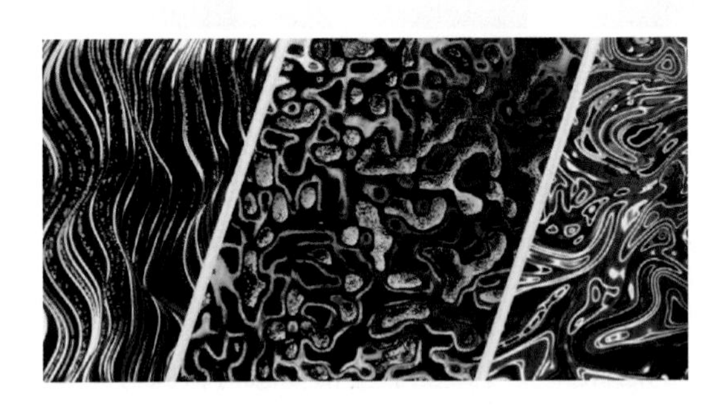

图 5-20　高仿拉丝纹、水波纹、动植物等纹理

结构色正越来越广泛地应用在产品包装装饰上，提升了产品的美感、气质和使用感受。这种微纳光学结构（包括薄膜）承载在塑料薄膜［PET、PC、PVC、BOPP（聚丙烯）等］、塑胶片材［PMMA、PC、ABS（丙烯腈 - 丁二烯 - 苯乙烯共聚物）等］、纸张、玻璃乃至金属（马口铁、铝材等）等板材上，可以局部或全部代替传统油墨印刷、电镀、喷涂等工艺，具有节能减排的作用，产品更安全。

微纳结构光学纹理广泛应用于电子电器、建筑装饰、箱包皮布、卫浴洁具等表面装饰（图 5-21）。通常见到的素面、光柱、碎玻璃、透镜（猫眼）雨丝等所谓的激光全息效果，其实都是不同编排形式的光栅结构形成的结构色（纹理），是一种无墨印刷方法。光栅结构色是目前包装及装饰应用最广泛的结构色，通常作为印刷底材或点缀性局部烫印来增强印刷效果。

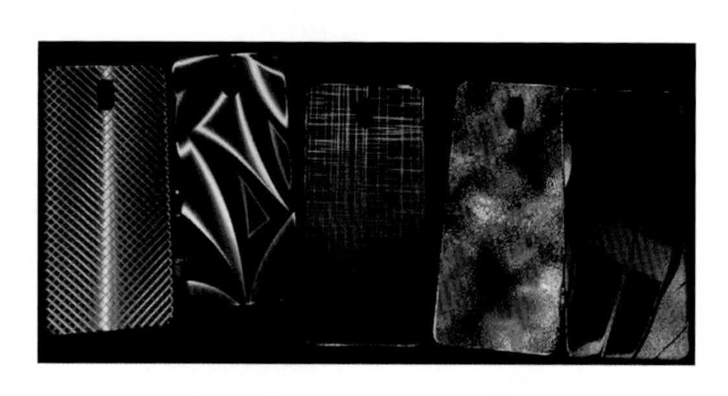

图 5-21　微纳结构纹理应用于手机装饰

所谓无墨印刷（打印）即采用激光刻写、全息技术、电子束、超精密数控加工、电化学、真空气相沉积、光子晶体自组装等微细加工技术，在承载体表面形成数码编制的微纳结构，由此产生光的折射、衍射、反射、散射、波导等光显色现象，以显示文字、图形或仿真各种纹理，或表现动感三维立体图像。大致工艺流程是通过以上微细加工技术或工艺按照设计好的纹理图样在模具上形成需要的纹理（光学微纳结构或光栅衍射单元），之后通过 UV 转印等方式直接印到产品表面或者膜片上（膜片要做贴合），然后再进行镀膜、丝印等其他工艺。它可以让纹理更加精细、丰富和灵活多变，形成不锈钢拉丝纹、碳纤维结构纹、水波纹、编织物、树皮、大理石、山水云雾、光柱、虹彩等色彩或纹理。可广泛应用在金属、塑料制品、玻璃、陶瓷、建材、纸张、布料、皮革等材料表面，这种微纳结构表面纹理创造了全新的表面装饰视觉体验，进一步提升了产品的差异化和美感。这种基于结构色的无墨印刷可能是最安全环保的色彩表达方式。

2019 年开始，纳米结构色应用于手机后盖作为装饰的应用逐渐增多，有各种各样的幻彩光学效果（图 5-22）。这种流光溢彩的颜色或表面纹理也应用于笔记本电脑的 Logo 标识、鼠标的纹理、手机后壳的纹理、耳机的包装盒装饰等，已成为当前数码圈的一种时尚潮流，也是很多品牌的产品差异化所在。另外，纳米结构色应用在汽车外观装饰上，使车身整体在阳光下五彩斑斓，十分耀眼、新奇。

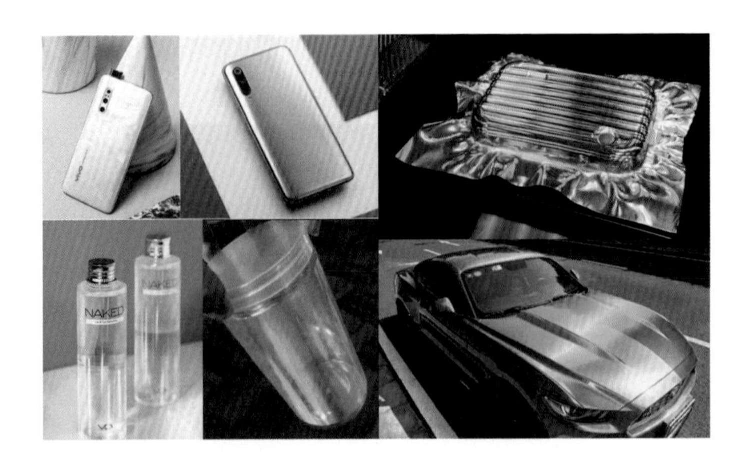

图 5-22 结构色应用于各种产品的外观颜色及包装装饰中

总体来说，这种结构色微纳光学纹理是结构色的一种显性色彩应用（另外还有隐性色彩应用），可以有各种各样的表现形式（表 5-1[24]）。

表 5-1 微纳光学纹理的显性色彩应用[24]

显示技术	特点及应用
一维光栅	亮度较高，通透性好，呈单方向衍射，呈现虹彩视场
二维光栅	衍射呈二维对称分布，呈多方向虹彩视场
2D/3D	平面图文呈现两层或多层前后景深，由多个二维 / 三维图片构成的非连续性断层立体景深的全息图片称为 2D/3D 全系图
立体（3D）	真实的三维物体，点光源下清晰呈现，多光源或面光源照明环境下比较模糊
真彩色	能够在特定光照角度下再现原物自然色彩，如人像、蓝天白云
3D 动态	能够在特定角度下还原 3D 自然色彩，能够表现简单的动作，如手势变化、眨眼、小鸟飞翔、白云飘动等
白色动态	随观察角度变化呈现明暗动态变化
白色漫反射	多角度呈现稳定的灰白色，又像“雾白、烧白”
深纹透镜	有高光泽透镜感，呈现较清晰的透镜成像效果，无彩光，俗称“白色猫眼”
浅纹透镜	有较高光泽感彩色透镜效果，俗称“彩色猫眼”
衍射浮雕	彩色凹凸浮雕立体感，又称彩色浮雕、激光浮雕。利用衍射光栅变角度技术形成立体凸感效果
金属浮雕	一种全视场浮雕效果，无虹彩色，呈现单一金属光泽，俗称“铂金浮雕”。一种宽视角浮雕效果，通常不呈现色彩。基于实物测绘或者计算机图形设计软件生成三维曲面，对三维曲面进行微纳米等高分层裁切，并将各层曲面段平移集中至同一层。设计方法和结构轮廓与菲涅尔透镜轮廓相似。该结构通常呈现凸起金属光泽，类似铂金浮雕感

续表

显示技术	特点及应用
哑面浮雕	具有表面磨砂雾面浮雕立体感，又称沙银浮雕
0 级光衍	透明介质在反射光角度具有相对稳定的色彩变化，又称光衍、DID、蝶影光变。高分辨率光栅结构，在较高折射率材料作用下，0 级反射角呈现宽视角颜色变化。其色散衍射角较大，可用于大角度同位图文信息隐藏
同位异像	在同一位置不同角度可以看到多幅完整的图像，左右或旋转同位异像的特点是同一（或基于同一的光栅频率密度）控制方便，可以多幅图像同位异像。缺点是容易相互干扰
立体转动	两个平面图文前后分布，随灯光或观测角变化相向移动，具有较强的立体感。缺点是普通光源下有模糊影像，故归属于显性技术
光变超线	又称动感超线、激光超线，0.1 ～ 0.3mm 线宽，具有变化动感的幻彩细线

5.6　防伪加密与隐身伪装

结构色材料的主要用途就是应用在相关光学信息材料或器件上，大体上包括光学显示（包装装饰、饰面纹理）、防伪加密、隐身伪装与安全警示等应用。前面介绍的各种复合薄膜材料是应用比较成熟、使用较广泛的结构色材料，而之后介绍的是这些结构色材料具体应用方面的内容。特别地，结构色广泛应用于防伪加密、隐身伪装与安全警示，这正是结构色的隐性色彩（或图文）显示方面的应用，如表 5-2 [24] 所示。其中，防伪加密是结构色的典型应用，用于防伪的相关机理和制备方法在介绍镭射膜、全息膜等复合膜时已阐述过，在此不再赘述。

表 5-2　隐形色彩（或图文）应用方面 [24]

显示技术	特点及应用
微缩图文	50 ～ 150μm 高度的文字或 logo 图像，一般采用 10 ～ 40 倍手持放大镜或手机微距摄像可观察到微缩信息。 可用于一线、二线防伪
超精细微缩	20 ～ 50μm 高度的文字或 logo 图像，一般采用 40 ～ 100 倍手持放大镜或生物显微镜可观察到微缩信息。 可用于二线、三线防伪
信息纤维	纤维线是防伪纸张常用工艺，位置随机，常做成荧光多色，广泛用于人民币等票证。信息纤维宏观上看到的是一根纤维线，40 倍放大可见一串扭曲的词组，纤维线宽度及图文高度通常在 150 ～ 300μm。 用于二线、三线防伪
像元字符	每一个像素由一个或者多个字符单元组成，常隐藏在显性技术点阵动态图像（或可变光学图像 DOVID）中

续表

显示技术	特点及应用
激光再现	用激光笔照射隐藏区，可以双向对称显示或双向异像显示出隐藏的静态图形，也可以设计成激光再现投影动画
衍射特征图形 / 手机再现	具有极好的隐藏性，在普通光环境下表现均匀灰色，用手机灯光或其他点光源照射，显示两组 180° 对称虹彩色衍射图文，在手机显示屏上直接判读。可以承载电子信息码并且不影响扫描二维码。可用于二线、三线防伪

防伪与加密通常是一起的，信息加密是为了更好地防伪。特别地，偏振显示可作为一种光学加密、安全防伪手段。Zang 等[25, 26]设计了一种硅纳米块半波片结构（透射电介质超表面），将彩色图像编码在与波长相关的矢量光束（在垂直于传播方向的横向平面上具有不均匀的偏振态分布）中。沿 x 轴的传输轴上的线性偏振器用于生成线性偏振双波长激光束（550nm 和 660nm），该激光束照射在透射电介质超表面上，当入射光束穿过样品后，会生成两种颜色所需的空间变化偏振态［图 5-23（a）］。具有不同方向的红色和绿色箭头表示红色光和绿色光的偏振状态的变化［图 5-23（b）］。在来自超表面的合成光束通过具有沿垂直方向的传输轴的分析器（线性偏振器）后，显示前面经过编码的水果组合图案，此为解码过程。透射电介质超表面由具有空间变化方向和不同尺寸的硅纳米块组成，纳米块的不同尺寸用以控制颜色的分布，纳米块的不同空间变化方位用以控制颜色的亮度。以这一方式编码的彩色图像必须经由偏振片解码，否则不能还原（显示出来）。图 5-23（c）显示了有偏振分析器时解码还原出原来的玫瑰花和水果组合图像，而没有偏振器时仅显示模糊的单色图像，从而实现了图像加密作用，同样起到了防伪效果。

结构色材料在国防和军事领域用于隐身、伪装的潜力巨大。军事伪装和隐身技术涉及（包括但不限于）光学、电学、声学、热学、化学、植物学、仿生学、流体力学、材料学等学科。隐身或伪装即降低被探测（发现）概率的技术，特别是指光学、热红外、无线电波等方面的隐身或伪装。结构色材料应用到这方面的，主要是光学迷彩或伪装，与各种智能感应变色材料和变色服装的应用有关但又有所区别。如何能做到与背景色一致的结构色，以达到类似变色龙、枯叶蝶的光学隐身伪装效果，这方面的研究、技术和应用还有很大的发展空间。

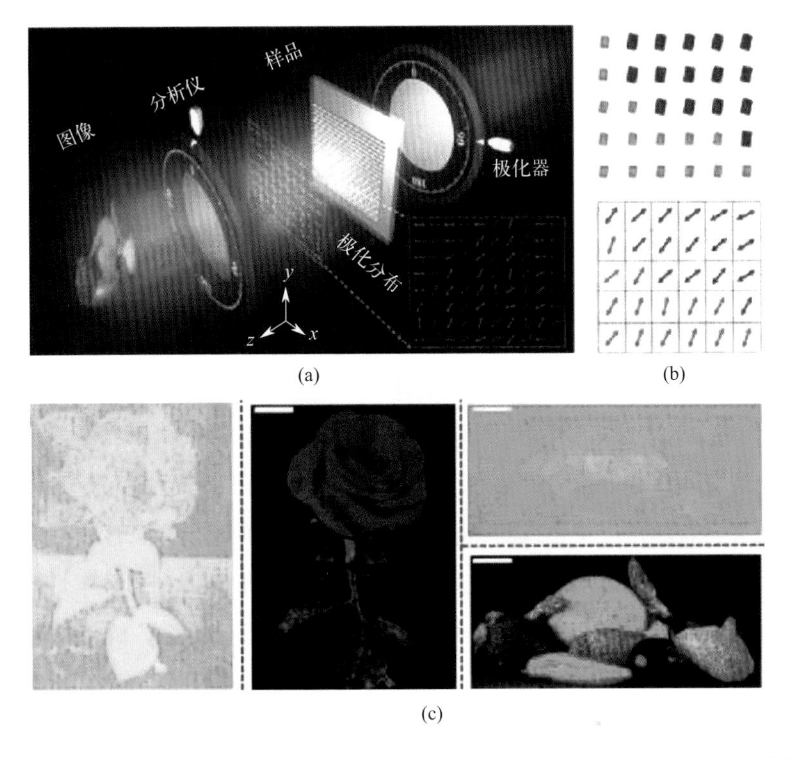

图 5-23 偏振编码彩色成像（偏振解码）示意图（a）、响应波长与方位角不同的硅半波片阵列（b）及无 / 有分析器（偏振片）时观测得到的彩色（玫瑰花和水果组合）图像（c）[25, 26]

5.7 显示与安全警示

结构色材料已广泛应用于光学显示方面，如液晶彩色显示应用方面用到的液晶材料与偏光、滤光薄膜等也属于结构色材料，只是这些结构色材料应用的是光源性的电致变色机理。而全息膜和结构色超表面等结构色材料也可用于光学显示。从广义上来说，全彩显示、打印或全息显示、防伪甚至包装装饰等功能或应用均属于光学显示。如罗先刚等[27]报道了一种厘米级尺寸的全彩结构色全息超构表面，通过银制光栅结构间的悬链线光场（由表面等离子体激元耦合产生），激发超窄带（约 20nm）光子自旋 - 轨道相互作用（PSOIs），改变光栅周期及宽度可以分别产生高纯度的红、绿、蓝三基色，再结合混色原理可实现对结构色图像的色调、饱和度和亮度的灵活调控。还有，由三氧化钨、金和铂的纳米材料制作的显示用的无机电致变色电子纸[28]或反射屏幕，可以利用环境光使颜色更亮丽、更清晰，使得这种电子纸比普通显示屏更适合在明亮（如室外阳光直射）的条件下使用。

此外，可利用反光与夜光、荧光、逆回归反射等结构色材料或织物制作成交警警服、雨衣、环卫工人工作服或具有交互式变色和闪烁功能的交通信号标牌、夜间交通反光标牌等，因其反光颜色可起到安全警示的作用。特别是逆回归反射材料或织物可更好地应用于制作这些安全警示产品。如武利民团队[29]将直径为数微米至十几微米的聚合物胶体微球（人工光子晶体）组装到普通透明聚合物胶带的黏胶层上形成单层微球阵列，研发了一种既具有逆反射又具有随角度变色或随角度不变色的智能响应结构色薄膜材料。这种逆反射结构色薄膜应用于夜间交通反光标牌或广告牌上时，由于车灯照明的方向和司机的视角处于同轴，司机从远到近可观察到均一、鲜艳的反光颜色，而路边的行人由于视角和车灯照明方向处于不同轴，随着车辆由远及近可观察到不断变化的反光颜色（图 5-24），从而可有效提醒行人（特别是佩戴耳机或听力受损者）主动避让后方的车辆，避免交通事故的发生。

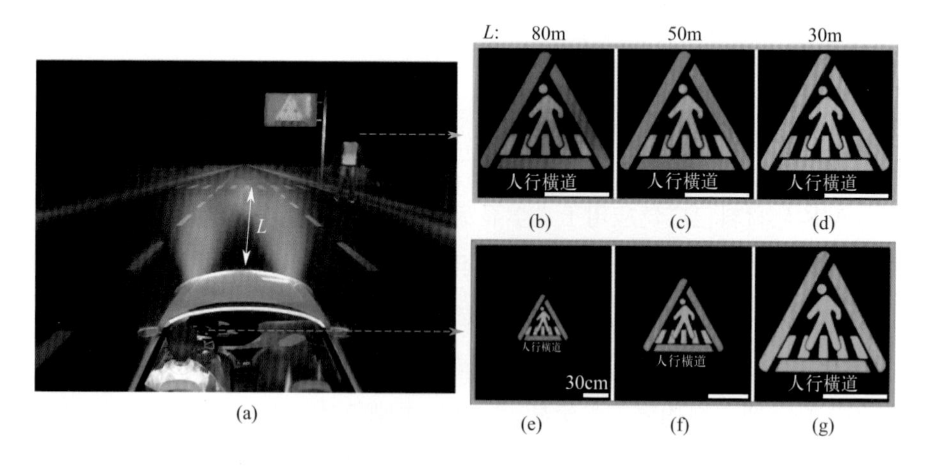

图 5-24　逆反射结构色薄膜制备的交通反光标牌在夜间道路上应用的示意图（a），以及车辆距离标牌不同距离（80m、50m、30m）时行人视角（b）~（d）和司机视角（e）~（g）的照片[29]

该薄膜还可以应用于智能交通显示，如具有交互式变色和闪烁功能的交通信号标牌等。这种逆回归反射材料、织物或服装在前面章节（如金属色等幻彩色的服装）也有所介绍，其机理是在聚合物胶体微球（人工光子晶体）与透明胶带之间形成气垫微球 / 聚合物的双层微结构，当白光入射时发生薄膜干涉结构色和全内反射（回归逆反射）效应。调节微球（人工光子晶体）粒径可以实现不同颜色的结构色。

5.8　结构色打印（图案化印刷）及微流控技术

结构色打印（印刷）是实现结构色快速图案化、充分发挥结构色功能的重要途径之一。2021 年，结构色材料应用于打印包括透明墨水的全彩结构色打印、胶体光子晶体的高性能结构色打印、光学介质材料的高分辨结构色打印和响应性材料的动态结构色打印等，在机理、技术及功能等方面均取得了重要突破和进展[30]。

① 透明墨水的全彩结构色打印（印刷）简称“结构色喷墨技术”（或称结构色油墨技术），使用的油墨中不含染料或颜料等色素，而是油墨在基材上固定后形成的墨膜内含有微细结构，可见光作用于这个微细结构后通过反射显现出结构色。这种喷墨印刷（打印）非常适合作用于树脂、玻璃等表面，通过自由绘制结构色，可展示出丰富的色调，实现创意性十足的装饰印刷效果，可以表现各种色调下的不同图案，调整色彩浓度（或墨水液滴大小）有渐变效果（色调、亮度发生渐变）。

如图 5-25（a）所示为使用单一透明聚合物油墨进行结构色印刷的过程。将聚丙烯酸溶解在水和乙二醇的混合物中制成聚合物墨水，然后在疏水性基材上喷墨打印制备出大面积彩色图像。图 5-25（b）显示红色、蓝色和绿色墨滴分别对应于 16.2μm（单滴）、20.3μm（双滴）和 23.5μm（三滴）的直径，图 5-25（c）为对应的这三种颜色样品（宏观尺度印刷结构色面板）及其反射光谱。打印的全彩面板由具有受控色域和亮度的 36 个结构调色板（比例尺为 2mm）组成［图 5-25（d）］[31]。需注意的是，本研究采用的基底是疏水基材（玻璃），以使墨滴可以形成微圆顶结构，从而产生干涉与反射，不同墨滴大小形成不同色调的结构色。

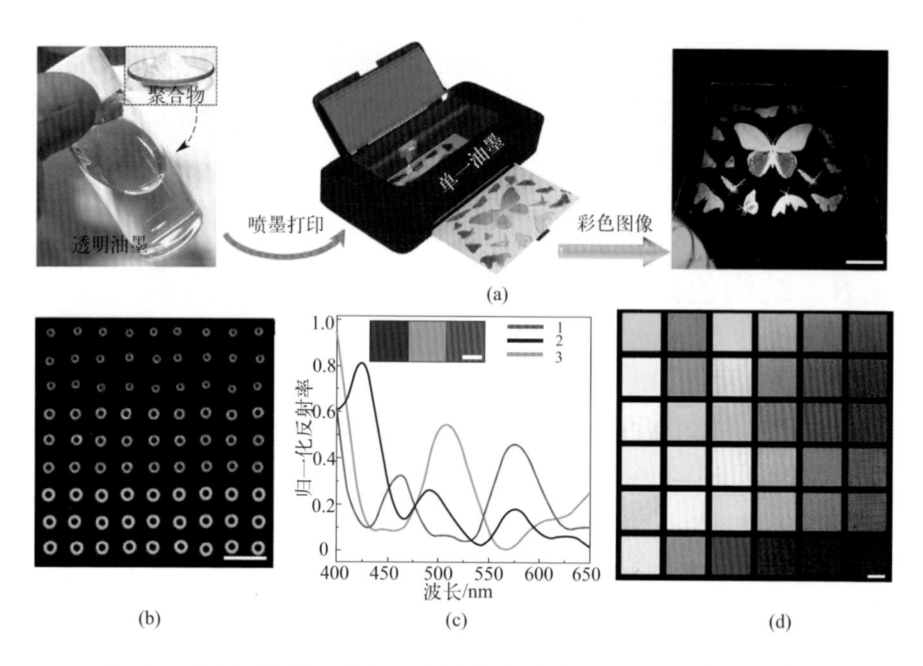

图 5-25 单一透明墨水的结构色喷墨打印过程（a）、从空白侧观察到的微圆顶墨水（滴）的暗场光学显微照片（比例尺为 100μm）（b）、彩色样品及反射光谱（c）和全彩样品基板（d）[31]

薄膜干涉结构色具有虹彩效应，因而用这种基于透明墨水（墨滴）形成的结构色喷墨技术打印出的同一件印刷品，视角不同，颜色也会变化。其结构色生色机理与薄膜干涉机理相同，均是由于薄膜（或微细结构）厚度不同或视角不同而引起入射光与反射光的光程差不同，从而产生不同色调的结构色。基于此原理，通过这种喷墨打印（印刷）可以自由绘制各种色调的不同图案，并且调整色彩浓度（亮度）可获得渐变效果（图 5-26[32]）。同时，色调还会根据背景（基底）颜色不同而有所变化。

② 胶体光子晶体（colloidal photonic crystals，CPC/CPCs）由于其独特的光学特性而引起了广泛的关注，也不断应用于高性能结构色打印中。宋延林等[33]利用氢键辅助胶体墨水来制造组装良好的 3D 胶体光子晶体结构，然后采用连续数字光处理（DLP）进行 3D 打印，通过控制粒径和打印速度可以

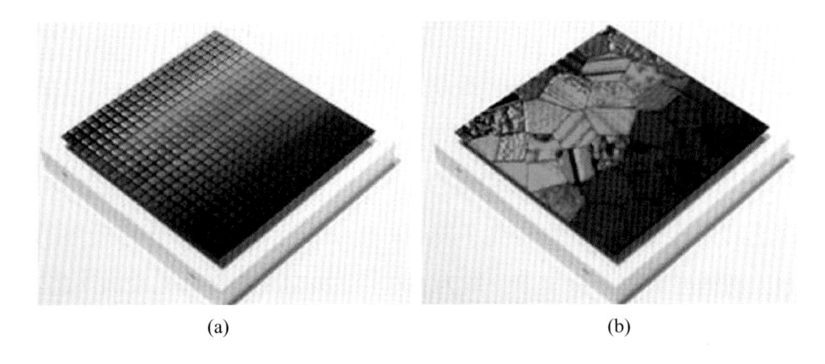

图 5-26　结构色单元（a）与结构色图案（b）[32]

很好地调节结构颜色，从而获得所需结构色。如图 5-27 所示，乐高积木结构件刚打印出来时颜色暗淡（清洗对颜色有影响），采用不同粒径的胶体光子晶体的打印件呈现不同的结构色［图 5-27(a)］，对应的反射光谱如图 5-27(c) 所示。通过胶体光子晶体的不同粒径与不同打印速度进行组合实验，可获得

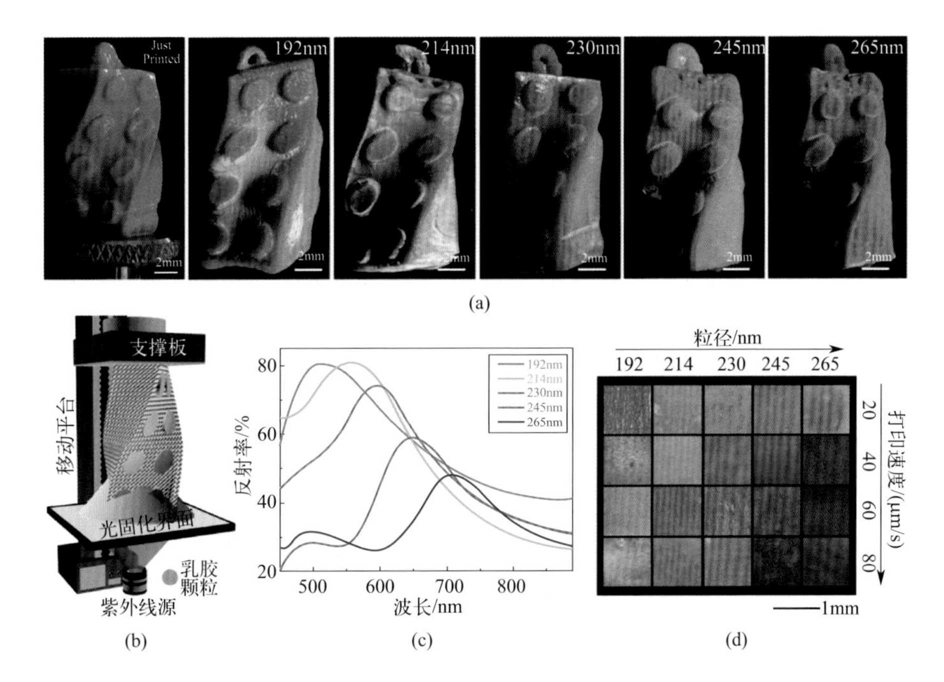

图 5-27　采用不同粒径胶体光子晶体的打印件呈现的不同结构色（a）、3D 乐高积木结构的连续 DLP 3D 打印设备示意图（b）、反射光谱（c）和渐变色图像（d）[33]

一系列渐变光学图像（结构色）[图 5-27（d）]。这种 3D 色彩构造方法在定制珠宝配件、装饰和光学器件制备方面可能有巨大潜力，并为结构色在彩色印刷、显示、防伪及高灵敏传感等领域的应用提供了新的思路。

③ 使用光学介质材料是实现结构色的一个重要方法。光学介质材料结构色应用于高分辨打印方面也得到了发展。传统彩色印刷的分辨率受限于墨滴尺寸和墨滴铺展效应，分辨率一般为 600 ～ 1200dpi ；将硅元表面（超表面）与折射率匹配层相结合，可实现极高分辨率、高亮度和高纯度的结构色，如实现分辨率 14000dpi [34]、100000dpi [35, 36] 甚至高达 127000dpi [30] 的彩色打印（显示）。

2020 年，肖淑敏等[37] 提出了一种使用折射率匹配层 [二甲基亚砜（DMSO）溶液或聚甲基丙烯酸甲酯（PMMA）封装层] 来抑制基底的反射、缩小硅超表面反射光谱半峰宽（即提高颜色纯度）的方法（图 5-28），大幅提升硅超表面结构色的饱和度和鲜艳程度（纯度），在空间分辨率、可制造性、反射率、半高宽和 CIE 色域面积 5 个颜色关键性能参数上实现突破。图 5-28（a）为 Si 超表面的示意图。左侧面板显示颜色苍白，背景在空气中反射；右图显示为可以通过添加折射率匹配层（如 PMMA 或 DMSO）来实现不同的颜色。图 5-28（b）为孔雀与兰花的俯视 SEM 图像（比例尺为 100μm，小插图 SEM 的比例尺为 1μm）。比较图 5-28（c）～（e），可以看到，经过 DMSO 或 PMMA 封装后的样品比在空气中无封装的颜色更饱和和鲜艳，色域面积从空气中 sRGB 的 78% 增加到 sRGB 的 181.8%、Adobe RGB 的 135.6% 和 Rec.2020 的 97.2% [37]。研究表明，在高折射率全电介质（Si）超表面上添加折射率匹配层，在不破坏颜色均匀性和效果下可将空间分辨率提高到衍射极限。

硅的结构色比其他金属的结构色更持久和具有更高的可调谐性。因为可以采用技术成熟的、具有成本优势的互补金属氧化物半导体（complementary metal oxide semiconductor，CMOS）制备技术来制造硅纳米结构。因此，实现与 CMOS 集成技术兼容的硅基明场结构色，对于大规模制备结构色非常重要。

2021 年，史丽娜、张永亮等[38] 在绝缘体全介质硅（silicon-on-insulator，SOI）基底上利用二氧化硅层产生的“法布里 - 珀罗”（Fabry-Perot，FP）共

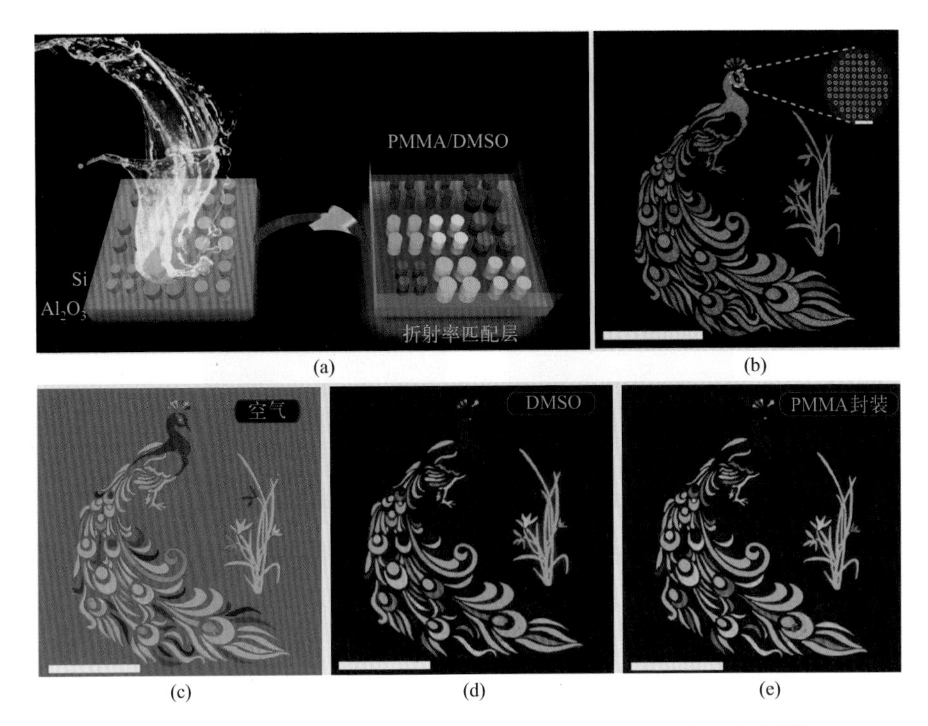

图 5-28　使用 Si 超表面全彩色打印示意图（a）及图像（b）~（e）[37]

振和单个纳米柱支持的“米氏”（Mie）共振相互作用产生相长干涉，进而增强硅纳米柱的背散射强度，提高了结构色亮度。利用这种方法，他们复制重现了一幅荷花的结构色图像（图 5-29），在保持高饱和度和高亮度结构色品质的情况下，最高分辨率可以达到 63500dpi [38]。这种在 SOI 上打印结构色的方法与 CMOS 工艺兼容，制备的明场结构色具有衍射极限的空间分辨率和高亮度、无角度依赖性，有利于促进全硅结构色在纳米彩色印刷、微型显示器和微成像中的大规模可集成应用，具有巨大的应用价值。

④ 响应性材料的动态结构色也广泛应用于打印（显示）、动态显示、光学防伪、信息加密及可视化传感等领域。响应性材料是一类能够在应力（变形）、光、电、磁、温度、湿度等外界条件的刺激下发生结构变化并进而呈现一定或特定性能（功能）的材料。无论是哪种人工微纳结构色，外界刺激变形直接或间接地改变了响应性结构色材料的某些物理参数，包括周期性结构（横向或纵向）的晶格间距、有效折射率、表面浸润性、光入射或反射方位及

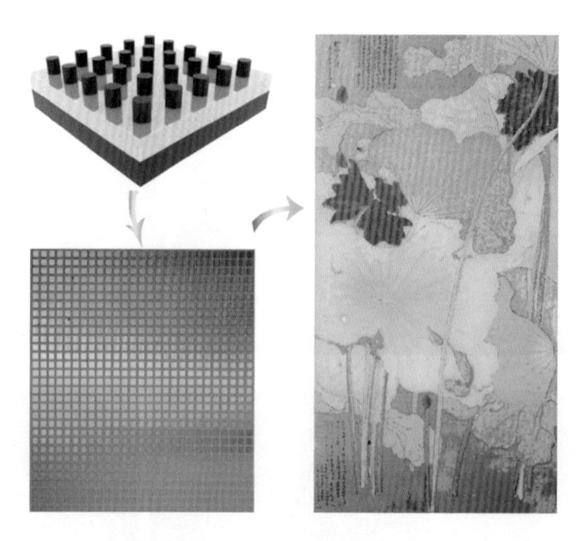

图 5-29　SOI 衬底上制备彩色像素的示意图及复制重现的荷花图像[38]

粒子规整性（粒径大小、缺陷、掺杂等）等，导致反射光的波长发生特定变化，从而使结构色变化。例如形变结构色[39]（图 5-30）、光变结构色[40]、磁变结构色[41]、温变结构色、湿变结构色、水响应结构色[42]、溶剂响应结构色[43]等。其中，形变结构色受到如微球的屈曲、拉伸和分离，反蛋白石的规则和不规则变形，光异构化、拉伸和压缩引起的表面起皱，纳米 / 微柱的塑化、偏转、膨胀和重塑，层状堆叠的膨胀、收缩和拉伸及其他人工微纳结构的等几何变形[44]的影响。利用刺激性条件（输入）与可视的响应性结构色变化（输出）的规律性关系，响应性结构色材料在环境传感、交通预警、力学成像、光路调控、彩色显示、生物医学、软体致动、智能化工等领域具有强大的应用前景。

⑤ 常用于制备“规整微纤维”（organized microfibrillation，OM）的微流控技术（microfluidic technology）也可应用于结构色打印。秦德韬等[34, 45]基于微流控技术用 OM 方法控制微纤维形成过程，让微纤维层与致密层周期性交替排列，每层微纤维大小基本一致，多层周期性堆叠对特定波长入射光形成相长干涉并产生布拉格反射，产生结构色效应。如图 5-31 所示，在厚度仅为 1μm 的高分子薄膜中高精度打印出自封闭微流控通道，微流体插图的颜色变化是因为液体渗透改变了周期性 OM 结构，引起光学特性改变，显示为从青色到橙色的颜色变化［图 5-31（a）］。

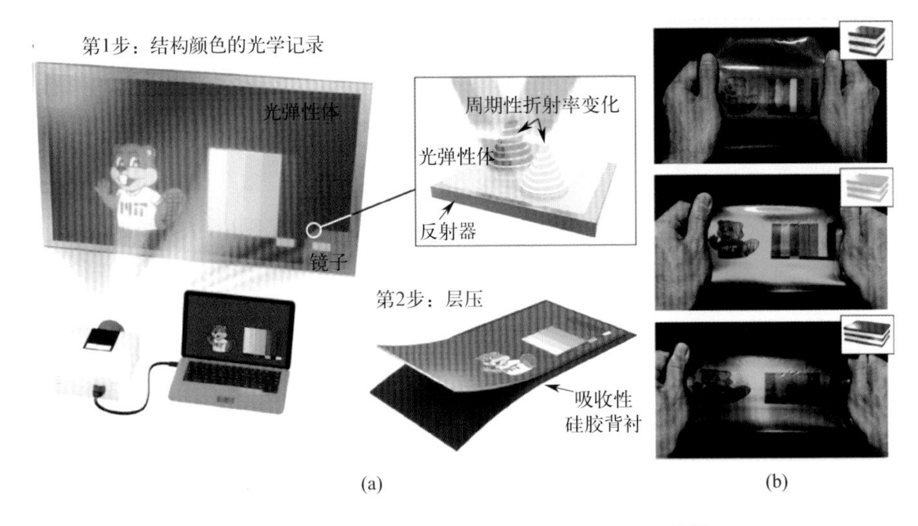

图 5-30 宏观尺度下可拉伸变色材料的光学制造[39]

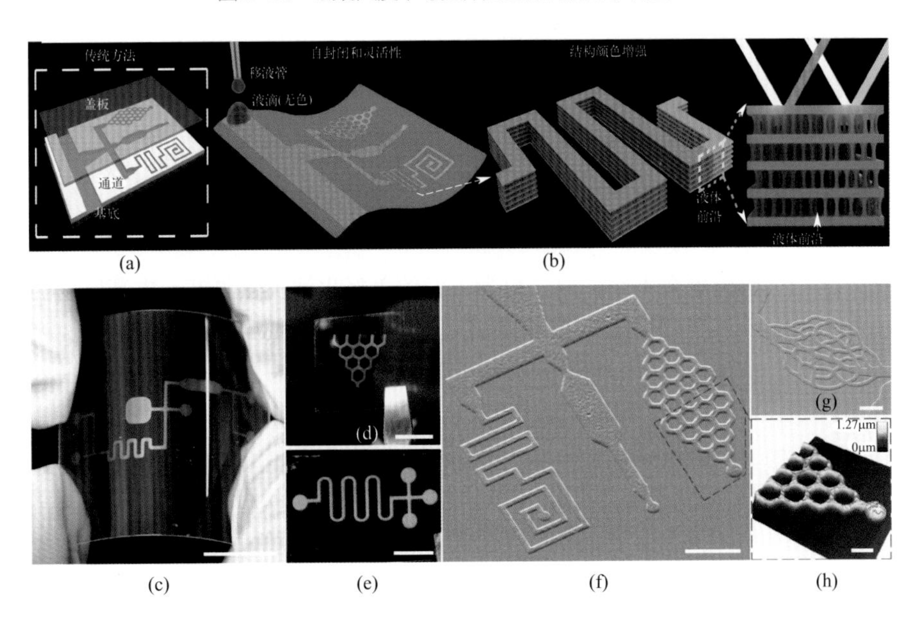

图 5-31 具有固有结构颜色的自封闭柔性微流体[45]

（a）微流体装置的传统光刻封装结构；（b）OM 制成的微流体插图（流动引起从青色到橙色的颜色变化）；（c）～（e）OM 通道的微距照片分别打印在 PET 片材、盖玻片、硅晶片上；（f）和（g）为 OM 微流体的 SEM 图像分别具有复杂通道和毛细管状图案；（h）为（f）中相同 OM 微通道的 AFM 图像［比例尺：（c）～（e）1cm；（f）50μm；（g）10μm；（h）20μm］

微流体技术在灵活性、透明度、功能性、耐磨性、规模缩小或复杂性增强方面仍有很大的进步空间。规整微纤维化（OM）可作为一项无墨彩色打印方法应用于超高分辨率（达 14000dpi）光学印刷，可以以薄膜为画布绘制（打印）出梵高的《星空》、维米尔的《戴珍珠耳环的少女》、达·芬奇的《蒙娜丽莎》等画作（图案）[34]。与此同时，结构色是规整微纤维化的一种光学特性，应用微流体形成结构色的规律与相关性，可实现原位传感能力，从而可应用于可穿戴、分析和传感等方面。

5.9 本章小结

结构色具有环境友好、色彩绚丽、持久、动态可调等诸多优点，是替代传统染料化学吸收色的重要选择。结构生色方法或结构色材料逐渐广泛地应用到生活、工业、科技等方方面面，包括前述内容介绍的纺织品、服装、装饰、箱包、包装、防伪、信息显示、安全、加密、打印等领域。需要正视的是，结构色从基础研究到产业应用还存在成本高昂、制备复杂、机械稳定性不足以及颜色性能不佳等问题。随着科技发展和科研人员的不断努力，结构色相关的原理（机制 / 机理）、制备方法、功能和应用等方面均会得到不断拓展，其相关应用更会不断扩展，也为人们的美好生活提供更好、更高质量的服务，“绚丽”的结构色的研究与应用一定大放异彩。

参考文献

［1］朱小威，邢铁玲 . 结构生色纺织品的研究进展［J］. 纺织科学与工程学报，2020，37（4）：7.
［2］顾忠泽，赵远锦，谢卓颖 . 结构色纳米材料［M］. 北京：化学工业出版社，2018.
［3］Xuan Z，Li J，Liu Q，et al. Artificial structural colors and applications［J］. Innovation（Camb），2021，2（1）：100081.
［4］李瑞 . 不加色素做出彩虹色巧克力，科学家浪漫起来也太硬核了［EB/OL］. https：//ibook.antpedia.com/x/510288.html.
［5］Goerlitzer Eric S A，Taylor Robin N Klupp，Vogel N. Bioinspired photonic pigments from colloidal self-assembly［J］. Adv Mater，2018，30（28）：1706654.1-1706654.15.
［6］Zhou Lan，Wu Yujiang，Liu Guojin，et al. Fabrication of high-quality silica photonic crystals on polyester

fabrics by gravitational sedimentation self-assembly［J］. Color Technol，2016，131（6）：413-423.
［7］Lee Hye Soo，Shim Tae Soup，Hwang Hyerim，et al. Colloidal photonic crystals toward structural color palettes for security materials［J］. Chem Mater，2013，25（13）：2684-2690.
［8］Zhang Yafeng，Dong Biqin，Chen Ang，et al. Using cuttlefish ink as an additive to produce-non-iridescent structural colors of high color visibility［J］. Adv Mater，2015，27（32）：4666.
［9］Li Q，Zhang Y，Shi L，et al. Additive mixing and conformal coating of noniridescent structural colors with robust mechanical properties fabricated by atomization deposition［J］. ACS Nano，2018：acsnano.7b08259.
［10］吴钰，陈洋，周岚，等. 活性染料 - 胶体微球复合光子晶体结构基元在真丝织物上的自组装［J］. 浙江理工大学学报，2018，39（5）：526-532.
［11］Zhou L，Li H，Wu Y，et al. Facile fabrication of reactive dye@PSt photonic crystals with high contrast on textile substrates by ink-jet printing［J］. Mater Chem Phys，2020，250：123025.
［12］Zhou C，Qi Y，Zhang S，et al. Rapid fabrication of vivid noniridescent structural colors on fabrics with robust structural stability by screen printing［J］. Dyes Pigm，2020，176：108226.
［13］Jin Gyu，Park，Shin Hyun，et al. Full-spectrum photonic pigments with non-iridescent structural colors through colloidal assembly［J］. Angew Chem Int Ed，2013，53（11）：2899-2903.
［14］Josephson D P，Miller M，Stein A. Inverse opal SiO_2 photonic crystals as structurally-colored pigments with additive primary colors［J］. Z Anorg Chem，2014，640（3-4）：655-662.
［15］Liu G，Zhou L，Zhang G，et al. Fabrication of patterned photonic crystals with brilliant structural colors on fabric substrates using ink-jet printing technology［J］. Materials & Design，2016，114（JAN.）：10-17.
［16］Gu Hongcheng，Ye Baofen，Ding Haibo，et al. Non-iridescent structural color pigments from liquid marbles［J］. J Mater Chem C，2015，3（26）：6607-6612.
［17］Kawamura Ayaka，Kohri Michinari，Morimoto Gen，et al. Full-color biomimetic photonic materials with iridescent and non-iridescent structural colors［J］. Sci Rep，2016，6（1）：33984.
［18］Wang F，Zhang X，Lin Y，et al. Structural coloration pigments based on carbon modified ZnS@SiO_2 nanospheres with low-angle dependence，high color saturation and enhanced stability［J］. ACS Appl Mater Interfaces，2016，8（7）：5009.
［19］Wang Fen，Xue Yu，Lu Bo，et al. Fabrication and characterization of angle-independent structurally colored films based on CdS@SiO_2 nanospheres［J］. Langmuir，2019，35（14）：4918-4926.
［20］蔡宏亮，陈章荣，李金城. 一种结构色颜料：中国，CN114966924A［P/OL］. 2022-08-30.
［21］Matzeu Giusy，Mogas-Soldevila Laia，Li Wenyi，et al. Large-scale patterning of reactive surfaces for wearable and environmentally deployable sensors［J］. Adv Mater，2020，32（28）：2001258.
［22］Talukdar Tahmid H，McCoy Bria，Timmins Sarah K，et al. Hyperchromatic structural color for perceptually enhanced sensing by the naked eye［J］. Proceedings of the National Academy of Sciences，2020，117（48）：30107-30117.
［23］Han Fei，Wang Tiansong，Liu Guozhen，et al. Materials with tunable optical properties for wearable epidermal sensing in health monitoring［J］. Adv Mater，2022，34（26）：2109055.
［24］中国产学研合作促进会. 微纳结构色无墨印品通用技术规范［M］. 中国：中国产学研合作促进会，2019：22.

［25］Zang X，Dong F，Yue F，et al. Polarization encoded color image embedded in a dielectric metasurface［J］. Adv Mater，2018，30（21）：e1707499.
［26］李墨馨，王丹燕，张诚 . 超构表面结构色的原理及应用［J］. 中国光学，2021，14（4）：900-926.
［27］Zhang F，Pu M，Gao P，et al. Simultaneous full-color printing and holography enabled by centimeter-scale plasmonic metasurfaces［J］. Adv Sci（Weinh），2020，7（10）：1903156.
［28］Gugole M，Olsson O，Rossi S，et al. Electrochromic inorganic nanostructures with high chromaticity and superior brightness［J］. Nano Lett，2021，21（10）：4343-4350.
［29］Fan Wen，Zeng Jing，Gan Qiaoqiang，et al. Iridescence-controlled and flexibly tunable retroreflective structural color film for smart displays［J］. Sci Adv，2019，5（8）：eaaw8755.
［30］李凯旋，宋延林 . 2021 年结构色打印研究热点回眸［J］. 科技导报，2022，40（1）：168-174.
［31］Li Kaixuan，Li Tongyu，Zhang Tailong，et al. Facile full-color printing with a single transparent ink［J］. Sci Adv，2021，7（39）：eabh1992.
［32］砍柴网 . 富士胶片推出全新结构色喷墨技术，可轻松印刷出自然界中的结构色［EB/OL］. https：//baijiahao.baidu.com/s?id=1731067874223939707. Jan-28-2023.
［33］Zhang Y，Zhang L，Zhang C，et al. Continuous resin refilling and hydrogen bond synergistically assisted 3D structural color printing［J］. Nat Commun，2022，13（1）：7095.
［34］Ito M M，Gibbons A H，Qin D，et al. Structural colour using organized microfibrillation in glassy polymer films［J］. Nature，2019，570（7761）：363-367.
［35］Zhu X，Yan W，Levy U，et al. Resonant laser printing of structural colors on high-index dielectric metasurfaces［J］. Sci Adv，2017，3（5）：e1602487.
［36］Kumar Karthik，Duan Huigao，Hegde Ravi S，et al. Printing colour at the optical diffraction limit［J］. Nat Nanotechnol，2012，7（9）：557-561.
［37］Yang W，Xiao S M，Song Q，et al. All-dielectric metasurface for high-performance structural color［J］. Nat Commun，2020，11（1）：1864.
［38］Li Longjie，Niu Jiebin，Shang Xiao，et al. Bright field structural colors in silicon-on-insulator nanostructures［J］. ACS Appl Mater Interfaces，2021，13（3）：4364 - 4373.
［39］Miller Benjamin Harvey，Liu Helen，Kolle Mathias. Scalable optical manufacture of dynamic structural colour in stretchable materials［J］. Nat Mater，2022，21（9）：1014-1018.
［40］Li Miaomiao，Tan Haiying，Jia Lizhen，et al. Supramolecular photonic elastomers with brilliant structural colors and broad-spectrum responsiveness［J］. Adv Funct Mater，2020，30（16）：2000008.
［41］Wang Wentao，Fan Xiaoqiao，Li Feihu，et al. Magnetochromic photonic hydrogel for an alternating magnetic field-responsive color display［J］. Adv Opt Mater，2018，6（4）：1701093.
［42］Zhou Changtong，Qi Yong，Zhang Shufen，et al. Water rewriteable double-inverse opal photonic crystal films with ultrafast response time and robust writing capability［J］. Chemical Engineering Journal，2022，439：135761.
［43］Wang Jingyu，Chen Wenhao，Yang Dongjie，et al. Photonic lignin with tunable and stimuli-responsive structural color［J］. ACS Nano，2022，16（12）：20705-20713.
［44］Qi Yong，Zhang Shufen，Lu An-Hui. Responsive structural colors derived from geometrical deformation of synthetic nanomaterials［J］. Small Structures，2022，3（11）：2200101.
［45］Qin D T，Gibbons A H，Ito M M，et al. Structural colour enhanced microfluidics［J］. Nat Commun，2022，13（1）：2281.

第 6 章

总结与展望

6.1　总结

结构色来源于大自然，结构色是通过可见光与周期性结构的相互作用产生的，因此可以通过结构生色机理来区分化学吸收色与物理结构色。当可见光入射到自然界某些生物体上的复杂周期性微纳结构（包括单层 / 多层薄膜、光栅、光子晶体等）上时，引发许多如干涉、散射、透射、衍射、选择性吸收、辐射、反射、折射等光学现象与效应，综合作用后产生各种绚丽的结构色，为人工制备各种光学结构色材料提供了思路和灵感。与传统的染料、颜料等染色获得的化学吸收色相比，物理结构色因有环境友好、色彩绚丽、持久、动态可调等诸多优点，是替代传统染料化学吸收色的重要选择，因而受到广泛关注并得到不断扩大的应用。

机理方面，结构色主要有光子晶体衍射结构色、薄膜干涉结构色、光栅衍射结构色和散射结构色，而产生结构色的可以是微纳结构或光学超表面。相应的结构色制备方法，特别是以纺织品为基底的结构色研究和制备有以下几方面。第一，光子晶体衍射结构色，是利用人工胶粒（光子晶体）进行自组装附着在材料表面实现光子晶体衍射结构色。常用的光子晶体材料的制备方法有溶胶 - 凝胶法、自组装法和沉积法（包括干法沉积和湿法沉积）等，以此方法制备的结构色纺织品以多层光子晶体或非晶光子结构的研究较多。第二，薄膜干涉结构色，包括单层薄膜和多层薄膜的干涉结构色。除前述的溶胶 - 凝胶法、人工胶体自组装法可形成光子晶体薄膜或微纳结构实现结构色外，磁控溅射覆膜法作为一种干法薄膜沉积法同样可用于制备结构色。相较于传统以水为媒介的色素材料染色方法，磁控溅射在沉积薄膜制备结构色方面具有易于调控、沉积效率高等显著优点，避免了传统染色对化工染料和化学试剂的大量需求，着色过程不产生污水、污泥和废气，是一种无水、节能的结构色制备方法。第三，利用微纳压印法等微纳米加工方法自上而下地在材料表面形成微纳结构实现光栅衍射结构色，但此方法主要应用于包装、装饰、防伪等材料，应用于纺织品的结构着色还比较少。概括而言，利用人工光子晶体、单层或多层薄膜、光栅和表面压印光刻可以在纺织品（包括纤维、织物、布匹、服装等）表面构造出一定的微纳结构实现结构色。

应用方面，结构生色方法或结构色材料逐渐广泛地应用到生活、工业、科技等方方面面，包括纺织品、服装、装饰、箱包、包装与装饰、防伪、信息显示（打印 / 印刷）、信息安全 / 加密、检测与传感器等领域。例如，利用人工结构色材料可以产生包括混合色、超白、超黑、静态 / 动态结构色等各种光学效应，可应用于信息显示（打印 / 印刷）；利用应用液晶（等离子体）、微流体（微流控）、相变材料或增益材料可实现动态可重构结构色，应用于显示、包装、装饰、印刷等方面；利用结构色产生的鲜艳、绚丽、虹彩等颜色效果，应用于纺织服装、服装配件、包装与装饰；利用纳米材料与有机膜复合形成丰富的可变色性及基于微纳结构的光学信息加密或防伪技术，应用于制备随温度、电压、视角等条件变化而变化的薄膜防伪产品；利用回归逆反射结构色，应用于夜间交通信号反光标牌、广告牌或某些智能信息显示；利用微纳结构形成的微纳纹理或结构色，应用于时尚、靓丽、色彩绚丽的包装与装饰；利用结构色油滴部分代替传统油墨或微纳压印，应用于快速和高质量的彩色打印与印刷等。作为一种颠覆性的色彩呈现技术，结构色的应用不止于此，其还在国防、航天、能源等众多领域有广泛的应用前景。

6.2 展望

结构色材料已经出现并使用了几个世纪，但由于纳米技术和材料科学的进步，近年来又重新流行起来。微纳结构是比可见光波长小的微小结构，结构色材料和结构色纺织品通过光的干涉、衍射与散射等综合作用来产生各种颜色效果。因此，可以通过控制光与微纳材料（或微纳结构）的相互作用方式，创造各种颜色和外观效果。结构色的研究和应用一直在路上。虽然结构色已得到广泛应用，但结构色在表面装饰、数字显示、分子传感、光学安全和信息存储中的应用仍然受到成本高昂、制备复杂、机械稳定性不足以及颜色性能不佳等问题的限制。同时，大多数的纺织品结构色的研究还处于实验室阶段，离工业化批量生产还有一定的距离，制备色调明亮、结构稳定、性能持久的结构色纺织品仍然具有挑战性，大批量的结构色织物或服装的工业化制备及相关生产设备、技术仍需进一步研究。简言之，结构色的制备比较复杂、成本较高，还存在结构不稳定、有角度色散等问题。因此，纺织品结构生色的研究及其应用还有很大的空间，未来机遇与挑战共存。

往后，结构色材料和结构色纺织品的发展趋势是更高色彩饱和度、更高耐久性和更大柔韧性，其主要技术趋势是使用纳米结构来创造所需的色彩效果，更多的研究会着重于以制造更具成本效益、更耐用、更易于大规模生产、颜色再现更一致、应用更灵活更广泛的材料。将结构色机理和原理应用于结构色材料的设计、模仿会不断深入；结构色的设计、调控及其稳定性和功能性会更加完善，生产工艺会更加成熟；结构色制备方法会更加简便、成本会更加低；各种更多的高技术、高附加值和高效益的结构色材料及应用会层出不穷。另外，结构色与色素色可以互补，结构色材料会实现更多的功能性，并有更广阔的应用空间。

总结而言，结构色（包括纺织品结构生色）是一种微纳结构生色技术，综合了纳米技术、真空技术、表面工程、光学工程、材料工程和传统纺织染整工程等技术，涉及材料（包括纺织纤维高分子材料）、物理、化学等多学科的交叉，亟待进一步研究、探索和应用。特别地，在柔性粗糙的纺织纤维基底上实现纺织品结构生色，涉及有机材料、金属材料、无机非金属（陶瓷、介质）材料以及各种纳米材料、功能材料的物理机械结构与界面、表面的从纳米微观到宏观大面积的跨尺度的精确控制与制造。随着材料科学技术、微纳米加工技术等的不断快速发展，纺织品结构色的研究和应用必将得到更广、更多、更深入的发展，将促进服装用、装饰用、医疗卫生用、工业用等方面的功能纺织品、技术纺织品和智能可穿戴纺织品的发展。

最后，正如某位学者曾说的：“既然我们有能力制造更复杂的结构和材料，那么我们就更应该尽可能多地去设计、去制造、去应用、去跨界、去创新！”结构色材料及结构色纺织品的制备方法、功能和应用一定会得到不断拓展，并会为人们的美好生活提供更好、更高质量的服务，“绚丽”结构色的研究与应用一定大放异彩。

编者简介

黄美林，男，五邑大学纺织材料与工程学院教师，博士、副教授、硕士生导师，中国纺织工程学会高级会员，广东省纺织新材料及产品协同创新工程技术研究中心、广东省功能性纤维与纺织品工程技术研究中心研究员。曾任实验室主任、系主任、江门市纺织工程学会副秘书长（2012—2020）；曾赴美国加州州立大学富立顿分校（CSU-Fullerton）访学。主要从事针织产品、功能纺织品、纳米纺织材料及结构色纺织品等方面的教学与科学研究。在国内外刊物上发表学术研究论文 24 篇和教学研究论文 10 多篇，Scopus 收录 15 篇（其中 SCI 收录 8 篇、EI 收录 2 篇）；专利授权 2 项。

高伟洪，男，上海工程技术大学纺织服装学院教师，博士、副教授、硕士生导师，纺织工程系副主任，中国纺织工程学会会员，英国曼彻斯特大学学士、博士（直博）、访问学者，上海高校青年东方学者，《纺织学报》首届青年编委。主要从事光子晶体结构色纳米材料的制备及其在纺织领域的应用研究。主持国家自然科学基金青年项目 1 项、校级人才引进科研启动项目 1 项，指导国家级、市级大学生创新训练项目各 1 项。参加世界纺织大会、亚洲纺织大会、中国纺织学术年会等国内外高水平学术会议 6 次，发表 SCI、EI 及中文核心期刊论文 20 余篇，出版英文书籍章节 1 章，申请发明专利 8 项。曾获英国染色家学会（SDC）Main Bursary，指导学生获得中国纺织工程学会陈维稷优秀论文奖 2 项、宗平生针织优秀论文奖 1 项。

巫莹柱，男，五邑大学纺织材料与工程学院教师，博士、副教授、硕士生导师、教学副院长。主要从事纺织品智能检验及标准研究、纤维表面功能化改性、纳米纺织材料与结构色纺织品制备。参与国家基金项目 1 项、广东省基金项目 3 项；主持广东省教育厅特色创新项目 2 项、市厅级科技项目 10 项、校级科研项目 4 项、企业横向项目 5 项；制定国家标准 1 项、纺织检验行业标准 1 项；在国内外刊物上发表学术论文 26 篇（其中 SCI 4 篇、EI 2 篇、中文核心 12 篇）；申请专利 28 项（已授权 10 项，转让 1 项）。

夏继平，男，石狮市瑞鹰纺织科技有限公司总经理，硕士、五邑大学硕士生导师、工程师、碳排放高级管理师、泉州市非公有制企业中级经济师、福建省纺织印染助剂制造行业协会会长、石狮市江西商会会长，中纺联绿色管理服务平台副理事长、中国染料工业协会团体标准化技术委员会委员、中国染料工业协会环境保护技术专业委员会委员、中国管理科学研究院行业发展研究所高级研究员、泉州上饶商会名誉会长、BSN 荷兰商学院华南区副会长。主要从事集科研、生产、销售于一体的专业纺织印染助剂生产，申请及授权国家发明专利和实用新型专利共 35 项；在《中国纺织助剂》《印染助剂》《印染》《针织工业》《染整技术》等期刊上以第一作者发表论文 13 篇。公司于 2021 年正式成为 bluesign（蓝标）合作伙伴。“棉及混纺针织物染色短工艺低成本流程”荣获中纺联合科技成果优秀奖（国家级），并于 2019 年、2020 年被列入第十三批和第十四批中国印染行业节能减排先进技术推荐目录。

鲁圣国，男，广东工业大学材料与能源学院博士、教授、博士生导师，广东省智能材料和能量转化器件工程技术研究中心主任；国际电气电子工程师协会（IEEE）高级会员，中国物理学会电介质专业委员会委员，中国复合材料学会介电高分子复合材料及应用专业委员会常务委员，中国硅酸盐学会微纳技术分会理事，中国仪表功能材料学会电子元器件关键材料与技术专业委员会资深常务委员。主要从事陶瓷粉体、多层陶瓷电容器、介电储能材料和器件、电卡致冷材料和器件、柔性电子材料和器件、聚合物多孔纤维、结构色材料等研究。在国内外刊物上发表论文 200 余篇（其中 SCI 收录 150 余篇），授权美国专利 1 项、中国专利 17 项。

易宁波，男，五邑大学纺织材料与工程学院博士、讲师、硕士生导师。主要从事石墨烯与复合材料制备及性能、微纳光子学、柔性钙钛矿光电材料及其可穿戴设备等研究。在国内外刊物上发表 SCI/EI 论文 30 余篇，被引用 1500 余次，单篇最高引用 423 次，h-index 值为 15，授权专利 5 项，主持国家自然科学基金青年项目 1 项、校级人才引进科研启动项目 1 项、博士后基金一等资助 1 项、广东省教育厅普通高校特色创新项目 1 项。

bluesign® SYSTEM PARTNER　Ø ZDHC

瑞鹰—中国助剂·国际品质

公司简介

瑞鹰科技是以科研、生产、贸易为一体的专业纺织印染助剂生产企业，产品覆盖纺织印染的全过程。能为客户公司带来稳定满意的加工效果，降低成本，提高效率，获“中国十大纺织科技绿色先锋奖”等奖项。作为国家高新科技企业、国际蓝标合作伙伴，我司先后与多所高校合作交流，品质信誉得到业界广泛认可。

500+
染厂成功案例

40+
行业经验团队

10+
全国办事处

3+
高校研发合作

1+
国际贸易部

公司荣誉

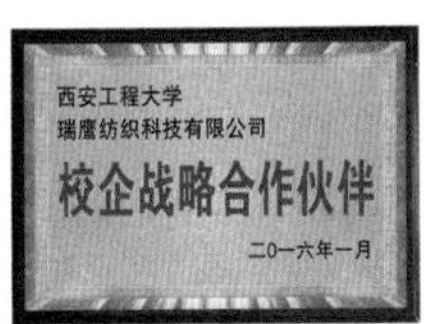

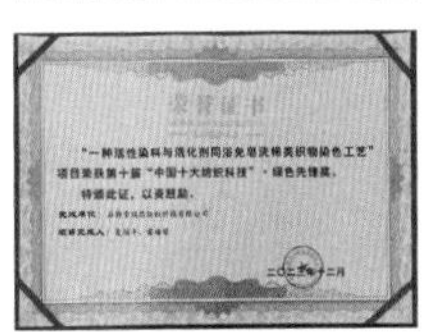

瑞鹰科技

国家高新技术企业

高薪诚聘：业务、技术，欢迎更多专业人士加入

瑞鹰(中国)科技新材料发展有限公司

传真：86-595-88803893

国内服务热线：4008-658-685

营销中心：福建省石狮市海峡两岸科技孵化基地中试楼四楼

工厂地址：福建省泉州市石狮市锦尚镇集控区32号

公众号

视频号